高等学校机器人工程系列教材

ROS机器人开发技术基础

蒋畅江　罗云翔　张宇航　等 编著

化学工业出版社
·北京·

内容简介

本书是内容全面、偏重基础的ROS机器人开发入门书籍，是作者总结多年科研教学成果并在吸收国内外最新理论、方法和技术的基础上完成的。本书详细介绍了ROS机器人基础和ROS常用开发工具，详细讲解了ROS系统架构、ROS客户端库和机器人建模与仿真；以工程开发为重心，详细讲解机器视觉、机器语音、SLAM和导航等多方面ROS应用的实现原理和方法。本书结合大量实例，帮助读者在实现ROS基础功能的同时深入理解基于ROS的机器人开发技术，将书中的内容用于实践。本书注重运用CDIO工程教育理念，立足培养实际动手能力、综合应用能力、创新思维能力。

本书配有免费教学软件包，帮助读者更好理解和实践书中内容；配有免费电子课件，欢迎选用本书作教材的师生下载使用。

本书可作为普通高等院校机器人工程、自动化、人工智能、电子信息工程、软件工程等相关专业的教材，也可供广大科技工作者和工程技术人员参考使用。

图书在版编目（CIP）数据

ROS机器人开发技术基础 / 蒋畅江等编著. —北京：化学工业出版社，2022.3（2023.1重印）
高等学校机器人工程系列教材
ISBN 978-7-122-40520-3

Ⅰ. ①R… Ⅱ. ①蒋… Ⅲ. ①机器人-程序设计-高等学校-教材 Ⅳ. ①TP242

中国版本图书馆CIP数据核字（2021）第273009号

责任编辑：郝英华　　文字编辑：宫丹丹　袁　宁
责任校对：王　静　　装帧设计：史利平

出版发行：化学工业出版社（北京市东城区青年湖南街13号　邮政编码100011）
印　　装：三河市延风印装有限公司
787mm×1092mm　1/16　印张17　字数444千字　2023年1月北京第1版第2次印刷

购书咨询：010-64518888　　售后服务：010-64518899
网　　址：http://www.cip.com.cn
凡购买本书，如有缺损质量问题，本社销售中心负责调换。

定　　价：68.00元

Preface

前　言

随着科学技术的发展以及人们对机器人的逐渐认知，机器人的应用规模和范围日益扩大，不仅制造环境下的工业机器人应用逐渐普及，非制造环境下的服务与仿人机器人应用也蓬勃发展。机器人应用环境的日益广泛和任务复杂度的日益增强，提高了机器人开发的时效性和困难度，对机器人硬件和软件技术都提出了更高的要求。而相比硬件的开发，软件开发明显力不从心。为迎接这个挑战，全球各地的开发者与研究机构纷纷投入机器人通用软件框架的研发工作中。在近些年里，产生了多种优秀的机器人软件框架，为软件开发工作提供了极大的便利，其中最为优秀的软件框架之一就是机器人操作系统（Robot Operating System，ROS）。ROS 是一个适用于机器人的通用软件框架。它提供了操作系统应有的服务，包括硬件抽象、底层设备控制、常用函数的实现、进程间消息传递以及包管理；它也提供用于获取、编译、编写和跨计算机运行代码所需的工具和库函数。

编者来自重庆邮电大学自动化学院和江苏中科重德智能科技有限公司，本书偏重于 ROS 机器人软件开发技术，是编者在学校多年从事教学、科研，在企业多年从事研发、培训的基础上，经多次试用，反复修改提高而成。本书将有关教学和研发成果加以总结提高，并吸收国内外最新理论、方法和技术，注重运用 CDIO 工程教育理念，立足培养实际动手能力、综合应用能力和创新思维能力。本书注重知识内容的系统性、先进性与实践性，强调实践内容的应用性、工程性。为此，书中大量选用了编者所在团队的最新研发成果、学生参加科技竞赛作品、学生实验实践项目作为实例。

本书共分 10 章：第 1 章介绍 ROS 的诞生、发展、特点和安装方法，并提供教学实践所需的源代码包，介绍二进制包与源代码包的区别；第 2 章介绍 ROS 的系统架构，包括典型的 catkin 编译系统的工作原理及其工作空间结构、工作空间中包含的常见文件类型以及这些文件的编写规则等，并介绍 ROS 的通信架构，包括 ROS 的节点、节点管理器、launch 启动文件和四种通信方式（话题、服务、参数服务器、动作库）；第 3 章介绍 ROS 的常用组件和开发工具，包括 Gazebo 仿真工具、Rviz 可视化平台、rqt 可视化工具、rosbag 功能包、RoboWare Studio 集成开发环境、Git 分布式版本控制系统；第 4 章介绍 ROS 客户端库的概念，目前最常用的roscpp和rospy客户端库中函数的定义、用法，以及几种通信方式的具体格式和实现方法；第5章介绍TF基本原理、TF的通信方式和TF编程基础，TF在C++和Python接口中的实现原理以及相关用法，TF相关工具命令；第6章说明如何使用urdf文件创建一个机器人模型，然后使用xacro文件优化该模型，添加传感器模型，通过ArbotiX或者ros_control控制器让机器人动起来，并且放置到Rviz或Gazebo环境中实现可视化或仿真；第7章讨论ROS中的图像数据以及点云的查看方式，摄像头的标定方法，OpenCV库和人脸识别的方法，使用摄像头进行二维码识别、物体姿态估计和AR标记检测、物体检测；第8章探讨机器语音是如何实现的，如何通过语音控制机器人、语音播放和与机器人实现对话交流，并且了解和认识PocketSphinx功能包、科大讯飞SDK和图灵语义；第9章介绍SLAM建图和自主导航的方法，分析常用的Gmapping算法、Hector算法、Cartographer算法和AMCL定位算法；第10章介绍多种支持ROS的机器人系统实例，包括最流行的机器人平台TurtleBot、科研教学机器人平台XBot-U和教育酷玩四足机器人Unitree A1。

本书第1～4章由罗云翔、王琴编写；第5～6章由蒋畅江编写；第7～9章由张宇航、罗云翔、常先明编写；第10章由蒋畅江、王琴编写。方洋、谭力、赵常昊、罗晓明、邹术杰、林桐、黄子轩等参与了相关章节的资料收集和案例编写测试，全书由蒋畅江统稿。

本书配有免费的教学软件包和电子课件供选用本书的师生使用，如有需要可登录化工教育平台www.cipedu.com.cn注册后下载使用。

鉴于ROS机器人开发技术的飞速发展，尽管编写过程中尽心尽力，但由于编者水平有限，书中难免有疏漏或不妥之处，恳请读者批评指正。

编著者

2021年12月

Contents

目 录

第1章 ROS机器人基础

第2章 ROS系统架构

第3章 ROS常用组件和开发工具

第 4 章 ROS 客户端库

第 5 章 坐标变换 TF 及编程

第 6 章 机器人建模与仿真

第 7 章 机器视觉开发技术

第 8 章 机器语音开发技术

第 9 章 机器人 SLAM 与自主导航开发技术

第 10 章 ROS 机器人开发实例

参考文献

第1章 ROS机器人基础

机器人操作系统（Robot Operating System，ROS）是一个应用于机器人上的通用软件框架，它操作方便、功能强大，特别适用于机器人这种多节点、多任务的复杂场景。因此，自ROS诞生以来，受到了学术界和工业界的欢迎，如今已经广泛应用于机械臂、移动底盘、无人机、无人车等种类的机器人上。

本章将介绍ROS的诞生、发展、特点和安装方法，带你逐步走上ROS机器人开发与应用之路。

1.1 机器人时代与ROS的诞生

对工业机器人的研究最早可追溯到第二次世界大战后不久。在20世纪40年代后期，橡树岭和阿尔贡国家实验室就已开始实施计划，研制遥控机械手，用于搬运放射性材料。这些系统是“主从”型的，用于准确地“模仿”操作员手和臂的动作。主机械手由使用者进行导引做一连串动作，而从机械手尽可能准确地模仿主机械手的动作，后来，在机械耦合主从机械手的动作中加入力的反馈，使操作员能够感受到从机械手及其环境之间产生的力。50年代中期，机械手中的机械耦合被液压装置所取代，如通用电气公司的“巧手人”机器人和通用制造厂的“怪物”I型机器人。1954年G.C.Devol提出了“通用重复操作机器人”的方案，并在1961年获得了专利。

1958年，被誉为“工业机器人之父”的Joseph F.Engelberger创建了世界上第一个机器人公司——Unimation（Universal Automation）公司，并参与设计了第一台Unimate机器人。这是一台用于压铸的五轴液压驱动机器人，手臂的控制由一台计算机完成。它采用了分离式固体数控元件，并装有存储信息的磁鼓，能够记忆并完成180个工作步骤。与此同时，另一家美国公司——AMF公司也开始研制工业机器人，即Versatran（Versatile Transfer）机器人。它主要用于机器之间的物料运输，采用液压驱动。该机器人的手臂可以绕底座回转，沿垂直方向升降，也可以沿半径方向伸缩。一般认为Unimate和Versatran机器人是世界上最早的工业机器人。

在科技界，科学家会给每一个科技术语一个明确的定义，机器人问世已有几十年，但对机器人的定义仍然仁者见仁，智者见智，没有统一。直接原因之一是机器人还在发展，新的机型、新的功能不断涌现。根本原因是机器人涉及了“人”的概念，成为一个难以回答的哲学问题。就像机器人一词最早诞生于科幻小说之中一样，人们对机器人充满了幻想。也许正是由于机器人定义的模糊，才给了人们充分的想象和创造空间。

机器人发展到目前为止共分为三个阶段。第一阶段，机器人只有“手”，以固定程序工作，不具有反馈外界信息的能力；第二阶段，机器人具有对外界信息的反馈能力，即有了感觉，如力觉、触觉、视觉等；第三阶段，即所谓的“智能机器人”阶段，这一阶段的机器人已经具有了自主性，有自行学习、推理、决策、规划等能力。

硬件技术的飞速发展在促进机器人领域快速发展和复杂化的同时，也对机器人系统的软件开发提出了更高要求。机器人平台与硬件设备越来越丰富，致使软件代码的复用性和模块化需求越来越强烈，而已有的机器人系统又不能很好地适应该需求。相比硬件的开发，软件开发明显力不从心。为迎接机器人软件开发面临的巨大挑战，全球各地的开发者与研究机构纷纷投入机器人通用软件框架的研发工作中。在近些年里，产生了多种优秀的机器人软件框架，为软件开发工作提供了极大的便利，其中，最为优秀的软件框架之一就是机器人操作系统。

ROS 的原型源自斯坦福大学人工智能实验室与机器人技术公司 Willow Garage 合作的个人机器人项目（Personal Robots Program）。该项目组研发的机器人 PR2 在 ROS 框架的基础上可以完成叠衣服、做早饭、打台球等一系列不可思议的动作，由此引发了越来越多的关注。在 2009 年初，Willow Garage 公司推出了 ROS0.4，这是一个测试版的 ROS，现在所用的系统框架在这个版本中已经具有了初步的雏形。之后的版本才正式开启 ROS 的发展成熟之路。2010 年，Willow Garage 公司正式发布了开源机器人操作系统 ROS1.0，并很快在机器人研究领域掀起了 ROS 开发与应用的热潮。

1.2 初识 ROS

（1）什么是 ROS

机器人是一个系统工程，它涉及机械、电子、控制、通信、软件等诸多学科。以前，开发一个机器人需要设计机械结构、画电路板、写驱动程序、设计通信架构、组装集成、调试以及编写各种控制算法，每个任务都需要花费大量时间。然而，随着技术的进步，机器人产业分工开始走向细致化、多层次化。如今的电机、底盘、激光雷达、摄像头、机械臂等元器件都由不同厂家生产，社会分工加速了机器人行业的发展。而各个部件的集成就需要一个统一的软件平台，在机器人领域，这个平台就是机器人操作系统——ROS。ROS 图标如图 1.1 所示。

图 1.1 ROS 图标

ROS 是一个适用于机器人编程的框架，这个框架把原本松散的零部件耦合在了一起，为它们提供了通信架构。ROS 虽然叫做操作系统，但并非是 Windows、macOS 那样通常意义的操作系统，它只是连接了操作系统和开发的 ROS 应用程序，所以它也算是一个中间件，为 ROS 与基于 ROS 的应用程序之间建立起了沟通的桥梁。它也是运行在 Linux 上的运行时环境，在这个环境上，机器人的感知、决策、控制算法可以更好地组织和运行。

以上几个关键词（框架、中间件、操作系统、运行时环境）都可以用来描述 ROS 的特性，作为初学者不必深究这些概念，随着你越来越多地使用 ROS，就能够体会到它的作用。

（2）ROS 的特点

ROS 主要具有以下特点：

① 分布式、点对点：ROS 采用了分布式的网络框架，使用了基于 TCP/IP 的通信方式，实现了模块间点对点的松耦合连接，可以执行多种类型的通信。通过点对点的设计让机器人的进程可以分别运行，便于模块化地修改和定制，提高了系统的容错能力。

② 支持多种语言：ROS支持多种编程语言。C++和Python是目前应用最广的ROS开发语言。此外，ROS还支持LISP、C#、Java、Octave等多种不同的语言。为了支持更多应用的移植和开发，ROS采用了一种中立的接口定义语言来实现各模块之间消息的传送。通俗的理解就是，ROS的通信格式和用哪种编程语言无关，它使用的是自身定义的一套通信接口。

③ 丰富的组件化工具包：ROS采用组件化的方式将已有的工具和软件进行集成，比如ROS中的三维可视化平台Rviz。Rviz是ROS自带的一个图形化工具，可以方便地对ROS的程序进行图形化操作。再比如ROS中常用的物理仿真平台Gazebo，在该仿真平台下可以创建一个虚拟的机器人仿真环境，还可以在仿真环境中设置一些必要的参数。

④ 免费且开源：ROS具有一个庞大的开源社区ROS WIKI（http://wiki.ros.org/）。ROS WIKI中的应用代码以维护者来分类，主要包含由Willow Garage公司和一些开发者设计、维护的核心库部分，以及不同国家的ROS社区组织开发和维护的全球范围的开源代码。当前使用ROS开发的软件包已经达到数千万个，相关的机器人已经多达上千款。此外，ROS遵从BSD协议，允许使用者修改和重新发布其中的应用代码，对个人和商业应用完全免费。

当然，ROS也存在一些问题。如：通信实时性能有限、系统稳定性尚不满足工业级要求、安全性上没有防护措施、目前主要支持Linux（Ubuntu）系统。但总体来说，ROS为开发机器人带来了许多方便。它更适合科研者和开源用户使用，如果在工业场景应用（例如无人驾驶等）还需要做优化和定制。

（3）历代ROS版本

ROS1.0版本发布于2010年，基于PR2机器人开发了一系列机器人相关的基础软件包。随后ROS版本迭代频繁，如表1.1所示，目前已经发布到了Noetic版本。

表1.1 历代ROS版本及相关信息

ROS版本	发布时间	停止支持日期
Noetic Ninjemys	2020年5月	2025年5月
Melodic Morenia	2018年5月	2023年5月
Lunar Loggerhead	2017年5月	2019年5月
Kinetic Kame	2016年5月	2021年4月
Jade Turtle	2015年5月	2017年5月
Indigo Igloo	2014年7月	2019年4月
Hydro Medusa	2013年9月	2015年5月
Groovy Galapagos	2012年12月	2014年7月
Fuerte Turtle	2012年4月	—
Electric Emys	2011年8月	—
Diamondback	2011年3月	—
C Turtle	2010年8月	—
Box Turtle	2010年3月	—

1.3 ROS的安装及测试

1.3.1 选择操作系统与ROS版本

ROS目前主要支持在Linux操作系统上安装部署，它的首选开发平台是Ubuntu。同时，也可以在 OS X、Android、Arch、Debian 等系统上运行。时至今日，ROS 已经相继更新推出了多种版本，供不同版本的 Ubuntu 开发者使用。为了提供最稳定的开发环境，ROS 的每个版本都有一个推荐运行的 Ubuntu 版本，如表 1.2 所示。

表 1.2　与 ROS 对应的 Ubuntu 版本

ROS 版本	首选 Ubuntu 版本
Noetic	Ubuntu 20.04
Melodic	Ubuntu 18.04
Lunar	Ubuntu 17.04
Kinetic	Ubuntu 16.04
Jade	Ubuntu 15.04
Indigo	Ubuntu 14.04
……	……

本教材的大部分案例使用的平台是 Ubuntu 16.04，ROS 版本是 Kinetic。

由于 ROS 官网不再对 Kinetic 版本提供支持服务，因此 ROS WIKI 推荐使用 Melodic 和 Noetic 版本，但这并不影响 Kinetic 版本的正常使用，只需要注意选择正确的 Ubuntu 版本即可。我们建议在本地安装，不推荐使用虚拟机，这样兼容性更好。下载网址：https://www.ubuntu.com/download/desktop。

如果你已经安装 Ubuntu，请确定系统版本。在终端中输入 `cat /etc/issue` 确定 Ubuntu 的版本号，然后选择对应的 ROS 版本进行安装。如果没有安装正确的 ROS 版本，就会出现各种各样的依赖错误。

更多信息请参考 ROS 官方网站 http://www.ros.org/。

1.3.2　ROS 的安装步骤

在正式安装前，先检查 Ubuntu 的初始环境是否配置正确。打开 Ubuntu 的“System Settings”，依次选择“Software&Updates”“Ubuntu Software”，勾选关键字“universe”“restricted”“multiverse”三项，如图 1.2 所示。

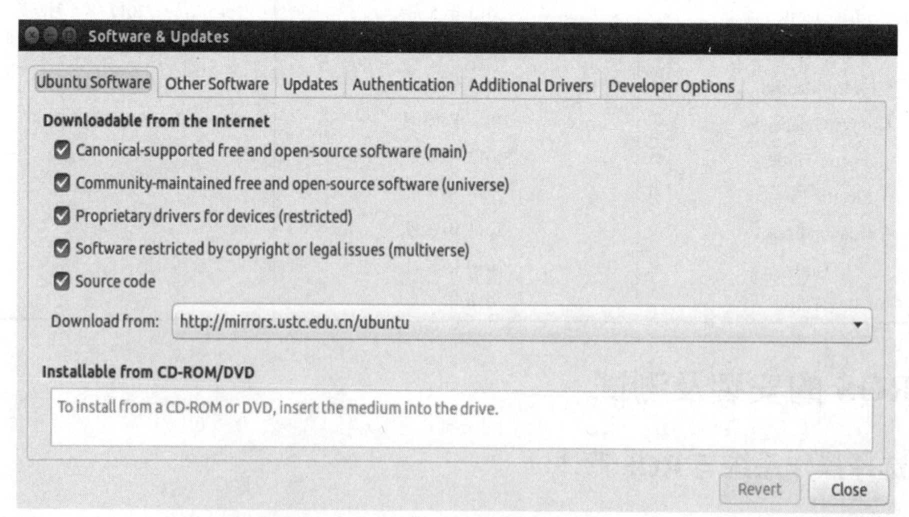

图 1.2　设置 Ubuntu 系统软件源

为了提高软件的下载、安装速度，可以使用国内镜像源，如中国科学技术大学（USTC）镜像源。

（1）添加 ROS 软件源

sources.list 是 Ubuntu 系统保存软件源地址的文件，这一步我们需要将 ROS 的软件源地址添加到该文件中，确保后续安装可以正确找到 ROS 相关软件的下载地址。打开终端，输入如下命令：

```
$ sudo sh -c '. /etc/lsb-release && echo "deb http://mirrors.ustc.edu.cn/ros/ubuntu/$DISTRIB_CODENAME main">/etc/apt/sources.list.d/ros-latest.list'
```

（2）添加密钥

密钥是 Ubuntu 系统的一种安全机制，也是 ROS 安装中不可或缺的一部分。输入如下命令：

```
$ sudo apt-key adv--keyserver hkp://ha.pool.sks-keyservers.net:80 --recv-key 0xB01FA116
```

（3）更新 ROS 源和升级 Ubuntu 系统

更新 ROS 源和升级 Ubuntu 系统，确保 Ubuntu 软件包和索引是最新的。输入如下命令：

```
$ sudo apt-get update
$ sudo apt-get upgrade
```

（4）安装 ROS

ROS 中有很多函数库和工具，官网提供了四种默认的安装方式，当然也可以单独安装某个特定的软件包。这四种方式包括桌面完整版安装（Desktop-Full）、桌面版安装（Desktop）、基础版安装（ROS-Base）、单独软件包安装（Individual Package）。只需选择其中一种即可。

① 桌面完整版安装（Desktop-Full）是最为推荐的一种安装版本，除了包含 ROS 的基础功能（核心功能包、构建工具和通信机制）外，还包含丰富的机器人通用函数库、功能包［自主导航、2D（二维）/3D（三维）感知功能、机器人地图建模等］以及工具（Gazebo 仿真工具、Rviz 可视化工具、rqt 工具箱等）。

Ubuntu16.04 安装 Kinetic 版本：

```
$ sudo apt-get install ros-kinetic-desktop-full
```

Ubuntu18.04 安装 Melodic 版本：

```
$ sudo apt-get install ros-melodic-desktop-full
```

② 桌面版安装（Desktop）是完整版安装的精简版，仅包含 ROS 基础功能、机器人通用函数库、Rviz 可视化工具和 rqt 工具箱。

```
$ sudo apt-get install ros-kinetic-desktop
```

③ 基础版安装（ROS-Base）仅保留了没有任何 GUI 的基础功能（核心功能、构建工具和通信机制）。因此，此版本是 ROS 需求的“最小系统”，非常适合直接安装在对性能和空间要求较高的控制器上，为嵌入式系统使用 ROS 提供了可能。

```
$ sudo apt-get install ros-kinetic-ros-base
```

④ 单独软件包安装（Individual Package）在运行 ROS 时若缺少某些 package 依赖会经常用到。可以安装某个指定的 ROS 软件包，使用软件包名称替换掉下面的“PACKAGE”。

```
$ sudo apt-get install ros-kinetic-PACKAGE
```

例如安装机器人 SLAM 地图建模 Gmapping 功能包时，使用如下命令安装：

```
$ sudo apt-get install ros-kinetic-slam-gmapping
```

若要查找可用的软件包，请运行以下命令：

```
$ apt-cache search ros-kinetic
```

（5）配置 ROS

配置 ROS 是安装 ROS 之后必须要完成的步骤。

① 初始化 rosdep：rosdep 是 ROS 中自带的工具，主要功能是为某些功能包安装系统依赖，同时也是某些 ROS 核心功能包必须用到的工具。需要输入以下命令进行初始化和更新：

```
$ sudo rosdep init
$ rosdep update
```

提示：执行 `sudo rosdep init` 命令时可能会因网络错误而报错，如图 1.3 所示。

```
wq@ubuntu:~$ sudo rosdep init
ERROR: cannot download default sources list from:
https://raw.githubusercontent.com/ros/rosdistro/master/rosdep
/sources.list.d/20-default.list
Website may be down.
```

图 1.3　初始化时报错

解决办法：首先使用浏览器打开 https://ipaddress.com/website/raw.githubusercontent.com，查找 raw.githubusercontent.com 对应的 IP，然后在终端执行命令 `sudo gedit/etc/hosts` 打开 hosts 文件，将第一步查到的 IP 如“199.232.28.133” raw.githubusercontent.com”添加到文件中，保存退出，添加后的文件如图 1.4 所示。

```
127.0.0.1       localhost
127.0.1.1       ubuntu

199.232.28.133 raw.githubusercontent.com

# The following lines are desirable for IPv6 capable hosts
::1     ip6-localhost ip6-loopback
fe00::0 ip6-localnet
ff00::0 ip6-mcastprefix
ff02::1 ip6-allnodes
ff02::2 ip6-allrouters
```

图 1.4　修改后的 hosts 文件

保存并退出后，在终端执行 `sudo rosdep init` 命令即可。

② 设置环境变量：此时，ROS 已成功安装在计算机中，默认在/opt 路径下。在后续使用中，由于会频繁使用终端输入 ROS 命令，所以在使用前需要对环境变量进行设置。Ubuntu 默认使用的终端是 bash，在 bash 中设置 ROS 环境变量的命令如下：

```
$ echo "source /opt/ros/kinetic/setup.bash" >> ~/.bashrc
$ source ~/.bashrc
```

注意：本书使用的 ROS 为 Kinetic 版本，若为其他版本，修改代码中的“kinetic”即可。

上述方法可以使你每次打开一个新的终端都能自动配置 ROS 的环境。而命令 `source /opt/ros/kinetic/setup.bash` 只能修改当前终端，如果再打开一个新的终端，还是会默认使用 bash 配置文件中设置的环境。

③ 安装 rosinstall：rosinstall 是 ROS 中一个独立的常用命令行工具，可以用来下载和安装 ROS 中的功能包程序。为了便于后续开发，建议按如下命令安装：

```
$ sudo apt-get install python-rosinstall
```

（6）安装 RoboWare

通常 ROS 的程序都是用 C++和 Python 开发的，为了提高开发的效率，我们建议用 IDE 来写代码。目前在 Ubuntu 上已经有许多 IDE 支持 ROS 开发，比如 Eclipse、Qt Creator。不过这些 IDE 配置起来会比较麻烦，我们推荐使用一款适配 ROS 的 IDE——RoboWare Studio 来开发。读者可在本书配套的资源包中下载 deb 安装文件并完成依赖和软件的安装。RoboWare Studio 的使用很简单，几乎与所有 ROS 相关的操作都可以在 IDE 中完成，建议参考官方网站上的使用手册快速上手。本书将在后续章节详细介绍 RoboWare Studio 的安装步骤与基本操作。

1.3.3 测试 ROS

首先输入以下命令启动 ROS：

```
$ roscore
```

如果出现如图 1.5 所示的日志信息，那么说明 ROS 正常启动了。

```
roscore http://ubuntu:11311/
wq@ubuntu:~$ roscore
... logging to /home/wq/.ros/log/5dfb24d2-468b-11eb-b959-000c29e249bb/roslaunch-ubuntu-85
45.log
Checking log directory for disk usage. This may take awhile.
Press Ctrl-C to interrupt
Done checking log file disk usage. Usage is <1GB.

started roslaunch server http://ubuntu:36801/
ros_comm version 1.12.17


SUMMARY
========

PARAMETERS
 * /rosdistro: kinetic
 * /rosversion: 1.12.17

NODES

auto-starting new master
process[master]: started with pid [8555]
ROS_MASTER_URI=http://ubuntu:11311/

setting /run_id to 5dfb24d2-468b-11eb-b959-000c29e249bb
process[rosout-1]: started with pid [8568]
started core service [/rosout]
```

图 1.5 ROS 启动成功后的日志信息

接着我们测试 ROS 的吉祥物——小海龟，来简单地测试 ROS 运行是否正常，同时，也来体验一下 ROS 的神奇与精彩之处。

启动 roscore 后，重新打开一个终端窗口，启动仿真器节点。输入命令：

```
$ rosrun turtlesim turtlesim_node
```

此时屏幕上会出现一只小海龟，重新打开一个终端，启动键盘控制节点。输入命令：

```
$ rosrun turtlesim turtle_teleop_key
```

将鼠标聚焦在最后一个终端的窗口中，然后通过键盘上的方向键操作小海龟，如果小海龟正常移动，并且在屏幕上留下移动轨迹（如图 1.6 所示），那么恭喜你，ROS 已经成功地安装、配置并且运行。

至此，ROS 的安装、配置与测试就全部结束了，下面正式开启 ROS 机器人开发及应用的精彩旅程。

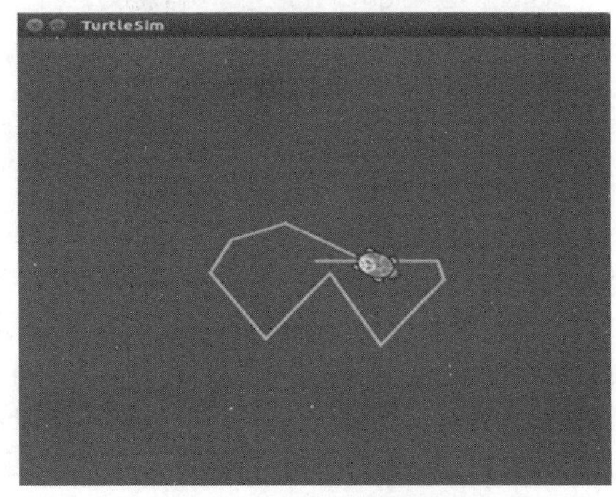

图 1.6 小海龟移动轨迹

1.4 安装教学包

在 1.3 节我们已经用 apt 工具安装好了 ROS，apt 安装的软件包都是二进制形式，可以在系统中直接运行，它们是 ROS 官方提供给用户的应用程序。然而，很多时候我们需要运行第三方开发的软件包，这个时候就需要下载源代码进行编译。

本节我们下载本书配套的 ROS-Academy-for-Beginners 教学包，给读者演示源码包下载一编译一运行的完整流程。后续章节的部分代码将用到这个教学包，请读者按照流程下载和编译。

（1）下载源码包

首先在 Ubuntu 系统中安装 Git，命令如下：

```
$ sudo apt-get install git
```

然后再创建一个名为 catkin_ws 的工作空间，在它的 src 路径下复制 ROS-Academy-for-Beginners 教学包。命令如下：

```
$ mkdir -p ~/catkin_ws/src
$ cd catkin_ws/src
$ git clone
https://github.com/ccqjcj/ROS-Academy-for-Beginners.git
```

（2）安装依赖

安装 ROS-Academy-for-Beginners 所需要的依赖，输入命令：

```
$ cd ~/catkin_ws
$ rosdep install --from-paths src --ignore-src --rosdistro=kinetic -y
```

注意：以上命令非常重要，缺少依赖将导致教学包无法正常编译和运行。

在开始编译之前，需要确保 Gazebo 在 7.0 版本以上：

```
$ gazebo -v
```

如果 Gazebo 版本低于 7.0，则需要进行升级：

```
$ sudo sh -c 'echo "deb http://packages.osrfoundation.org/gazebo/ubuntu-stable `lsb_release -cs` main" > /etc/apt/sources.list.d/gazebo-stable.list'
$ wget http://packages.osrfoundation.org/gazebo.key -O - | sudo apt-key add-
$ sudo apt-get update
$ sudo apt-get install gazebo7
```

（3）编译

接着回到工作空间下进行编译。输入命令：

```
$ cd ~/catkin_ws
$ catkin_make
$ echo"source ~/catkin_ws/devel/setup.bash">>~/.bashrc    #刷新环境
$ source ~/.bashrc
```

注意：编译完成后必须刷新一下工作空间的环境，否则可能找不到工作空间。许多时候我们为了打开终端就能够运行工作空间中编译好的 ROS 程序，我们习惯把 `source~/catkin_ws/devel/setup.bash` 命令追加到~/.bashrc 文件中(catkin_ws 替换为你的工作空间名称)，也可以通过 `echo "source ~/catkin_ws/devel/setup.bash">> ~/.bashrc` 命令来追加。

（4）运行仿真程序

编译完成后就可以运行本书配套的仿真了，在工作空间输入以下命令：

```
$ rospack profile
$ roslaunch robot_sim_demo robot_spawn.launch
```

此时可以看到仿真画面启动，仿真界面中包括了软件博物馆和XBot机器人模型，如图1.7所示。

图1.7 仿真界面

注意：若使用虚拟机中的Linux运行，可能会出现Gazebo窗口闪退导致无法运行的情况。此时需要先将虚拟机中的Ubuntu系统关机，然后通过右击VMWare虚拟机选择“设置”→“显示器”选项，关闭“3D图形加速”功能即可。

再打开一个新的终端，输入以下命令，用键盘控制机器人移动：

```
$ rosrun robot_sim_demo robot_keyboard_teleop.py
```

将鼠标聚焦在控制程序窗口，按下I、J、L等按键，就可以通过键盘来控制机器人的移动了。

当你完成了这一步，首先恭喜你，你已经完成了ROS最常见的“源码下载—安装依赖—编译—运行”的流程。在ROS社区有许多这样的软件包，基本都按照这样的流程来运行。

键盘控制仿真机器人移动这个demo展现了ROS分布式消息收发的特性。我们打开的虽然是键盘控制程序，但它可以替换为手柄控制、手机/平板控制，甚至是路径规划自动控制。控制仿真机器人移动原理如图1.8所示。

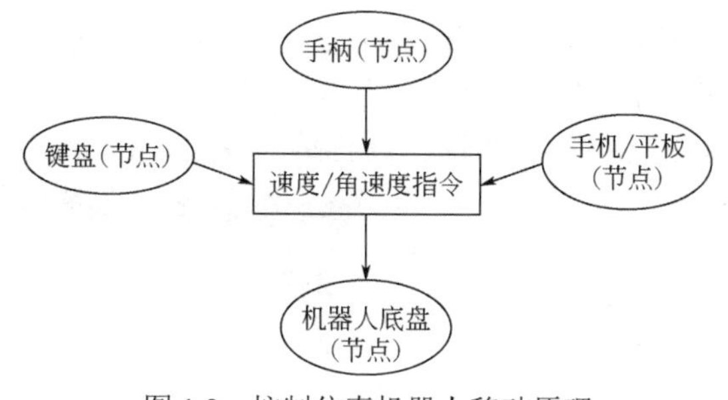

图1.8 控制仿真机器人移动原理

模拟器里的机器人并不关心是谁发给它的消息，它只关心这个消息是什么（速度、角速度等指令）。所以，每一个进程（节点）都各司其职，负责不同的任务，同时定义好消息收发的接口。如果我们现在要做路径规划任务，那么我们只需要再单独开发一个节点，同样向底盘发送我们求解出的速度/角速度指令就可以了。现在你可能对 ROS 工作方式还一无所知，不过没关系，后续的章节我们将会对 ROS 涉及的这些概念进行详细介绍，等你看完了这本书，就能明白整个 ROS 框架运行的原理，甚至自己能编程实现一些功能模块了。

1.5 二进制包与源代码包

在 1.3 节我们使用 apt 工具安装了 ROS 系统以及相关的软件包，而在 1.4 节我们通过下载源码编译的方式安装了一个 ROS 教学软件包。这是两种常见的软件包安装方式，通常软件包（package）可以分为二进制包和源代码包。

二进制包里面包括了已经编译完成且可以直接运行的程序。通过 `sudo apt-get install package_name` 来进行下载和解包（安装），执行完该命令后便可以立即使用。因此，这种方式简单、快捷，适合比较固定、无需改动的程序。而源代码包里是程序的原始代码，在计算机上必须经过编译，生成了可执行的二进制文件后方可运行。一些个人开发的程序、第三方修改或者需要修改的程序都应当通过源代码包来编译运行。二进制包和源代码包的区别如表 1.3 所示。

表 1.3 二进制包和源代码包的区别

项目	二进制包	源代码包
下载方式	apt-get install/直接下载 deb	git clone/直接下载源代码
ROS 包存放位置	/opt/ros/kinetic/	通常~/catkin_ws/src
编译方式	无需编译	通过 make/CMake/caktin
来源	官方 apt 软件源	开源项目、第三方开发者
扩展性	无法修改	通过源代码修改
可读性	无法查看源代码	方便阅读源代码
优点	下载简单，安装方便	源码可修改，便于定制功能
缺点	无法修改	编译工具、软件包依赖、版本和参数
应用场景	基础软件	需要查看、开发和修改的程序

另外，在 ROS 中，我们可能经常会遇到缺少相关 ROS 依赖的问题。有些时候编译或者运行一些 ROS 程序，系统会提示找不到×××功能包。遇到这样的问题，请先阅读错误原因，看看是否有解决方法。如果是缺少 ROS 的依赖，通常可以用以下命令来安装：

```
$ sudo apt-get install ros-kinetic-PACKAGE
```

将“PACKAGE”替换为系统提示缺少的软件包，例如：

```
$ sudo apt-get install ros-kinetic-slam-gmapping   #Gmapping-SLAM算法包
$ sudo apt-get install ros-kinetic-turtlebot-description   #TurtleBot机器人模型包
```

1.6 本章小结

本章带你打开了 ROS 机器人开发技术的大门，一起了解了 ROS 的诞生、发展、特点和历代版本，重点学习了 ROS 在 Ubuntu 系统下的安装步骤与配置方法，并通过有趣的小海龟例程测试了 ROS 是否能在 Ubuntu 系统下正常运行。此外，本书还提供了教学实践所需的源代码包，介绍了二进制包与源代码包的区别。

接下来，让我们一起更加深入地学习 ROS 的系统架构，了解 ROS 到底是如何组织文件结构，如何实现通信的吧！

习题一

1. [单选]机器人操作系统的全称是？

   A. React Operating System　　B. Router Operating System

   C. Request of Service　　D. Robot Operating System

2. [单选] ROS Kinetic 最佳适配的 Linux 版本是？

   A. CentOS 7　　B. Ubuntu 14.04　　C. Ubuntu 16.04　　D. Ubuntu 18.04

3. [单选]下列哪个不是 ROS 的特点？

   A.开源　　B.分布式架构　　C.强实时性　　D.模块化

4. [单选] ROS 官方二进制包可以通过以下哪个命令安装（假定 Kinetic 版本）？

   A. sudo apt-get install ROS_kinetic_packagename

   B. sudo apt-get install ROS-Kinetic- packagename

   C. sudo apt-get install ros_kinetic_packagename

   D. sudo apt-get install ros- kinetic-packagename

5. [单选] ROS 最早诞生于哪所学校的实验室？

   A.麻省理工学院（MIT）　　B.斯坦福大学（Stanford）

   C.加州大学伯克利分校（UC. Berkeley）　　D.卡内基梅隆大学（CMU）

6. [多选]下列哪些是 ROS 的发行版本？

   A. Indigo　　B. Jade　　C. Xenial　　D. Kinetic

7. [多选]查看 https://robots.ros.org/页面的机器人，下列哪些机器人支持 ROS？

   A. Pioneer 3-AT　　B. XBot　　C. TurtleBot3　　D. PR2

第2章 ROS系统架构

本章主要介绍了 ROS 的工程结构和通信架构。工程结构是指文件系统的结构，而通信架构是 ROS 的灵魂，也是整个 ROS 正常运行的关键所在，包括各种数据的处理、进程的运行、消息的传递等。要建立一个 ROS 项目，首先要认识一个 ROS 项目，从根本上熟悉 ROS 文件系统的组织形式和 ROS 各个进程的通信方式，从而正确地进行开发和编程。

本章我们将一起学习以下内容：

关于 ROS 的文件系统，我们将学习：catkin 工作空间、catkin 编译系统、功能包（package）及其包含的常见文件类型（包括 CMakeLists.txt 文件、package.xml 文件等）、元功能包（Metapackage）。

关于 ROS 的通信架构，我们将学习：ROS 节点（Node）与节点管理器（Node Master）的概念及工作原理、launch 启动文件、四种通信方式（包括话题 topic、服务 service、参数服务器 parameter server、动作库 Actionlib）的通信原理以及它们对应的数据类型等。

2.1 ROS 文件系统

使用 ROS 实现机器人开发的主要手段当然是写代码，那么这些代码文件就需要存放到一个固定的空间内，也就是工作空间。而对于源代码，只有在编译之后才能在系统上运行。因此，我们必须掌握 ROS 的工作空间及其存放的各类型文件，了解 ROS 编译系统的原理及过程。

2.1.1 catkin 工作空间

工作空间（workspace）是一个存放工程开发相关文件的文件夹。catkin 工作空间是创建、修改、编译 catkin 软件包的目录。catkin 的工作空间，直观地形容就是一个仓库，里面装载着 ROS 的各种项目工程，便于系统组织管理和调用。工作空间在可视化图形界面里是一个文件夹，我们自己写的 ROS 代码通常就放在工作空间中。

（1）创建 catkin 工作空间

首先使用系统命令创建一个初始的 catkin_ws 路径，这是 catkin 工作空间结构的最高层级。输入以下命令，完成 catkin 工作空间的创建与初始化。

```
$ mkdir -p ~/catkin_ws/src
$ cd ~/catkin_ws/src
$ catkin_make    #初始化工作空间
```

第一行代码直接创建了第二层级的文件夹 src，这也是我们存放 ROS 软件包的地方。第二行代码使得进程进入工作空间，然后再初始化。注意：catkin_make 命令必须在工作空间的根目录下执行。

（2）结构介绍

一个典型的 catkin 编译系统下的工作空间结构如下所示：

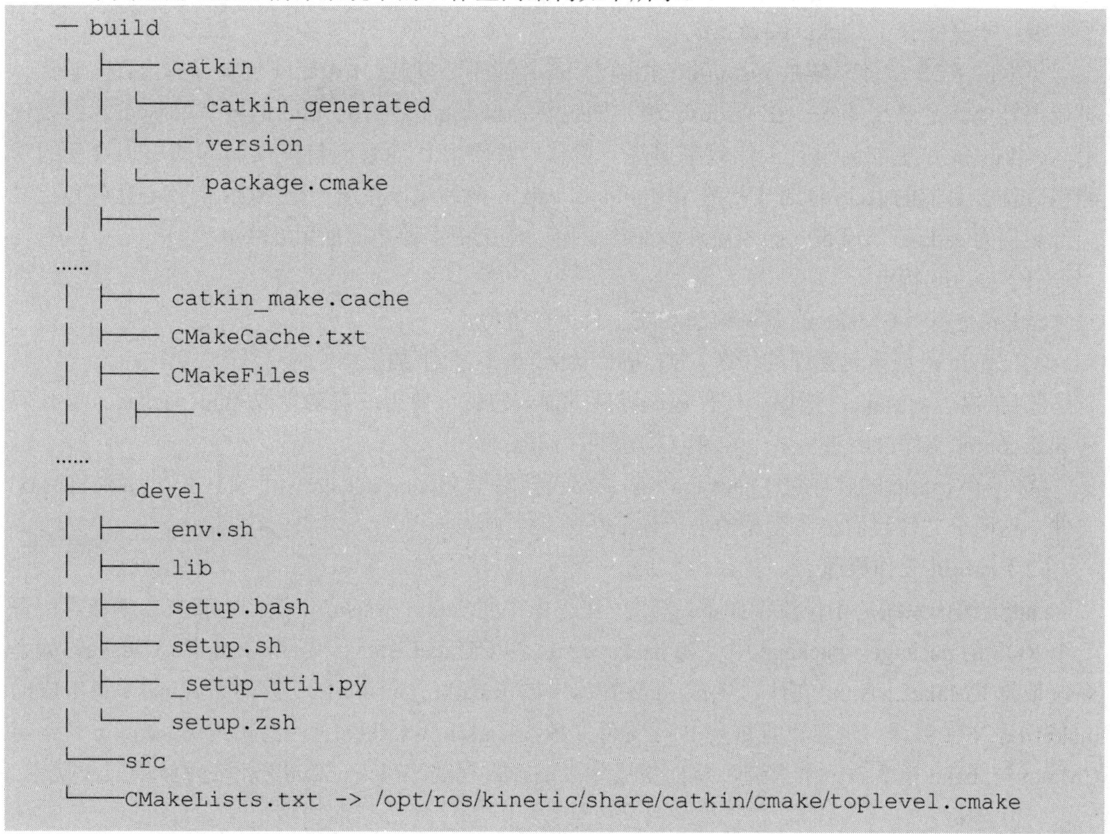

```
— build
| ├─── catkin
| |  └─── catkin_generated
| |  └─── version
| |  └─── package.cmake
| ├───
......
| ├─── catkin_make.cache
| ├─── CMakeCache.txt
| ├─── CMakeFiles
| |  ├───
......
├─── devel
| ├─── env.sh
| ├─── lib
| ├─── setup.bash
| ├─── setup.sh
| ├─── _setup_util.py
| └─── setup.zsh
└───src
└───CMakeLists.txt -> /opt/ros/kinetic/share/catkin/cmake/toplevel.cmake
```

在工作空间下使用 tree 命令，即可显示文件结构。

```
$ cd ~/catkin_ws
$ sudo apt install tree
$ tree
```

典型的 catkin 工作空间中一般包含以下三个目录空间：

① src：代码空间（Source Space），开发过程中最常用的文件夹，用来存储所有 ROS 的 package 源代码包。

② build：编译空间（Build Space），用来存储工作空间编译过程中产生的缓存信息和中间文件。

③ devel：开发空间（Development Space），用来存放编译生成的目标文件（包括头文件、动态链接库、静态链接库、可执行文件等）和环境变量。

在有些编译选项下也可能包含 install，即安装空间（Install Space）。编译成功后，可使用 `make install` 命令将可执行文件安装到该空间，运行该空间中的环境变量脚本，即可在终端运行这些可执行文件。但安装空间并不是必需的，很多工作空间中并没有该文件夹。

2.1.2 catkin 编译系统

对于源代码包，只有在编译之后才能在系统上运行。Linux 下的编译器有 gcc、g++，随着源文件数量的增加，直接用 gcc 或 g++命令的方式显得效率低下，人们逐渐开始用 Makefile 来进行编译。然而，随着工程体量的增大，Makefile 也不能满足需求，于是便出现了 CMake 工具。CMake 是对 make 工具的生成器，是更高层的工具，它简化了编译构建过程，能够管理大型项目，具有良好的扩展性。对于 ROS 这样大体量的平台来说，采用的就是 CMake，并且，ROS 对 CMake 进行了扩展，于是便有了 Catkin 编译系统。

早期的 ROS 编译系统是 rosbuild，但随着 ROS 的不断发展，rosbuild 逐渐暴露出许多缺点，不能很好地满足系统需求。在 Groovy 版本面世后，catkin 作为 rosbuild 的替代品被正式投入使用。catkin 操作更加简单且工作效率更高，可移植性更好，而且支持交叉编译和更加合理的功能包分配。目前的 ROS 同时支持着 rosbuild 和 catkin 两种编译系统，但 ROS 的核心软件包已经全部转换为 catkin。rosbuild 已经被逐步淘汰，所以建议初学者直接使用 catkin。

（1）catkin 特点

catkin 是基于 CMake 的编译构建系统，具有以下特点：

① catkin 沿用了包管理的传统，如 find_package( ) 基础结构。

② 扩展了 CMake。例如：软件包编译后无需安装就可使用；自动生成 find_package( ) 代码和 pkg-config 文件；解决了多个软件包构建顺序问题。

③ 一个 catkin 的软件包（package）必须要包括两个文件：package.xml 文件和 CMakeLists.txt 文件。这两个文件我们将在后面的小节详细介绍。

（2）catkin 工作原理

catkin 编译系统的工作流程如下：首先，在工作空间 catkin_ws/src/下递归地查找和编译其中每一个 ROS 的 package。package 中会有 package.xml 和 CMakeLists.txt 文件，catkin（CMake）编译系统依据 CMakeLists.txt 文件，生成 makefiles（放在 catkin_ws/build/）。然后，make 将生成的 makefiles 文件编译、链接，生成可执行文件（放在 catkin_ws/devel）。也就是说，catkin 就是将 CMake 与 make 指令做一个封装，从而完成整个编译过程的工具。catkin 编译过程如图 2.1 所示。

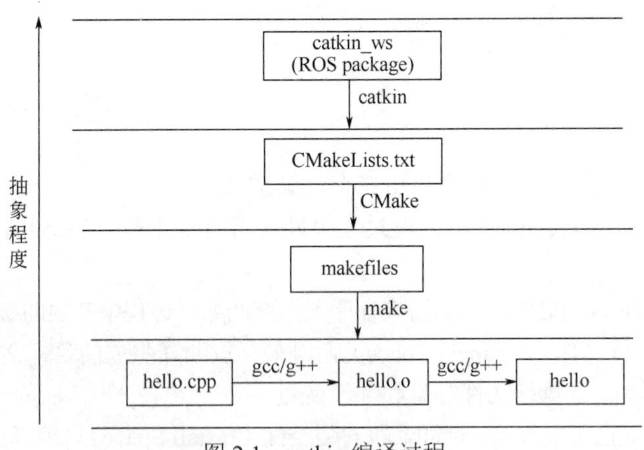

图 2.1　catkin 编译过程

（3）使用 catkin_make 进行编译

要用 catkin 编译一个工程或软件包，只需要用 catkin_make 指令。一般当我们写完代码，执行一次 catkin_make 进行编译，调用系统自动完成编译和链接过程，构建生成目标文件。编译的一般流程如下：

```
$ cd ~/catkin_ws/    #回到工作空间
$ catkin_make    #开始编译
$ source ~/catkin_ws/devel/setup.bash    #刷新环境
```

catkin 编译之前需要回到工作空间目录，catkin_make 在其他路径下编译不会成功。编译完成后，如果有新的目标文件产生（原来没有），那么一般紧跟着要刷新环境，使得系统能够找到刚才编译生成的 ROS 可执行文件。这个细节比较容易遗漏，致使后续出现可执行文件无法打开等错误。

catkin_make 命令也有一些可选参数，输入 `catkin_make -h` 即可查看以下参数信息：

```
catkin_make [args]
   -h, --help              #帮助信息
   -C DIRECTORY, --directory DIRECTORY
   #工作空间的路径（默认为 '.'）
   --source SOURCE         #src 的路径（默认为'workspace_base/src'）
   --build BUILD           #build 的路径（默认为'workspace_base/build'）
   --use-ninja             #用 ninja 取代 make
   --use-nmake             #用 nmake 取代 make
   --force-cmake           #强制 CMake，即使已经 CMake 过
   --no-color              #禁止彩色输出(只对 catkin_make 和 CMake 生效)
   --pkg PKG [PKG ...]     #只对某个 PKG 进行 make
   --only-pkg-with-deps  ONLY_PKG_WITH_DEPS [ONLY_PKG_WITH_DEPS ...]
                           #通过设置 CATKIN_WHITELIST_PACKAGES 变量将指定的 package 列入白
                           #名单，此变量存在于 CMakeCache.txt 中
   --cmake-args [CMAKE_ARGS [CMAKE_ARGS ...]]
                           #传给 CMake 的参数
   --make-args [MAKE_ARGS [MAKE_ARGS ...]]
                           #传给 make 的参数
   --override-build-tool-check
                           #用来覆盖由不同编译工具产生的错误
```

2.1.3 package 功能包

功能包（package）是 catkin 编译的基本单元，包含 ROS 节点、库、配置文件等。我们调用 catkin_make 编译的对象就是一个个 ROS 的 package，也就是说任何 ROS 程序只有组织成 package 才能编译。所以，package 也是 ROS 源代码存放的地方，任何 ROS 的代码，无论是 C++代码还是 Python 代码都要放到 package 中。一个 package 可以编译出多个目标文件（ROS 可执行程序、动态和静态库、头文件等）。

（1）package 结构

一个 package 功能包下常见的文件、路径有：

① CMakeLists.txt：定义 package 的包名、依赖、源文件、目标文件等编译规则，是 package 不可缺少的成分。

② package.xml：描述 package 的包名、版本号、作者、依赖等信息，是 package 不可缺少的

成分。

③ src/：用来存放需要编译的源代码文件。

④ include/：用来存放 ROS 源代码对应的头文件，包括 C++的源码（.cpp）和 Python 的 module（.py）。

⑤ scripts/：用来存放可执行脚本。如 shell 脚本（.sh）、python 脚本。

⑥ srv/：用来存放自定义格式的服务类型（.srv）。

⑦ msg/：用来存放自定义格式的消息类型（.msg）。

⑧ models/：用来存放机器人或仿真场景的 3D 模型（.sda、.stl、.dae 等）。

⑨ urdf/：用来存放机器人的模型描述（.urdf 或.xacro）。

⑩ launch/：用来存放功能包中所有的启动文件（.launch 或.xml）。

通常 ROS 文件都是按照以上形式组织的，这是约定俗成的命名习惯，建议遵守。以上文件、路径中，CMakeLists.txt 和 package.xml 这两个文件是必需的，其余路径根据软件包是否需要来决定。

（2）package 的创建

创建一个 package 需要在 catkin_ws/src 下，用到 catkin_create_pkg 命令，用法是：`catkin_create_pkg [package] [depends]`。其中 package 是包名，depends 是依赖的包名，可以依赖多个软件包。例如，新建一个 package 叫做 test_pkg，依赖为 roscpp、rospy、std_msgs（常用依赖），命令如下：

```
$ catkin_create_pkg test_pkg roscpp rospy std_msgs
```

（3）package 相关命令

① rospack　rospack 是对 package 进行管理的工具，命令的用法如表 2.1 所示。

表 2.1　rospack 常用命令

rospack 命令	作用
rospack help	显示 rospack 的用法
rospack list	列出本机所有 package
rospack depends [package]	显示 package 的依赖包
rospack find [package]	定位某个 package
rospack profile	刷新所有 package 的位置记录

② roscd　roscd 命令类似于 Linux 系统的 cd，改进之处在于 roscd 可以直接跳转到 ROS 的软件包。

```
$ roscd [package]      #跳转到 package 所在的路径
```

③ rosls　rosls 也可以视为 Linux 指令 ls 的改进版，可以直接列出 ROS 软件包的内容。

```
$ rosls [package]      #列出 package 下的文件
```

④ rosdep　rosdep 是用于管理 ROS 中 package 依赖项的命令行工具，用法如表 2.2 所示。

表 2.2　rosdep 常用命令

rosdep 命令	作用
rosdep check [package]	检查 package 的依赖是否满足
rosdep install [package]	安装 package 的依赖
rosdep db	生成和显示依赖数据库
rosdep init	初始化/etc/ros/rosdep 中的源
rosdep keys	检查 package 的依赖是否满足
rosdep update	更新本地的 rosdep 数据库

一个较为常用的命令是 `rosdep install --from-paths src --ignore-src --rosdistro=kinetic -y`，用于安装工作空间中 src/路径下所有 package 的依赖项（由 package.xml 文件指定）。

2.1.4 CMakeLists.txt 文件

CMakeLists.txt 原本是 CMake 编译系统的规则文件，而 catkin 编译系统基本沿用了 CMake 的编译风格，只是针对 ROS 工程添加了一些宏定义。所以在写法上，catkin 的 CMakeLists.txt 与 CMake 的基本一致。CMakeLists.txt 文件直接规定了某个 package 需要依赖哪些 package、要编译生成哪些目标、如何编译等流程。它指定了由源码到目标文件的编译规则，catkin 编译系统在工作时首先会找到每个 package 下的 CMakeLists.txt，然后按照规则来编译构建。

CMakeLists.txt 的基本语法还是按照 CMake 的语法标准，而 catkin 在其中加入了少量的宏，总体的结构如下：

```
cmake_minimum_required()  #CMake 的版本号
project()                 #项目名称
find_package()            #找到编译需要的其他 CMake/catkin package
catkin_python_setup()     #catkin 新加宏，打开 catkin 的 Python module 的支持
add_message_files()       #catkin 新加宏，添加自定义 message/service/action 文件
add_service_files()
add_action_files()
generate_message()        #catkin 新加宏，生成不同语言版本的 msg/srv/Action 接口
catkin_package()          #catkin 新加宏，生成当前 package 的 CMake 配置，供依赖本包的其他
                          #软件包调用
add_library()             #生成库
add_executable()          #生成可执行二进制文件
add_dependencies()        #定义目标文件依赖于其他目标文件，确保其他目标文件已被构建
target_link_libraries()   #链接
catkin_add_gtest()        #catkin 新加宏，生成测试
install()                 #安装至本机
```

为了详细地解释 CMakeLists.txt 的写法，我们以 turtlesim 小海龟这个 package 为例，读者可 roscd 到 turtlesim 包下查看。CMakeLists.txt 的写法如下：

```
cmake_minimum_required(VERSION 2.8.3)  #CMake 至少为 2.8.3 版
project(turtlesim)
#项目(package)名称为 turtlesim，在后续文件中可使用变量${PROJECT_NAME}来引用项目名称
turltesim

find_package(catkin REQUIRED COMPONENTS geometry_msgs message_generation
rosconsole roscpp roscpp_serialization roslib rostime std_msgs std_srvs)
#cmake 宏，指定依赖的其他 package，实际是生成了一些环境变量，如<NAME>_FOUND、
<NAME>_INCLUDE_DIRS、 <NAME>_LIBRARIES
#此处 catkin 是必备依赖，其余的 geometry_msgs……为组件

find_package(Qt5Widgets REQUIRED)
```

```
find_package(Boost REQUIRED COMPONENTS thread)

include_directories(include ${catkin_INCLUDE_DIRS} ${Boost_INCLUDE_DIRS})
#指定C++的头文件路径
link_directories(${catkin_LIBRARY_DIRS})
#指定链接库的路径

add_message_files(DIRECTORY msg FILES
Color.msg Pose.msg)
#自定义msg文件

add_service_files(DIRECTORY srv FILES
Kill.srv
SetPen.srv
Spawn.srv
TeleportAbsolute.srv
TeleportRelative.srv)
#自定义srv文件

generate_messages(DEPENDENCIES geometry_msgs std_msgs std_srvs)
#在add_message_files、add_service_files宏之后必须加上这句话，用于生成srv、msg头文件/module，生成的文件位于devel/include中

catkin_package(CATKIN_DEPENDS geometry_msgs message_runtime std_msgs std_srvs)
#catkin宏命令，用于配置ROS的package配置文件和CMake文件

#这个命令必须在add_library()或者add_executable()之前调用，该函数有5个可选参数：
#(1) INCLUDE_DIRS——导出包的include路径
#(2) LIBRARIES——导出项目中的库
#(3) CATKIN_DEPENDS——该项目依赖的其他catkin项目
#(4) DEPENDS——该项目所依赖的非catkin、CMake项目
#(5) CFG_EXTRAS——其他配置选项

set(turtlesim_node_SRCS
src/turtlesim.cpp
src/turtle.cpp
src/turtle_frame.cpp)
set(turtlesim_node_HDRS
include/turtlesim/turtle_frame.h)
#指定turtlesim_node_SRCS、turtlesim_node_HDRS变量

qt5_wrap_cpp(turtlesim_node_MOCS ${turtlesim_node_HDRS})
```

```
add_executable(turtlesim_node ${turtlesim_node_SRCS} ${turtlesim_node_MOCS})
#指定可执行文件目标turtlesim_node

target_link_libraries(turtlesim_node Qt5::Widgets ${catkin_LIBRARIES}
${Boost_LIBRARIES})
#指定链接可执行文件
add_dependencies(turtlesim_node turtlesim_gencpp)

add_executable(turtle_teleop_key tutorials/teleop_turtle_key.cpp)
target_link_libraries(turtle_teleop_key ${catkin_LIBRARIES})
add_dependencies(turtle_teleop_key turtlesim_gencpp)

add_executable(draw_square tutorials/draw_square.cpp)
target_link_libraries(draw_square ${catkin_LIBRARIES} ${Boost_LIBRARIES})
add_dependencies(draw_square turtlesim_gencpp)

add_executable(mimic tutorials/mimic.cpp)
target_link_libraries(mimic ${catkin_LIBRARIES})
add_dependencies(mimic turtlesim_gencpp)
#同样指定可执行目标、 链接、 依赖

install(TARGETS turtlesim_node turtle_teleop_key draw_square mimic
RUNTIME DESTINATION ${CATKIN_PACKAGE_BIN_DESTINATION})
#安装目标文件到本地系统
install(DIRECTORY images
DESTINATION ${CATKIN_PACKAGE_SHARE_DESTINATION}
FILES_MATCHING PATTERN "*.png" PATTERN "*.svg")
```

2.1.5 package.xml 文件

package.xml 也是 catkin 的 package 必备文件，它是这个软件包的描述文件，在较早的 ROS 版本（rosbuild 编译系统）中，这个文件叫做 manifest.xml，用于描述 package 的基本信息。如果你在网上看到一些 ROS 项目里包含着 manifest.xml，那么它多半是 Hydro 版本之前的项目了。

每个功能包都包含一个名为 package.xml 的功能包清单，用于记录功能包的基本信息，包含了 package 的名称、版本号、内容描述、维护人员、软件许可、编译构建工具、编译依赖、运行依赖等信息。实际上，rospack find 和 rosdep 等命令之所以能快速定位和分析出 package 的依赖项信息，就是因为直接读取了每一个 package 中的 package.xml 文件，它为用户提供了快速了解一个 package 的渠道。

package.xml 遵循 xml 标签文本的写法，由于版本更迭的原因，现在有两种格式（format1 与 format2），不过区别不大。老版本（format1）的 package.xml 通常包含以下标签：

```
<package>                   #根标记文件
<name>                      #包名
<version>                   #版本号
<description>               #内容描述
<maintainer>                #维护者
<license>                   #软件许可证
<buildtool_depend>          #编译构建工具，通常为 catkin
<build_depend>              #编译依赖项
<run_depend>                #运行依赖项
```

说明：其中，第 1～6 个为必备标签，第 1 行是根标签，嵌套了其余的所有标签；第 2～6 个为包的各种属性；第 7～9 个为编译的相关信息。

在新版本（format2）中，package.xml 通常包含以下标签：

```
<package>                   #根标记文件
<name>                      #包名
<version>                   #版本号
<description>               #内容描述
<maintainer>                #维护者
<license>                   #软件许可证
<buildtool_depend>          #编译构建工具，通常为 catkin
<depend>                    #指定依赖项为编译、导出、运行需要的依赖， 最常用
<build_depend>              #编译依赖项
<build_export_depend>       #导出依赖项
<exec_depend>               #运行依赖项
<test_depend>               #测试用例依赖项
<doc_depend>                #文档依赖项
```

由此看出，新版本的 package.xml 在格式上增加了一些内容，相当于将之前的 build 和 run 依赖项的描述进行了细分。目前，Indigo、Kinetic、Lunar 等版本的 ROS 都同时支持两种版本的 package.xml，所以无论选哪种格式都可以。

为了说明 package.xml 的写法，还是以 turtlesim 软件包为例，其 package.xml 文件内容如下，并添加了相关的注释。

```
<?xml version="1.0"?>              <!--本示例为老版本的 package.xml-->
<package>                          <!--package 为根标签，写在最外面-->
   <name>turtlesim</name>
   <version>0.8.1</version>
   <description>
      turtlesim is a tool made for teaching ROS and ROS packages.
   </description>
   <maintainer email="dthomas@osrfoundation.org">Dirk Thomas</maintainer>
   <license>BSD</license>

   <url type="website">http://www.ros.org/wiki/turtlesim</url>
```

```
    <url type="bugtracker">https://github.com/ros/ros_tutorials/issues</url>
    <url type="repository">https://github.com/ros/ros_tutorials</url>
    <author>Josh Faust</author>

    <!--编译工具为catkin-->
    <buildtool_depend>catkin</buildtool_depend>

    <!--编译时需要依赖以下包-->
    <build_depend>geometry_msgs</build_depend>
    <build_depend>qtbase5-dev</build_depend>
    <build_depend>message_generation</build_depend>
    <build_depend>qt5-qmake</build_depend>
    <build_depend>rosconsole</build_depend>
    <build_depend>roscpp</build_depend>
    <build_depend>roscpp_serialization</build_depend>
    <build_depend>roslib</build_depend>
    <build_depend>rostime</build_depend>
    <build_depend>std_msgs</build_depend>
    <build_depend>std_srvs</build_depend>

    <!--运行时需要依赖以下包-->
    <run_depend>geometry_msgs</run_depend>
    <run_depend>libqt5-core</run_depend>
    <run_depend>libqt5-gui</run_depend>
    <run_depend>message_runtime</run_depend>
    <run_depend>rosconsole</run_depend>
    <run_depend>roscpp</run_depend>
    <run_depend>roscpp_serialization</run_depend>
    <run_depend>roslib</run_depend>
    <run_depend>rostime</run_depend>
    <run_depend>std_msgs</run_depend>
    <run_depend>std_srvs</run_depend>
</package>
```

上面内容是老版本（format1）的写法，如果要写成新版本（format2）则可以改为下面的写法。

```
<?xml version="1.0"?>
<package format="2">        <!--在声明package时指定format2，为新版格式-->
    <name>turtlesim</name>
    <version>0.8.1</version>
    <description>
        turtlesim is a tool made for teaching ROS and ROS packages.
    </description>
    <maintainer email="dthomas@osrfoundation.org">Dirk Thomas</maintainer>
```

```
    <license>BSD</license>

    <url type="website">http://www.ros.org/wiki/turtlesim</url>
    <url type="bugtracker">https://github.com/ros/ros_tutorials/issues</url>
    <url type="repository">https://github.com/ros/ros_tutorials</url>
    <author>Josh Faust</author>
    <!--编译工具为catkin-->
    <buildtool_depend>catkin</buildtool_depend>
    <!--用depend来整合build_depend和run_depend-->
    <depend>geometry_msgs</depend>
    <depend>rosconsole</depend>
    <depend>roscpp</depend>
    <depend>roscpp_serialization</depend>
    <depend>roslib</depend>
    <depend>rostime</depend>
    <depend>std_msgs</depend>
    <depend>std_srvs</depend>
    <!--build_depend标签未变-->
    <build_depend>qtbase5-dev</build_depend>
    <build_depend>message_generation</build_depend>
    <build_depend>qt5-qmake</build_depend>
    <!--run_depend要改为exec_depend-->
    <exec_depend>libqt5-core</exec_depend>
    <exec_depend>libqt5-gui</exec_depend>
    <exec_depend>message_runtime</exec_depend>
</package>
```

2.1.6 其他常见文件类型

在ROS的package中，除了CMakeLists.txt和package.xml这两个必备的文件之外，还有许多其他常见的文件类型，这里做一个简单的介绍。

① launch文件：通常放在软件包的launch/路径中，一般以.launch或.xml结尾，它对ROS需要运行的程序进行了打包，通过一句命令来启动。一般launch文件中会指定要启动哪些package下的哪些可执行程序，以什么参数启动，以及一些管理控制的命令。详细内容将在后文介绍。

② msg/srv/action文件：ROS程序中有可能有一些自定义的消息/服务/动作文件，是为程序的开发者所设计的数据结构，这类文件以“.msg”“.srv”“.action”结尾，通常放在package的“msg/”“srv/”“action/”路径下。

③ urdf/xacro文件：是机器人模型的描述文件，以.urdf或.xacro结尾。它定义了机器人的连接件和关节的信息，以及它们之间的位置、角度等信息，通过urdf文件可以将机器人的物理连接信息表示出来，并在可视化调试和仿真中显示。

④ yaml文件：一般存储了ROS需要加载的参数信息和一些属性配置。通常在launch文件或程序中读取yaml文件，把参数加载到参数服务器上。一般会把yaml文件存放在 param/路径下。

⑤ dae/stl 文件：dae 或 stl 文件是 3D 模型文件，机器人的 URDF 或仿真环境通常会引用这类文件，它们描述了机器人的三维模型。相比 urdf 文件，dae/stl 文件可以定义更复杂的模型，可以直接从 SolidWorks 或其他建模软件中导出机器人装配模型，从而显示出更加精确的外形。

⑥ rviz 文件：本质上是固定格式的文本文件，其中存储了 Rviz 窗口的配置（显示哪些控件、视角、参数等）。通常 rviz 文件不需要手动修改，而是直接在 Rviz 工具里保存，以便下次运行时直接读取。

2.1.7 Metapackage 元功能包

（1）Metapackage 介绍

在 Hydro 版本之后的 ROS 版本中，原有功能包集（Stack）的概念升级为“元功能包”（Metapackage），主要作用都是将多个功能接近，甚至相互依赖的软件包整合成为一个功能包集合。例如一个 ROS 导航的元功能包中包含建模、定位、导航等多个功能包。

ROS 里常见的元功能包如表 2.3 所示。

表 2.3 常见的 Metapackage

Metapackage 名称	描述	链接
navigation	导航相关的功能包集	https://github.com/ros-planning/navigation
moveit	运动规划相关的（主要是机械臂）功能包集	https://github.com/ros-planning/moveit
image_pipeline	图像获取、处理相关的功能包集	https://github.com/ros-perception/image_common
vision_opencv	ROS 与 OpenCV 交互的功能包集	https://github.com/ros-perception/vision_opencv
turtlebot	TurtleBot 机器人相关的功能包集	https://github.com/turtlebot/turtlebot
pr2_robot	PR2 机器人驱动功能包集	https://github.com/PR2/pr2_robot

（2）Metapackage 写法

我们以 ROS-Academy-for-Beginners 为例介绍 Metapackage 的写法。在教学包内，有一个 ros-academy-for-beginners 软件包，该包即为一个 Metapackage，其中有且仅有两个文件：CMakeLists.txt 和 package.xml。

CMakeLists.txt 的写法如下：

```
cmake_minimum_required(VERSION 2.8.3)
project(ros_academy_for_beginners)
find_package(catkin REQUIRED)
catkin_metapackage()      #声明本软件包是一个 Metapackage
```

package.xml 的写法如下：

```
<package>
    <name>ros_academy_for_beginners</name>
    <version>17.12.4</version>
    <description>
    --------------------------------------------------------------------------
    A ROS tutorial for beginner level learners. This metapackage includes some
    demos of topic, service, parameter server, tf, urdf, navigation, SLAM...
```

```
    It tries to explain the basic concepts and usages of ROS.
    -------------------------------------------------------------
    </description>
    <maintainer email="chaichangkun@163.com">Chai Changkun</maintainer>
    <author>Chai Changkun</author>
    <license>BSD</license>
    <url>http://http://www.droid.ac.cn</url>
    <buildtool_depend>catkin</buildtool_depend>
    <run_depend>navigation_sim_demo</run_depend> <!--注意这里的 run_depend 标签，将其他
软件包都设为依赖项-->
    <run_depend>param_demo</run_depend>
    <run_depend>robot_sim_demo</run_depend>
    <run_depend>service_demo</run_depend>
    <run_depend>slam_sim_demo</run_depend>
    <run_depend>tf_demo</run_depend>
    <run_depend>topic_demo</run_depend>

    <export> <!--这里需要有 export 和 metapackage 标签，注意这种固定写法-->
        <metapackage/>
    </export>
</package>
```

Metapackage 中的以上两个文件和普通 package 的不同点是：CMakeLists.txt 文件中加入了 catkin_metapackage( ) 宏，指定本软件包为一个 Metapackage；package.xml 文件的标签将所有软件包列为依赖项，标签中添加标签声明。

2.2 ROS 通信架构

ROS 是一个分布式框架，为用户提供多节点（进程）之间的通信服务，所有软件功能和工具都建立在这种分布式通信机制上，所以，ROS 的通信机制是最底层也是最核心的技术。在 2.1 节我们重点介绍了 package 功能包及其包含的各文件类型，而一个 package 里可以有多个可执行文件，一个可执行文件在运行之后就成为一个进程，这个进程在 ROS 中就叫做节点。要掌握 ROS 的通信架构，就需要了解各个节点的运行原理和它们的通信方式。因此，本节首先介绍最小的进程单元——节点和节点管理器，然后介绍 ROS 的“发动机”——launch 文件，最后介绍 ROS 中的四种通信方式，即话题、服务、参数服务器、动作库。

2.2.1 Node 与 Node Master

（1）概念

节点（Node）是执行运算任务的进程，一个系统一般是由多个节点组成，也可以称作“软件模块”。在 ROS 中，最小的进程单元就是节点。从程序角度来说，一个节点就是一个可执行文件

（通常为 C++编译生成的可执行文件、Python 脚本）被执行，加载到了内存之中；从功能角度来说，通常一个节点负责机器人的某一个单独的功能。由于机器人的功能模块非常复杂，我们往往不会把所有功能都集中到一个节点上，而会采用分布式的方式。

由于机器人元器件很多、功能庞大，因此实际运行时往往会运行众多的节点，分别负责感知世界、控制运动、决策和计算等不同的功能。那么如何合理地进行调配、管理这些节点呢？这就要利用 ROS 提供的节点管理器（Node Master），节点管理器在整个网络通信架构里相当于管理中心，管理着各个节点。首先节点在节点管理器处进行注册，之后节点管理器会将该节点纳入整个 ROS 程序中。Node 之间的通信也是先由节点管理器进行“牵线”，才能两两进行点对点的通信。当 ROS 程序启动时，首先启动节点管理器，再由节点管理器依次启动各个节点。

（2）启动节点管理器和节点

首先启动 ROS，输入命令：

```
$ roscore
```

此时 ROS 节点管理器启动，同时启动的还有 rosout 和 parameter server。其中 rosout 是负责日志输出的一个节点，其作用是告知用户当前系统的状态，包括输出系统的 error、warning 等，并且将 log 记录于日志文件中；parameter server 即参数服务器，它并不是一个节点，而是存储配置参数的一个服务器，后文我们会单独介绍。每一次运行 ROS 的节点前，都需要先启动节点管理器，才能够让节点注册和启动。

启动节点管理器之后，节点管理器开始按照系统的安排协调启动具体的节点。我们知道一个 package 中存放着可执行文件，可执行文件是静态的，当系统执行这些可执行文件并将这些文件加载到内存中时，就成了动态的节点。按照以下格式输入命令启动节点：

```
$ rosrun pkg_name node_name
```

通常就是按照这样的顺序启动，当节点太多时，则选用 launch 文件来启动（将在下一小节介绍）。节点管理器与节点之间以及节点与节点之间的关系如图 2.2 所示。

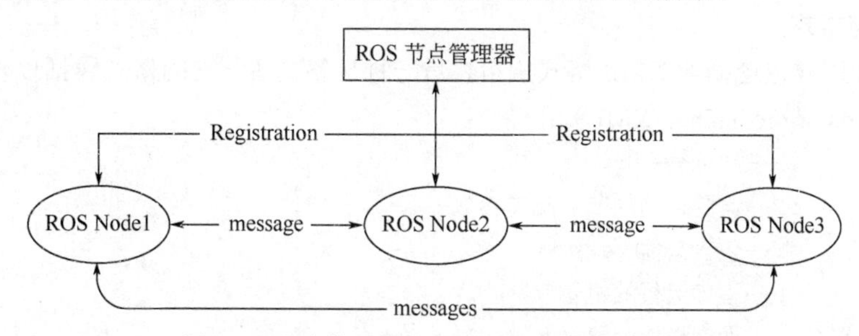

图 2.2 节点管理器与各 Node 之间的关系图

（3）rosrun 和 rosnode 命令

rosrun 命令的详细用法如下：

```
$ rosrun [--prefix cmd] [--debug] pkg_name node_name [ARGS]
```

rosrun 将会寻找 package 下的名为 node_name 的可执行程序，将可选参数 ARGS 传入。例如在 gdb 下运行 ROS 程序：

```
$ rosrun --prefix 'gdb -ex run --args' pkg_name node_name
```

rosnode 命令的详细用法与作用如表 2.4 所示。

以下命令中常用的为前三个，在开发调试时经常需要查看当前节点的信息，所以请记住这些常用命令。如果你忘记这些命令，也可以通过 `rosnode help` 来查看 rosnode 命令的用法。

表 2.4 rosnode 命令的详细用法与作用

rosnode 命令	作用
rosnode list	列出当前运行的节点信息
rosnode info node_name	显示出节点的详细信息
rosnode kill node_name	结束某个节点
rosnode ping	测试连接节点
rosnode machine	列出在特定机器或列表机器上运行的节点
rosnode cleanup	清除不可到达节点的注册信息

2.2.2 launch 启动文件

机器人是一个系统工程，通常一个机器人运行操作时要开启很多个节点，对于一个复杂的机器人的启动操作应该怎么做呢？当然，我们并不需要对每个节点依次进行 rosrun，ROS 提供了一种能同时启动节点管理器和多个节点的方法，那便是 launch 启动文件。任何包含两个或两个以上节点的系统都可以利用启动文件来指定和配置需要使用的节点。通常的命名方案是以.launch 作为启动文件的后缀，启动文件是 XML 文件。一般把启动文件存储在取名为 launch 的目录中。该方法需要输入以下格式的命令来实现：

```
$ roslaunch pkg_name file_name.launch
```

roslaunch 命令首先会自动检测系统的 roscore 有没有运行，也就是确认节点管理器是否在运行状态中。如果节点管理器没有启动，那么 roslaunch 就会首先启动节点管理器，然后再按照 launch 的规则执行，launch 文件里已经配置好了启动的规则。所以 roslaunch 就像是一个启动工具，能够按照预先配置的规则把多个节点一次性启动起来，避免用户在终端中逐条输入指令。

（1）写法与格式

launch 文件同样也遵循着 XML 格式规范，是一种标签文本，它的格式包括以下标签（参考链接：http://wiki.ros.org/roslaunch/XML）：

```
<launch>          <!--根标签-->
<node>            <!--需要启动的节点及其参数-->
<include>         <!--包含其他 launch-->
<machine>         <!--指定运行的机器-->
<env-loader>      <!--设置环境变量-->
<param>           <!--定义参数到参数服务器-->
<rosparam>        <!--启动 yaml 文件参数到参数服务器-->
<arg>             <!--定义变量-->
<remap>           <!--设定参数映射-->
<group>           <!--设定命名空间-->
</launch>         <!--根标签-->
```

需要注意的是：每个 XML 文件都必须要包含一个根元素，根元素由一对<launch>标签定义，即“<launch>...</launch>”，文件中的其他内容都必须包含在这对标签之内；启动文件的核心是启动 ROS 节点，采用<node>标签定义。除了这两个标签，我们还需要关注<param>、<arg>、<remap>

这几个常用的标签。

（2）参数设置

关于参数设置的标签元素有<param>和<arg>，分别代表 parameter 和 argument，尽管翻译为中文都是“参数”的意思，但 parameter 和 argument 在 ROS 中的含义是截然不同的，就像编程语言中的全局变量和局部变量的区别一样。parameter 是运行中的 ROS 系统使用的数值，存储在参数服务器中，每个活跃的节点都可以通过 ros::param::get 函数来获取 parameter 的值，用户也可以通过 rosparam 命令来获得 parameter 的值；而 argument 只在启动文件内才有意义，不能提供给节点使用，只能在 launch 文件中使用。

例如，在参数服务器中添加一个名为 demo_param、值为 888 的参数，其命令如下：

```
$ <param name="demo_param" type="int" value="888"/>
```

运行 launch 文件后，demo_param 这个 parameter 的值就设置为 888，并且加载到 ROS 参数服务器上。

再如，声明一个名为 demo_arg 的参数，并为其赋值，其命令如下：

```
$ <arg name="demo_arg" default="666"/>
```

当 launch 文件中需要用到 argument 时，可以使用如下命令调用：

```
$ <param name="demo" value="$ (arg demo_arg) " />
$ <node name="node" pkg="package" type="type" args="$ (arg demo_arg) " />
```

（3）重映射

<remap>标签顾名思义就是重映射，重映射是基于替换的思想，每个重映射包含一个原名称和一个新名称。ROS 支持话题的重映射，每当节点使用重映射中的原始名称时，ROS 客户端库就会默默地将它替换成其对应的新名称。<remap>标签里包含一个 original-name 和一个 new-name，即原名称和新名称。

例如，TurtleBot 的键盘控制节点发布的速度控制指令话题可能是/turtlebot/cmd_vel，但是我们自己的机器人订阅的速度控制话题是/cmd_vel，这时使用<remap>标签就可以将/turtlebot/cmd_vel 重映射为/cmd_vel，这样我们的机器人就可以接收到速度控制指令了。该命令如下：

```
$ <remap from="/turtlebot/cmd_vel" to="/cmd_vel " />
```

（4）示例

我们先来介绍 ROS 官网给出的一个最简单的例子，文本中的信息是，它启动了一个单独的节点 talker，该节点是 rospy_tutorials 软件包中的节点。

```
<launch>
   <node name="talker" pkg="rospy_tutorials" type="talker" />
</launch>
```

从上面的示例中可以看出，在启动文件中启动一个节点需要三个属性：name、pkg 和 type。其中，name 属性用来定义节点运行的名称，将覆盖节点中 init( ) 赋予节点的名称；pkg 定义节点所在的功能包名称；type 定义节点的可执行文件名称。这三个属性等同于在终端使用 rosrun 命令启动节点时的输入参数。这是三个最常用的属性，在有些情况下，我们还有可能用到以下属性：

① output = "screen"：将节点的标准输出打印到终端屏幕，默认输出为日志文档。

② respawn = "true"：复位属性，该节点停止时会自动重启，默认为 false。

③ required = "true"：必要节点，当该节点终止时，launch 文件中的其他节点也被终止。

④ ns = "namespace"：命名空间，为节点内的相对名称添加命名空间前缀。

⑤ args = "arguments"：节点需要的输入参数。

实际应用中的 launch 文件往往要复杂很多，我们以 Ros-Academy-for-Beginners 中的 robot_sim_demo 的 robot_spawn.launch 为例：

```
<launch>
   <!--arg是launch标签中的变量声明，arg的name为变量名，default或者value为值-->
   <arg name="robot"default="xbot2"/>
   <arg name="debug"default="false"/>
   <arg name="gui" default="true"/>
   <arg name="headless" default="false"/>
   <!-- Start Gazebo with a blank world -->
   <include file="$(find gazebo_ros)/launch/empty_world.launch"><!--include用来
嵌套仿真场景的launch文件-->
   <arg name="world_name" value="$(find robot_sim_demo)/worlds/
ROS-Academy.world"/>
       <arg name="debug" value="$(arg debug)" />
       <arg name="gui" value="$(arg gui)" />
       <arg name="paused" value="false"/>
       <arg name="use_sim_time" value="true"/>
       <arg name="headless" value="$(arg headless)"/>
       </include>

    <!-- Oh, you wanted a robot? --><!--嵌套了机器人的 launch 文件-->
    <include file="$(find robot_sim_demo)/launch/include/$(arg robot).launch.xml" />

    <!--如果你想连同 Rviz 一起启动，可以按照以下方式加入 Rviz 这个节点-->
    <!--node name="rviz" pkg="rviz" type="rviz" args="-d $(find
robot_sim_demo)/urdf_gazebo.rviz" /-->
   </launch>
```

这个 launch 文件相比上一个简单的例子来说，内容稍微有些复杂。它的作用是启动 Gazebo 模拟器，导入参数内容，加入机器人模型。对于初学者，不要求掌握每一个标签的作用，但至少应该有一个印象。如果读者自己需要写 launch 文件，可以先从改 launch 文件的模板入手，基本可以满足普通项目的要求。

2.2.3 话题

（1）通信原理

ROS 的通信方式中，话题（topic）是常用的一种。对于实时性、周期性的消息，使用 topic 来传输是最佳的选择。topic 是一种点对点的单向通信方式，这里的“点”指的是节点，也就是说节点之间可以通过 topic 方式来传递信息。topic 要经历下面几步的初始化过程：首先，Publisher

（发布）节点和 Subscriber（订阅）节点都要到节点管理器进行注册，然后，Publisher 会发布 topic，Subscriber 在节点管理器的指挥下会订阅该 topic，从而建立起 Sub-Pub 之间的通信。注意：整个过程是单向的。其流程示意图如图 2.3 所示。

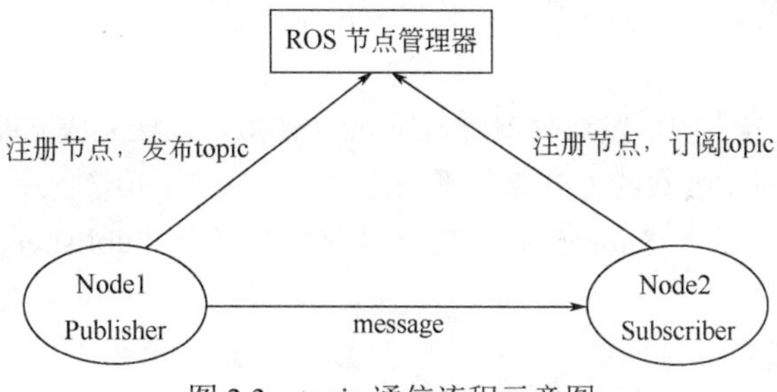

图 2.3 topic 通信流程示意图

Subscriber 会对接收到的消息进行处理，一般这个过程叫做回调（Callback）。所谓回调就是提前定义好了一个处理函数（写在代码中），当有消息来时就会触发这个处理函数，函数会对消息的内容进行处理。topic 通信属于一种异步的通信方式。下面我们通过一个示例来了解一下如何使用 topic 通信。

（2）示例

参考图 2.4，我们以摄像头画面的发布、处理、显示为例来介绍 topic 通信的流程。在机器人上的摄像头拍摄程序是一个节点（用圆圈表示，我们记作 Node1），当 Node1 运行启动之后，它作为一个 Publisher 就开始发布 topic。比如它发布了一个叫做/camera_rgb 的 topic（方框表示），是 RGB 颜色信息，即采集到的彩色图像。同时，假设 Node2 是图像处理程序，它订阅了/camera_rgb 这个 topic，经过节点管理器的介绍，它就能建立和摄像头节点（Node1）的连接。Node1 每发布一个消息之后，就会继续执行下一个动作，至于消息是什么状态、被怎样处理，Node1 并不关心；而对于 Node2，它只负责接收和处理/camera_rgb 上的消息，至于是谁发来的，它也不关心。因此，Node1 与 Node2 两者都各司其职，不存在协同工作，我们称这种通信方式是异步的。

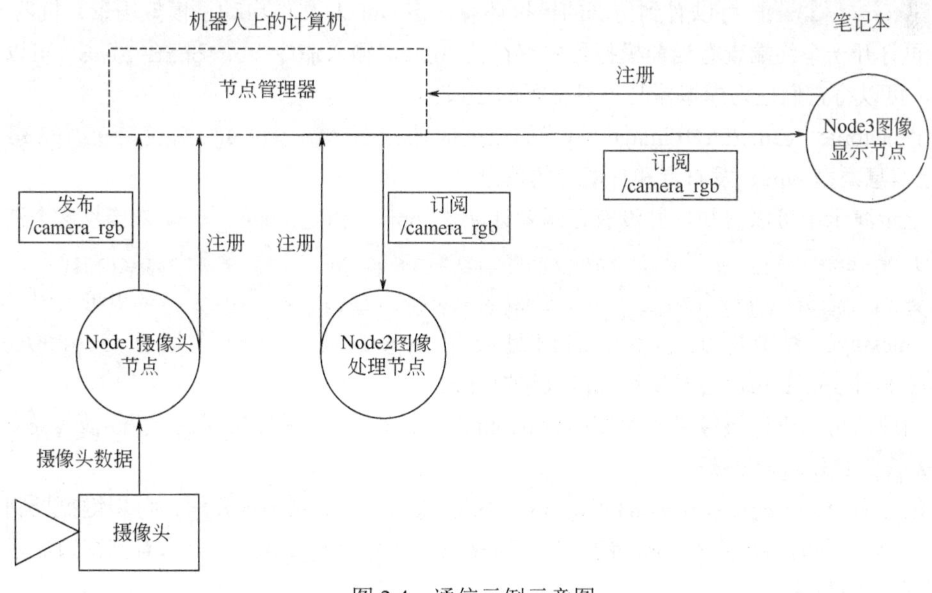

图 2.4 通信示例示意图

ROS是一种分布式的架构，一个topic可以被多个节点同时发布，也可以同时被多个节点订阅。比如在这个场景中用户可以再加入一个图像显示的节点Node3，如果想看看摄像头节点的画面，则可以用自己的笔记本连接到机器人上的节点管理器，然后在笔记本上启动图像显示节点。这就体现了分布式系统通信的好处：扩展性好、软件复用率高。

总结三点：

① topic通信方式是异步的，发送时调用publish( )函数，发送完成立即返回，不用等待反馈。

② Subscriber通过回调函数的方式来处理消息。

③ topic可以同时有多个Subscriber，也可以同时有多个Publisher。ROS中这样的例子有/rosout、/tf等。

（3）rostopic操作指令

在实际应用中，应该熟悉topic的几种常见的操作命令，表2.5详细地列出了各命令及其作用，可以通过命令 rostopic help 或 rostopic command -h 查看具体用法。

表2.5 rostopic命令及作用

rostopic命令	作用
rostopic list	列出当前所有的topic
rostopic info topic_name	显示某个topic的属性信息
rostopic echo topic_name	显示某个topic的内容
rostopic pub topic_name	向某个topic发布内容
rostopic bw topic_name	查看某个topic的带宽
rostopic hz topic_name	查看某个topic的频率
rostopic find topic_type	查找某个类型的topic
rostopic type topic_name	查看某个topic的类型（msg）

（4）操作实例

① 首先打开ROS-Academy-for-Beginners的模拟场景，输入 roslaunch robot_sim_demo robot_spawn.launch，可以看到仿真的模拟环境，该launch文件启动了模拟场景、机器人。

② 再打开一个终端查看当前模拟器中存在的topic，输入命令 rostopic list，可以看到许多topic，可以将它们视为模拟器与外界交互的接口。

③ 查询topic“/camera/rgb/image_raw”的相关信息 rostopic info /camera/rgb/image_raw，则会显示信息类型type、发布者和订阅者的信息。

④ 上步演示中可以得知，并没有订阅者订阅该topic。指定image_view来接收这个消息，命令格式为 rosrun image_view image_view image:=<image topic> [transport]。例如运行命令 rosrun image_view image_view image:= /camera/rgb/image_raw，会出现一张RGB图片，其message类型即上一步中的信息类型type。此时，再次运行 rostopic info /camera/rgb/image_raw，会发现该topic已被订阅。

⑤ 同理，可以查询摄像头的深度信息depth图像：rosrun image_view image_view image:=/camera/depth/image_raw。

⑥ 运行命令 rosrun robot_sim_demo robot_keyboard_teleop.py，可用键盘控制仿真机器人运动。与此同时，可查看topic的内容 rostopic echo /cmd_vel，可以看到窗口显示的各种坐标参数在不断变化。

（5）message

topic 有很严格的格式要求，比如前面提到的摄像头进程中的 RGB 图像 topic，它必然要遵循 ROS 中定义好的 RGB 图像格式。这种数据格式就是 message，文件类型为.msg。message 按照定义解释就是 topic 内容的数据类型，也称之为 topic 的格式标准。这里和平常用到的 message 直观概念有所不同，这里的 message 不单单指一条发布或者订阅的消息，也指 topic 的格式标准。

① 结构与类型　基本的 msg 包括 bool、int8、int16、int32、int64（以及 uint）、float、float64、string、time、duration、header、可变长度数组 array[]、固定长度数组 array[C]。那么，一个具体的 msg 文件是怎么组成的呢？例如下面这个存放在 sensor_msgs/msg/image.msg 里的 msg 文件，其结构如下：

```
std_msg/Header header
   uint32    seq
   time     stamp
   string    frame_id
   uint32      height
   uint32      width
   string      encoding
   uint8      is_bigendian
   uint32      step
   uint8[]      data
```

观察上面 msg 的定义，可以发现 msg 类似于 C 语言中的结构体。通过定义图像的宽度、高度等来规范图像的格式，这就解释了 message 不仅仅是我们平时理解的一条一条的消息，而且更是 ROS 中 topic 的格式规范。或者可以将 msg 理解为一个“类”，那么每次发布的内容可以理解为“对象”。通常所说的 message 既指的是类，又指它的对象。而 msg 文件则相当于类的定义。

② 操作指令　rosmsg 的操作命令有 6 个：

```
$ rosmsg list   #列出系统上所有的msg
$ rosmsg show msg_name   #显示某个msg的内容
$ rosmsg md5   #显示md5加密后的消息
$ rosmsg info   #显示消息信息rosmsg show的别名
$ rosmsg package   #显示某个功能包下的所有消息
$ rosmsg packages   #列出包含消息的功能包
```

③ 常见 message　常见的 message 类型包括 std_msgs、sensor_msgs、nav_msgs、geometry_msgs、自定义类型等。例如：

Header.msg

```
#定义数据的参考时间和参考坐标
#文件位置:std_msgs/Header.msg
uint32 seq #数据ID
time stamp #数据时间戳
```

Odometry.msg

```
#消息描述了自由空间中位置和速度的估计值
#文件位置:nav_msgs/Odometry.msg
Header header
```

```
string child_frame_id
PoseWithCovariance pose
TwistWithCovariance twist
```

Imu.msg

```
#消息包含了从惯性元件中得到的数据，加速度为m/s²，角速度为rad/s
#如果所有的测量协方差已知，则需要全部填充进来；如果只知道方差，则只填充协方差矩阵的对角数据即可
#文件位置： sensor_msgs/Imu.msg
Header header
Quaternion orientation
float64[9] orientation_covariance
Vector3 angular_velocity
float64[9] angular_velocity_covariance
Vector3 linear_acceleration
float64[] linear_acceleration_covariance
```

Accel.msg

```
#定义加速度项，包括线加速度和角加速度
#文件位置:geometry_msgs/Accel.msg
Vector3 linear
Vector3 angular
```

2.2.4 服务

上一小节我们介绍了ROS通信方式中的topic（话题）通信，我们知道topic是ROS中比较常见的单向异步通信方式。然而，当一些节点只是临时而非周期性地需要某些数据时， 如果用topic通信方式就会消耗大量不必要的系统资源，造成系统的低效率、高功耗。这种情况下，就需要一种请求-查询式的通信模型。本小节我们将介绍ROS通信中的另一种通信方式——服务（service）。

（1）通信原理

为了解决以上问题，service通信方式在通信模型上与topic做了区分。service通信是双向的，它不仅可以发送消息，同时还会有反馈。所以service包括两部分，一部分是请求方（Client），另一部分是应答方/服务提供方（Server）。请求方（Client）会发送一个Request，等待Server处理后，反馈回一个Reply，这样通过类似“请求-应答”的机制完成整个服务通信。

这种通信方式的流程示意图如图2.5所示。

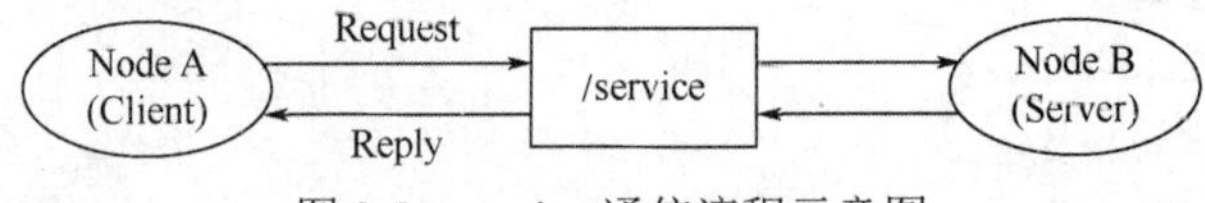

图2.5 service通信流程示意图

Node A是客户端Client（请求方），Node B是服务端Server（应答方），且其提供了一个服务的接口，叫做/service。一般用string类型来指定service的名称。

service是同步通信方式，所谓同步就是说Node A发布请求后会在原地等待响应，直到Node B处理完请求并且反馈一个Reply给Node A，Node A才会继续执行。Node A在等待过程中是处于

阻塞状态。这样的通信模型没有频繁的消息传递，没有太多地占用系统资源，当接收请求后才执行服务，简单而且高效。

为了加深读者对 topic 和 service 这两种最常用的通信方式的理解和认识，下面给出两者的对比。具体如表 2.6 所示。

表 2.6 topic 与 service 的比较

名称	topic	service
通信方式	异步通信	同步通信
实现原理	TCP/IP	TCP/IP
通信模型	Publish-Subscribe	Request-Reply
映射关系	Publisher-Subscriber（多对多）	Client-Server（多对一）
特点	接收者收到数据会回调（Callback）	远程过程调用[①]（RPC）服务器端的服务
应用场景	连续、高频的数据发布	偶尔使用的功能/具体的任务
举例	激光雷达、里程计发布数据	开关传感器、拍照、逆解计算

① 远程过程调用（Remote Procedure Call，RPC）可以简单、通俗地理解为在一个进程里调用另一个进程的函数。

（2）rosservice 操作命令

service 通信方式的常见操作命令及作用如表 2.7 所示。

表 2.7 rosservice 命令及作用

rosservice 命令	作用
rosservice list	显示服务列表
rosservice info	打印服务信息
rosservice type	打印服务类型
rosservice uri	打印服务 ROSRPC URI
rosservice find	按服务类型查找服务
rosservice call	使用所提供的 args 调用服务
rosservice args	打印服务参数

（3）操作实例

① 首先打开 ROS-Academy-for-Beginners 的模拟场景，输入 `roslaunch robot_sim_demo robot_spawn.launch`。

② 输入 `rosservice list`，查看当前运行的服务。

③ 随机选择/gazebo/delete_light 服务，观察名称，此操作是删除光源。

④ 输入 `rosservice info /gazebo/delete_light` 查看属性信息，可以看到信息“Node：/gazebo，Type：gazebo_msgs/DeleteLight，Args：Light_name”。这里的类型 type 也就是下文介绍的 srv，传递参数 Light_name。

⑤ 输入 `rosservice call /gazebo/delete_light sun`，这里的 sun 是参数名，是模拟场景中的唯一光源。操作完成后可以看到场景中的光线消失。

⑥ 可以看到终端的回传信息“success： True”和“sun successfully deleted”。这就是双向通信的信息反馈，通知已经成功完成操作。

（4）srv

① 结构与类型　类似于 msg 文件，srv 文件是用来描述服务（service）数据类型的，一般放

置在功能包根目录下的 srv 文件夹中。该文件包括请求（Request）和响应（Reply）两个数据域，数据域中的内容与 msg 的数据类型相同，只是在请求与响应的描述之间需要使用“---”将其分隔开。其格式声明举例如下：

msgs_demo/srv/DetectHuman.srv

```
bool start_detect
---
my_pkg/HumanPose[] pose_data
```

msgs_demo/msg/HumanPose.msg

```
std_msgs/Header header
string uuid
int32 number_of_joints
my_pkg/JointPose[] joint_data
```

msgs_demo/msg/JointPose.msg

```
string joint_name
geometry_msgs/Pose pose
float32 confidence
```

以 DetectHuman.srv 文件为例，该服务示例取自 OpenNI 的人体检测 ROS 软件包。它是用来查询当前深度摄像头中的人体姿态和关节数信息的。srv 文件格式很固定，第一行是请求的格式，中间用“---”隔开，第三行是应答的格式。在本例中，请求为是否开始检测，应答为一个数组，数组的每个元素为某个人的姿态（HumanPose）。而对于人的姿态，其实是一个 msg，所以，srv 可以嵌套 msg 在其中，但它不能嵌套 srv。

② 操作命令　rossrv 具体的操作命令如表 2.8 所示。

表 2.8　rossrv 命令及作用

rossrv 命令	作用
rossrv show	显示服务描述
rossrv list	列出所有服务
rossrv md5	显示 md5 加密后的消息
rossrv package	列出包中的服务
rossrv packages	列出包含服务的包

③ 修改部分文件　通常，在定义完 msg、srv 文件之后，还需要修改 package.xml 和 CMakeLists.txt 文件，以添加一些必要的依赖。例如：

```
<build_depend>** message_generation **</build_depend>
<run_depend>** message_runtime **</run_depend>
```

其中“**”所引的就是新添加的依赖。又例如：

```
find_package(...roscpp rospy std_msgs ** message_generation **)
catkin_package(
...
CATKIN_DEPENDS ** message_runtime ** ...
...)
```

```
add_message_file(
FILES
** DetectHuman.srv **
** HumanPose.msg **
** JointPos.msg **)
** generate_messages(DEPENDENCIES std_msgs)**
```

添加的内容指定 srv 或 msg 在编译或者运行中需要的依赖。对于初学者，其具体作用可不深究，但需要了解的是，无论我们自定义了 srv 还是 msg，添加依赖都是必不可少的一步。

④ 常见 srv 类型 srv 类型与 msg 的数据类型相同。相当于两个 message 通道，一个通道用于发送请求，另一个用于接收响应。例如：

AddTwoInts.srv

```
#对两个整数求和，虚线前是输入量，虚线后是返回量
#文件位置：自定义 srv 文件
int32 a
int32 b
---
int32 sum
```

SetMap.srv

```
#文件位置：nav_msgs/SetMap.srv
#以初始位置为基准，设定新的地图
nav_msgs/OccupancyGrid map
geometry_msgs/PoseWithCovarianceStamped initial_pose
---
bool success
```

Empty.srv

```
#文件位置：std_srvs/Empty.srv
#代表一个空的 srv 类型


---
```

2.2.5 参数服务器

（1）通信原理

与 topic 和 service 两种通信方式不同，参数服务器（parameter server）可以说是特殊的“通信方式”。特殊点在于参数服务器是节点存储参数的地方，用于配置参数、全局共享参数。参数服务器使用互联网传输，在节点管理器中运行，实现整个通信过程。ROS 参数服务器为参数值，使用 XMLRPC 数据类型，其中包括：strings、integers、floats、booleans、lists、dictionaries、iso8601 dates 和 base64-encoded data。

参数服务器作为 ROS 中一种特殊的数据传输的方式，有别于 topic 和 service，它更加地静态。

维护着一个数据字典，字典里存储着各种参数和配置。字典其实就是一个个的键值对（key-value），每一个 key 不重复，且每一个 key 对应着一个 value。也可以说字典就是一种映射关系，在实际的项目应用中，因为字典的这种静态的映射特点，我们往往将一些不常用到的参数和配置放入参数服务器里的字典里，这样对这些数据进行读写都方便、高效。

（2）维护方式

参数服务器的维护方式非常简单、灵活，总的来说有三种方式：命令行维护、launch 文件内读写和节点源码。

① 命令行维护　使用命令行来维护参数服务器即使用 rosparam 命令来进行各种操作，如表 2.9 所示。

表 2.9　rosparam 命令及作用

rosparam 命令	作用
rosparam set param_key param_value	设置参数
rosparam get param_key	显示参数
rosparam load file_name	从文件加载参数
rosparam dump file_name	保存参数到文件
rosparam delete	删除参数
rosparam list	列出参数名称

注意：加载和保存文件时，需要遵守 YAML 格式。YAML 格式具体示例如下：

```
name:'Zhangsan'
age:20 gender:'M'
score{Chinese:80,Math:90}
score_history:[85,82,88,90]
```

简单来说，就是遵循“key：　value”的格式定义参数。其实可以把 yaml 文件的内容理解为字典，因为它也是键值对的形式。

② launch 文件内读写　launch 文件中有很多标签，而与参数服务器相关的标签只有两个，一个是<param>，另一个是<rosparam>。这两个标签功能比较相近，但<param>一般只设置一个参数。

③ 节点源码　我们可以编写程序，在节点中对参数服务器进行维护，也就是利用 API 来对参数服务器进行操作。roscpp 提供了两种方法：ros::param namespace 和 ros::NodeHandle。rospy 也提供了维护参数服务器的多个 API 函数。

（3）操作实例

① 首先打开 ROS-Academy-for-Beginners 的模拟场景，输入 `roslaunch robot_sim_demo robot_spawn.launch`。

② 输入命令 `rosparam list`，查看参数服务器上的 param。

③ 查询参数信息，例如查询竖直方向的重力参数。输入命令 `rosparam get /gazebo/gravity_z`，得到参数值 value=-9.8。

④ 尝试保存一个参数到文件中，输入命令 `rosparam dump param.yaml`，可以在当前路径看到该文件，也就能查看到相关的参数信息。

2.2.6　动作库

（1）通信原理

动作库（Actionlib）是 ROS 中一个很重要的库，用于实现 Action 的通信机制。类似 service 的通信机制，Action 也是一种请求-响应机制的通信方式，Action 主要弥补了 service 通信的一个不足，就是当机器人执行一个长时间的任务时，假如利用 service 通信方式，请求方会很长时间接收不到反馈，致使通信受阻。Action 则带有连续反馈，可以随时查看任务进度，也可以终止请求，这样的特性使得它在一些特别的机制中拥有很高的效率，比较适合实现长时间的通信过程。

Action 的工作原理也是采用客户端/服务器（Client-Server）模式，是一个双向的通信模式。通信双方在 ROS 的 Action Protocol 下通过消息进行数据的交流通信。Client 和 Server 为用户提供一个简单的 API 来请求目标（在客户端）或通过函数调用和回调来执行目标（在服务器端）。其工作模式的示意图如图 2.6 所示。

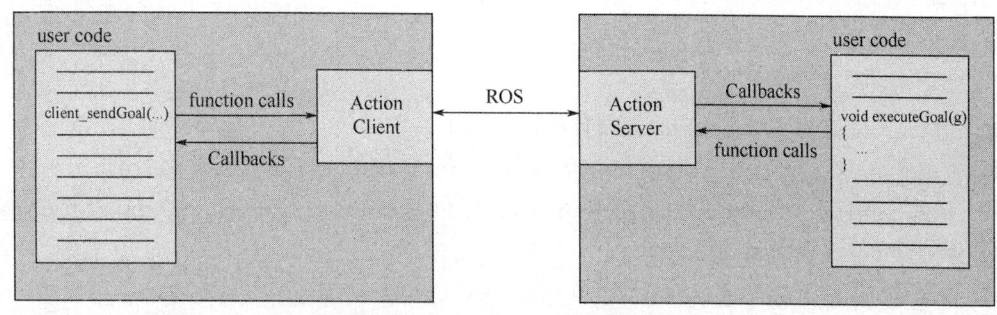

图 2.6　Action 工作模式示意图

通信双方在 ROS 的 Action Protocol 下进行交流通信是通过接口来实现的，如图 2.7 所示。

可以看到，客户端会向服务器发送目标指令和取消动作指令，而服务器端则可以给客户端发送实时的状态信息、结果信息、反馈信息等，从而完成了 service 通信方式无法完成的部分。

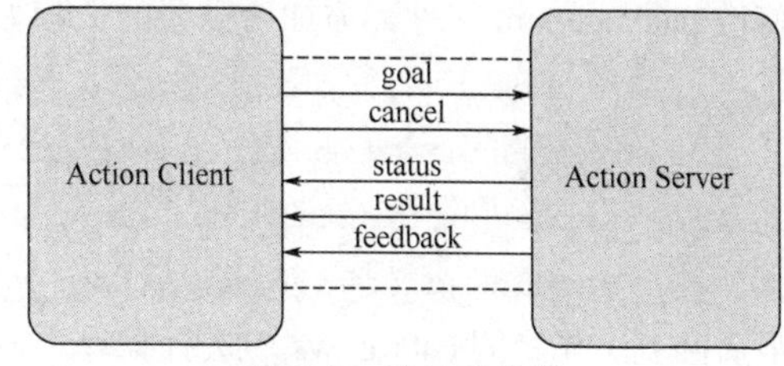

图 2.7　接口示意图

（2）Action 规范

利用动作库进行请求响应，动作的内容格式应包含三个部分：目标、反馈、结果。

目标：机器人执行一个动作，应该有明确的移动目标信息，包括一些参数的设定如方向、角度、速度等，从而使机器人完成动作任务。

反馈：在动作进行的过程中，应该有实时的状态信息反馈给服务器的客户端，告诉客户端动作完成的状态，可以使客户端做出准确的判断，从而及时地去修正命令。

结果：当动作完成时，动作服务器把本次动作的结果信息发送给客户端，使客户端得到本次动作的全部信息，例如可能包含机器人的运动时长、最终姿势等。

Action 规范文件的后缀名是.action，它的内容格式如下：

```
#Define the goal
uint32 dishwasher_id # 确定使用哪一个 dishwasher
---
#Define the result
```

```
uint32 total_dishes_cleaned
---
#Define a feedback message
float32 percent_complete
```

（3）操作实例

Actionlib 是用来实现 Action 的一个功能包集。我们在实例中设置一个场景，执行一个搬运的动作。在搬运过程中服务器端会不断地发送反馈信息，最终完成整个搬运过程。演示源码在 ROS-Academy-for-Beginners 教学包中。

首先写 handling.action 文件，类比上面的格式，包括目标、结果、反馈三个部分：

```
uint32 handling_id
---
uint32 Handling_completed
---
float32 percent_complete
```

然后修改文件夹里 CMakeLists.txt 文件的内容如下：

① `find_package(catkin REQUIRED genmsg actionlib_msgs actionlib)`。

② `add_action_files(DIRECTORY action FILESDoDishes.action)generate_messages(DEPENDENCIES actionlib_msgs)`。

③ `add_action_files(DIRECTORY action FILES Handling.action)`。

④ `generate_messages(DEPENDENCIES actionlib_msgs)`。

修改 package.xml 文件，添加所需要的依赖如下：

① `<build_depend>actionlib</build_depend>`。

② `<build_depend>actionlib_msgs</build_depend>`。

③ `<run_depend>actionlib</run_depend>`。

④ `<run_depend>actionlib_msgs</run_depend>`。

最后回到工作空间 catkin_ws 中进行编译。

（4）常见 Action 类型

常见的 Action 类型与 srv、msg 的数据类型类似，只是文件内容分成了三个部分。举例如下：

AddTwoInts.action

```
#文件位置:自定义 Action 文件
#表示将两个整数求和
int64 a
int64 b
---
int64 sum
---
```

AutoDocking.action

```
#文件位置:自定义 Action 文件
#goal
---
```

```
#result
string text
---
#feedback
string state
string text
```

MoveBase.action

```
#文件位置:geometry_msgs/MoveBase.action
geometry_msgs/PoseStamped target_pose
---
---
geometry_msgs/PoseStamped base_position
```

至此，ROS 通信架构的四种通信方式就介绍结束了，我们可以对比学习这四种通信方式，思考每一种通信方式的优缺点和适用场景，在正确的场景使用正确的通信方式，这样整个 ROS 的通信会更加高效，机器人也将更加地灵活和智能。

2.3　本章小结

本章首先介绍了 ROS 的文件系统，包括典型的 catkin 编译系统的工作原理及其工作空间结构、工作空间中包含的常见文件类型以及这些文件的编写规则等；然后介绍了 ROS 的通信架构，包括 ROS 的节点、节点管理器、launch 启动文件和四种通信方式（话题、服务、参数服务器、动作库）。

学习完本章，你应该已经掌握了 ROS 文件系统的组织形式和 ROS 各个进程之间的通信方式，熟悉了 ROS 文件系统中重要文件的编写格式和各种通信方式的区别、特点和使用场景。这些将会对你正确地进行开发和编程有很大帮助。

接下来，我们将要学习 ROS 常用的组件和开发工具，这些工具在开发中将会非常地实用。

习题二

1. [单选]目前 ROS 主流的编译系统是？

A. Ament　　B. CMake　　C. catkin　　D. rosbuild

2. [单选]如果要 clone 一个 ROS 的软件包，下列哪个路径是合理的存放位置？

A. ~/catkin_ws/devel　　B. ~/catkin_ws/

C. ~/my_ws/src　　D. ~/catkin_ws/build

3. [单选]默认情况下，catkin_make 生成的 ROS 可执行文件放在哪个路径？

A. catkin_ws/src　　B. catkin_ws/　　C. catkin_ws/devel　　D. catkin_ws/build

4. [多选]一个 ROS 的 package 要正常地编译，必须要有哪些文件？

A. *.cpp　　B. CMakeLists.txt　　C. *.h　　D. package.xml

5. [单选]关于 ROS Node 的描述，哪一项是错误的？

A. Node 启动前会向节点管理器注册　　B. Node 可以先于 ROS 节点管理器启动

C. Node 是 ROS 可执行文件运行的实例　　D. Node 是 ROS 的进程

6. [单选]启动 ROS 节点管理器的命令是：

A. rosmaster　B. roscore　C. roslaunch　D. rosMaster

7. [单选]关于.launch 文件的描述，以下哪一项是错的？

A.可以加载配置好的参数，方便快捷　B.通过 roslaunch 命令来启动 launch 文件

C.在 roslaunch 前必须先 roscore　D.可以一次性启动多个节点，减少操作

8. [单选]想要查看“/odom”话题发布的内容，应该用哪个命令？

A. rostopic echo /odom　B. rostopic content /odom

C. rostopic info /odom　D.rostopic print/odom

9. [多选]关于 topic 通信的描述，下列选项正确的有？

A. topic 是一种异步通信机制

B.一个 topic 至少要有一个发布者和一个接收者

C.查看当前的 topic 可以通过 rostopic list 命令

D.一个 Node 最多只能发布一个 topic

10. [判断]同一个 topic 上可以有多个发布者。

A.正确　B.错误

11. [单选]下列有关 service 与 topic 通信区别的描述，说法错误的是？

A. topic 是异步通信，service 是同步通信

B.多个 Server 可以同时提供同一个 service

C. topic 通信是单向的，service 是双向的

D. topic 适用于传感器的消息发布，service 适用于偶尔调用的任务

12. [单选]已知一个 service 叫做“/GetMap”，查看该 service 的类型可以用哪条指令？

A.rosservice echo /GetMap　B.rosservice type /GetMap

C.rossrv type /GetMap　D.rosservice list /GetMap

13. [单选]在 parameter server 上添加 param 的方式不包括？

A.通过 rosnode 命令添加 param　B.通过 rosparam 命令添加 param

C.在 launch 中添加 param　D.通过 ROS 的 API 来添加 param

14. [单选]下列选项中关于 Action 的描述错误的是？

A. Action 通信的双方也是 Client 和 Server

B. Action 的 Client 可以发送目标 goal，也可以请求取消 cancel

C. Action 文件与.srv 文件写法一致

D. Action 通常用在长时间的任务中

15. [多选]下列选项中关于 ROS 通信方式的描述正确的是？

A.现在要设计一个节点，开发路径规划功能，输入是目标点和起始点，输出是路径，适合用 topic 通信方式

B.传感器消息发布一般都采用 topic 形式发布

C. Action 更适合用在执行时间长，并且需要知道状态和结果的场景

D.机械臂关节的逆解计算适合用 service 通信

第3章 ROS常用组件和开发工具

本章将介绍ROS开发时常常使用的组件和开发工具。

ROS常用组件包括：Gazebo、Rviz、rqt、rosbag。Gazebo是一种最常用的ROS仿真工具，也是目前ROS仿真效果最好的工具；Rviz是可视化工具，可以将接收到的信息呈现出来；rqt则是非常好用的数据流可视化工具，通过rqt可以直观地看到消息的通信架构和流通路径；rosbag则是为ROS提供数据记录与回放的功能包，此外，它还提供代码API，可对包进行编写操作。

ROS常用的开发工具有RoboWare Studio和Git。RoboWare Studio是专为ROS开发而设计的集成开发环境（IDE），它使开发变得直观、简单且易于管理；Git是一款免费开源的分布式版本控制系统，旨在快速、高效地管理从小到大的所有项目，且易于学习，占用空间小。熟练使用这几款组件和开发工具对于我们的ROS学习和开发都有极大的帮助。

3.1 Gazebo仿真工具

ROS中的工具可以帮助我们完成一系列的操作，使得我们的工作更加轻松、高效。ROS工具的功能大概有以下几个方向：仿真、调试、可视化。本节我们要学习的Gazebo就是实现了仿真的功能，而调试与可视化由Rviz、rqt来实现，将在后面依次为大家介绍。

3.1.1 认识Gazebo

仿真/模拟（Simulation）泛指基于原本的系统、事务或流程，建立一个模型以表征其关键特性或者行为/功能，予以系统化与公式化，以便对关键特性进行模拟。在ROS中，仿真的意义不仅仅在于做出一个很酷的3D场景，更重要的是给机器人一个逼近现实的虚拟物理环境，比如光照条件、物理距离等。设定好具体的参数，让机器人完成人为设定的目标任务。比如一些有危险因素的测试，就可以让机器人在仿真的环境中去完成。例如无人车在环境复杂的交通要道的场景，我们就可以在仿真的环境下测试各种情况下无人车的反应与效果，如车辆的性能、驾驶的策略、车流和人流的行为模式等；又或者各种不可控因素如雨雪天气、突发事故、车辆故障等，可以在仿真的环境下收集结果参数、指标信息等。

Gazebo是一个机器人的仿真工具，即模拟器。目前市面上也有一些其他的机器人模拟器，例如Vrep、Webots，而Gazebo是对ROS兼容性最好的开源工具。Gazebo和ROS都由OSRF（Open Source Robotics Foundation）来维护，所以它对ROS的兼容性比较好。此外，它还具备强大的物理引擎、高质量的图形渲染、方便的编程接口与图形接口。通常一些不依赖于具体硬件的算法和场景都可以在 Gazebo 上进行仿真，例如图像识别、传感器数据融合处理、路径规划、SLAM 等任务完全可以在 Gazebo 上仿真实现，大大减轻了对硬件的依赖。

3.1.2 操作演示

（1）安装并运行 Gazebo

如果已经安装了桌面完整版的 ROS，那么可以直接跳过这一步，否则，请使用以下命令进行安装：

```
$ sudo apt-get install ros-kinetic-gazebo-ros-pkgs ros-kinetic-gazebo-ros-control
```

安装完成后，在终端使用如下命令启动 ROS 和 Gazebo：

```
$ roscore
$ rosrun gazebo_ros gazebo
```

Gazebo 的主界面包含以下几个部分：3D 视图区、工具栏、模型列表、模型属性项和时间显示区，如图 3.1 所示。在 3D 视图区，可以通过鼠标左键进行平移操作、通过鼠标滚轮中键进行旋转操作、通过鼠标滚轮进行缩放操作等。

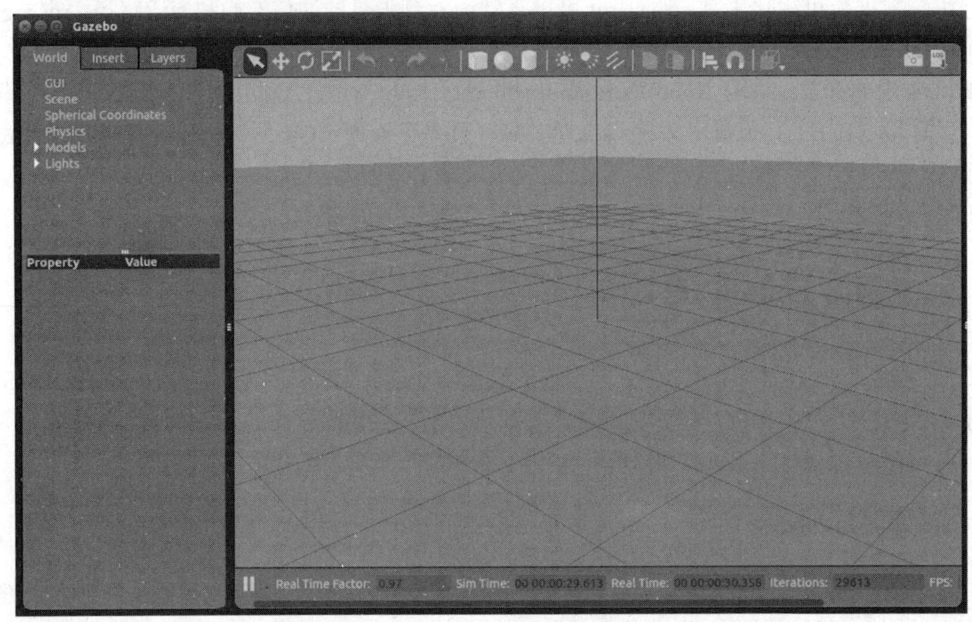

图 3.1　Gazbo 的主界面

验证 Gazebo 是否与 ROS 系统成功连接，可以在终端输入 `rostopic list` 查看 Gazebo 发布/订阅话题列表，或输入 `rosservice list` 查看 Gazebo 提供的服务列表。若成功显示，则说明连接成功。

（2）构建仿真环境

我们在仿真之前需要构建一个仿真环境。有两种构建仿真环境的方法：

① 直接插入模型　在 Gazebo 左侧的模型列表中，有一个“Insert”选项罗列了所有可使用的模型。选择需要使用的模型，放置在主显示区中，就可以在仿真环境中导入机器人和外部物体等仿真实例，如图 3.2 所示。

注意：模型的加载需要连接国外网站，为了保证模型顺利加载，我们可以提前将模型文件下载并放置到本地路径~/gazebo/models 下，模型文件的下载地址为 https://bitbucket.org/osrf/gazebo_models/downloads/或 https://github.com/osrf/gazebo_models。

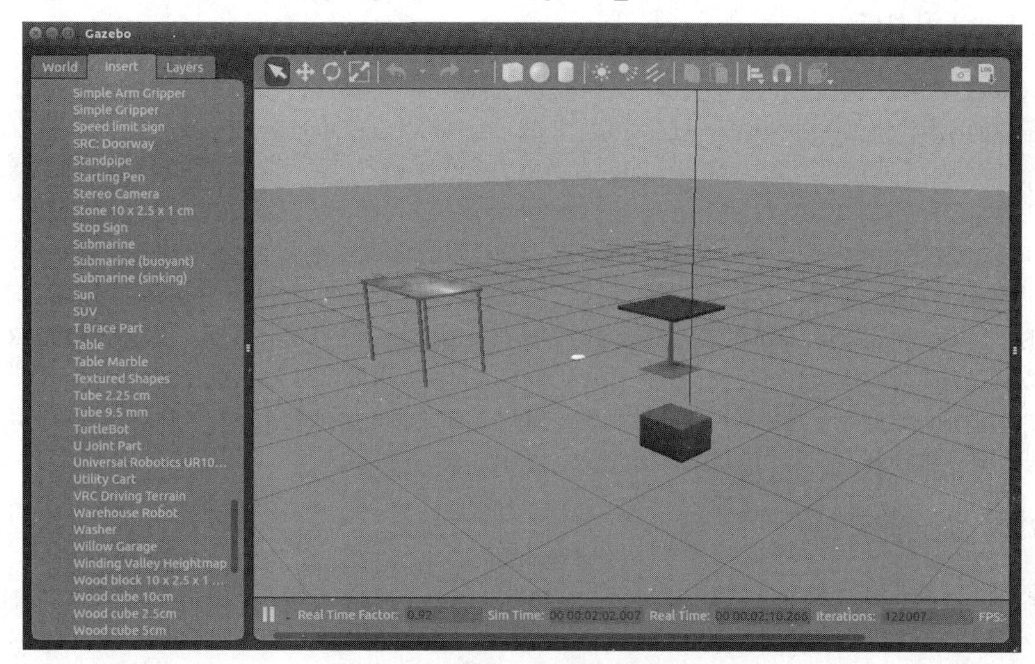

图 3.2 在 Gazebo 中直接插入仿真模型

② 按需自制模型 我们还可以按需自制模型并将其拖入到仿真环境中。Gazebo 提供的 Building Editor 工具支持手动绘制地图。在 Gazebo 菜单栏中选择 Edit→Building Editor，可以打开如图 3.3 所示的界面。选择左侧的绘制选项，然后就可以在上侧窗口中使用鼠标绘制地图，下侧窗口中则会实时显示出绘制的仿真环境。

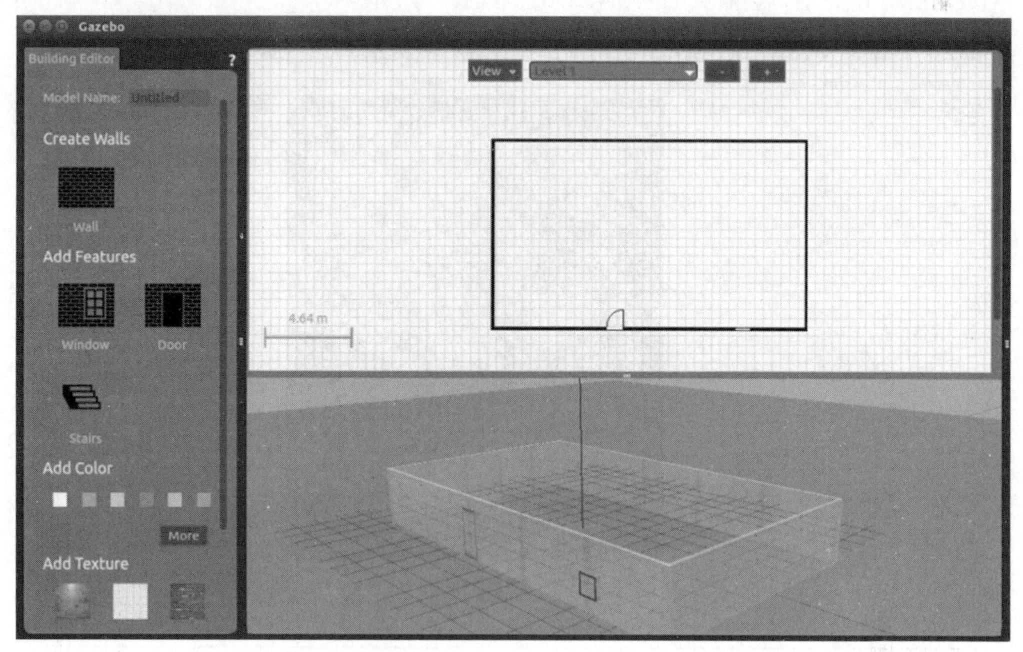

图 3.3 使用 Building Editor 工具构建仿真环境

3.2 Rviz可视化平台

3.2.1 认识Rviz

ROS中存在大量不同形态的数据，某些类型的数据（如图像数据）往往不利于开发者感受数据所描述的内容，所以需要将数据可视化显示。Rviz（Robot Visualization Tool）则是ROS针对机器人系统的可视化需求所提供的一款可以显示多种数据的三维可视化工具，一方面能够实现对外部信息的图形化显示，另一方面还可以通过Rviz给对象发布控制信息，从而实现对机器人的监测与控制。

在Rviz中，用户可以通过XML文件对机器人以及周围物体的属性进行描述和修改，例如物体的尺寸、质量、位置、关节等属性，并且可以在界面中将这些属性以图形化的形式呈现出来。同时，Rviz还可以实时显示机器人传感器的信息、机器人的运动状态、周围环境的变化等。Rviz可以帮助开发者实现所有可检测信息的图形化显示，开发者也可以在Rviz的控制界面下，通过按钮、滑动条、数值等方式控制机器人的行为。因此，Rviz强大的可视化功能为开发者及其他用户提供了极大的便利。

3.2.2 操作演示

（1）安装并运行Rviz

如果已经安装了桌面完整版的ROS，那么可以直接跳过这一步，否则，可以使用以下命令进行安装：

```
$ sudo apt-get install ros-kinetic-rviz
```

安装完成后，在终端使用如下命令启动ROS和Rviz：

```
$ roscore
$ rosrun rviz rviz
```

当成功启动Rviz后，会看到如图3.4所示的界面。

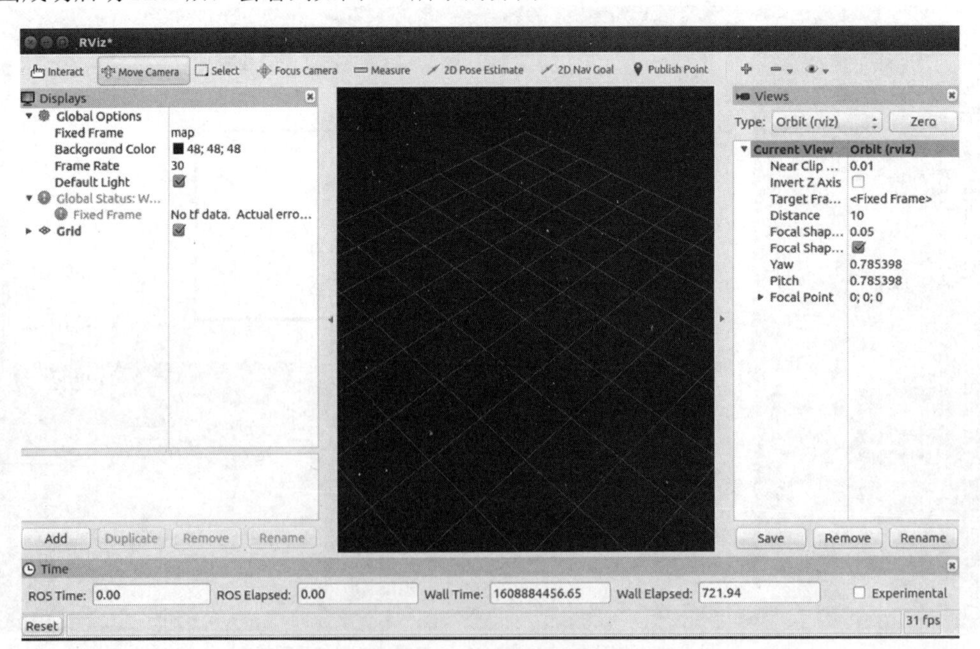

图3.4　Rviz的主界面

Rviz 主界面主要包括以下几个部分：

① 3D 视图区：（图 3.4 中中间黑色部分）用于可视化显示数据；

② 工具栏：（图 3.4 中上部）用于提供视角控制、目标设置、发布地点等工具；

③ 显示列表：（图 3.4 中左部）用于显示当前加载的显示插件，可以配置每个插件的属性；

④ 视角设置区：（图 3.4 中右部）用于选择多种观测视角；

⑤ 时间显示区：（图 3.4 中下部）用于显示当前的系统时间和 ROS 时间。

（2）数据可视化

点击 Rviz 界面左侧下方的“Add”，会将默认支持的所有数据类型的显示插件罗列出来，如图 3.5 所示。点击后会弹出新的显示对话框，包含显示插件的数据类型以及所选择的显示插件的描述。

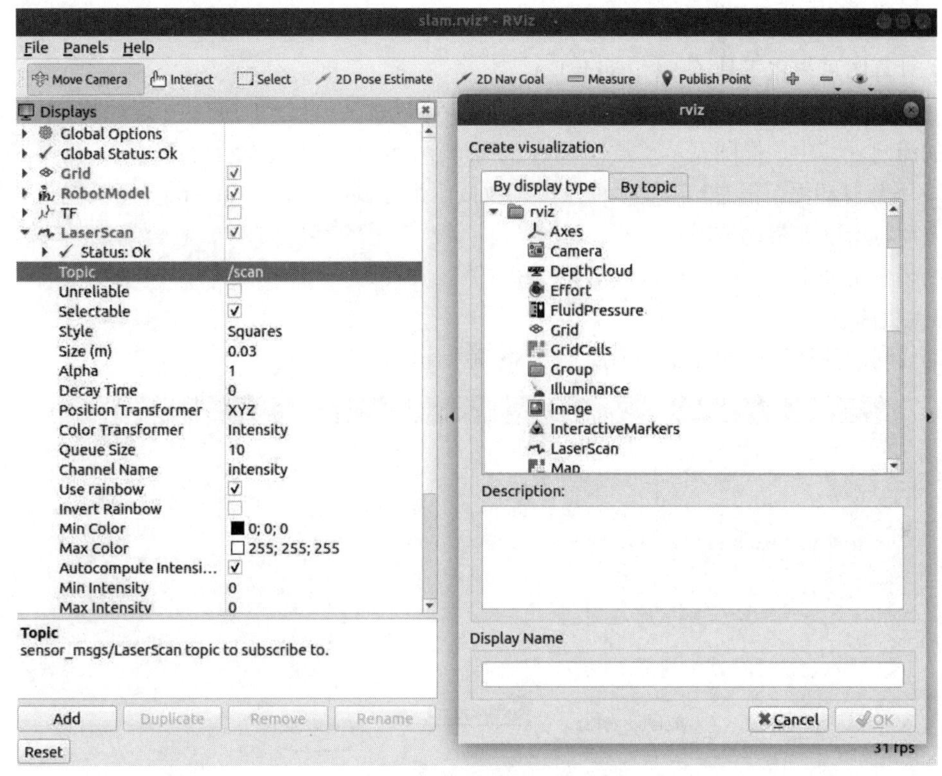

图 3.5 Rviz 默认支持的显示插件

在如图 3.5 所示的列表中选择需要的数据类型插件，然后在“Display Name”文本框中为选择的显示插件指定唯一的名称，用来识别显示的数据。例如，如果你的机器人上有两个激光扫描仪，可以创建两个名为“Laser Base”和“Laser Head”的“Laser Scan”显示。

添加完成后，Rviz 左侧的“Displays”中会列出已经加载的显示插件，点击插件列表前的三角符号可以打开一个属性列表，根据需求设置属性。一般情况下，“Topic”属性较为重要，用来声明该显示插件所订阅的数据来源，如果订阅成功，在中间的显示区应该会出现可视化后的数据。如果显示有问题，请检查属性区域的“Status”状态。Status 有四种状态：OK、Warning、Error 和 Disabled。不同状态会通过不同的背景颜色在显示标题中指示。如果显示的状态是“OK”，那么该显示插件的状态就是正常的，否则需要查看错误信息并处理该错误。

3.3 rqt 可视化工具

3.3.1 认识 rqt

rqt 是基于 Qt 开发的可视化工具，拥有扩展性好、灵活易用、跨平台等特点。其中，“r”代表 ROS，“qt”是指它是 Qt 图形界面（GUI）工具包。rqt 由三个部分组成，除了 rqt 核心模块，还有 rqt_common_plugins（后端图形工具套件）以及 rqt_robot_plugins（机器人运行时的交互工具）。

在使用之前，需要使用以下命令安装 rqt 可视化工具：

```
$ sudo apt-get install ros-kinetic-rqt
$ sudo apt-get install ros-kinetic-rqt-common-plugins
```

3.3.2 操作演示

（1）计算图可视化工具（rqt_graph）

rqt_graph 是一个图像化显示通信架构的工具，可以直观地展示当前正在运行的 Node、topic 和消息的流向。其中，椭圆表示节点 Node，矩形表示 topic，箭头表示消息流向。需要注意的是 rqt_graph 不会自动更新信息，需要手动点击刷新按钮进行刷新。由于 rqt_graph 工具能直观地显示系统的全貌，所以非常地常用。

在终端使用如下命令即可启动该工具：

```
$ rqt_graph
```

启动成功后的计算图如图 3.6 所示（以小海龟例程为例）。

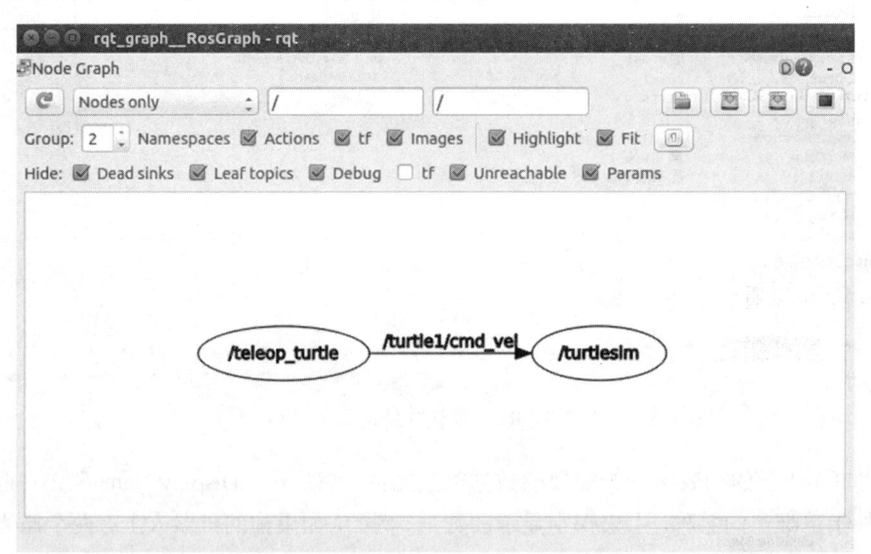

图 3.6 rqt_graph 工具界面

（2）数据绘图工具（rqt_plot）

rqt_plot 是一个二维数值曲线绘制工具，主要用于查看参数，将一些参数，尤其是动态参数以曲线图的形式绘制出来。rqt_plot 的 GUI 提供了大量特征功能，包括开始和停止绘图、平移和缩放、导出图像等。输入如下命令即可启动该工具：

```
$ rqt_plot
```

然后在界面上方的“Topic”输入框中输入需要显示的话题消息，如果不确定话题名称，可以在终端中使用 `rostopic list` 命令查看。

例如在小海龟例程中，当用键盘控制小海龟移动时，通过 rqt_plot 工具描绘海龟 x、y 坐标变化的效果图如图 3.7 所示。

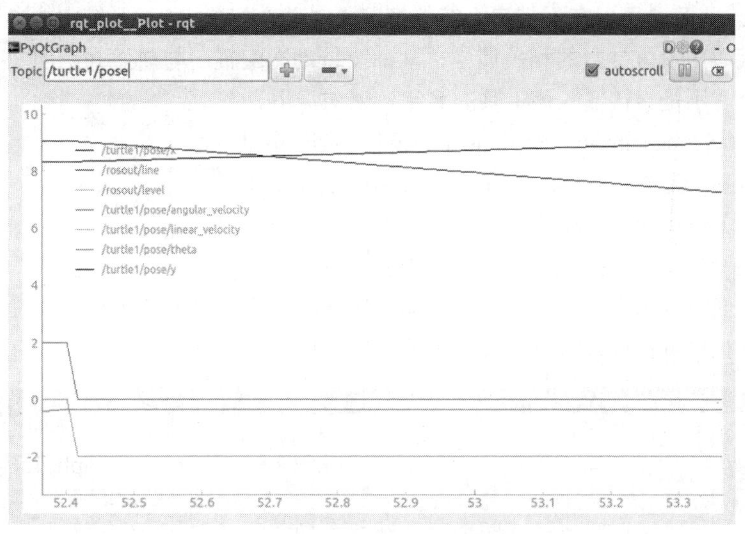

图 3.7 rqt_plot 工具界面

注意：在运行 `rqt_plot` 命令时，由于 Kinetic 中默认安装的 Python2.7 与 Matplotlib 不兼容且不再支持 Python2，可能会出现报错。因此，读者可以安装 Python3.6 并将其设置为默认 Python 版本（具体安装步骤请读者自行查阅），或者通过命令 `pip install pyqtgraph` 安装另一个可视化工具 PyQtGraph，安装完成后再在终端运行 `rqt_plot` 命令即可。

（3）日志输出工具（rqt_console）

rqt_console 工具用来图像化显示和过滤 ROS 系统运行状态中的所有日志消息。输入以下命令即可启动该工具：

```
$ rqt_console
```

启动成功后可以看到如图 3.8 所示的可视化界面。

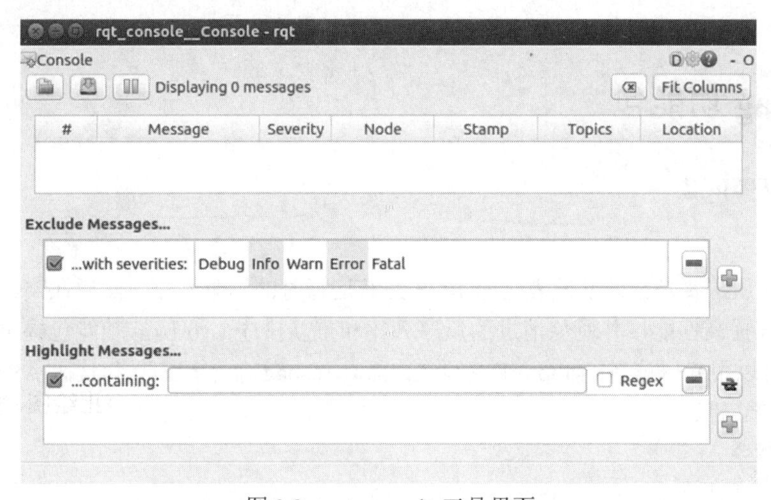

图 3.8 rqt_console 工具界面

在运行包含多个节点的 ROS 系统的时候，最好设置一下 rqt_console，这样能快速查找错误。需要注意的是，rqt_console 只能显示它开始运行之后接收到的消息，在出现错误之后再开启 rqt_console 通常不会告诉你引发错误的原因。

（4）参数动态配置工具（rqt_reconfigure）

rqt_reconfigure 工具可以在不重启系统的情况下，动态配置 ROS 系统中的参数，但是该功能的使用需要在代码中设置参数的相关属性，从而支持动态配置。与前面介绍的三个工具不同，该工具的启动命令并不是直接输入该工具的名称，请勿混淆。

首先打开 ROS-Academy-for-Beginners 的模拟场景。输入：

```
$ roslaunch robot_sim_demo robot_spawn.launch
```

然后使用如下命令即可启动该工具：

```
$ rosrun rqt_reconfigure rqt_reconfigure
```

启动后的界面将显示当前系统中所有可动态配置的参数，如图 3.9 所示。在界面中使用输入框、滑动条或下拉框进行设置即可实现参数的动态配置。

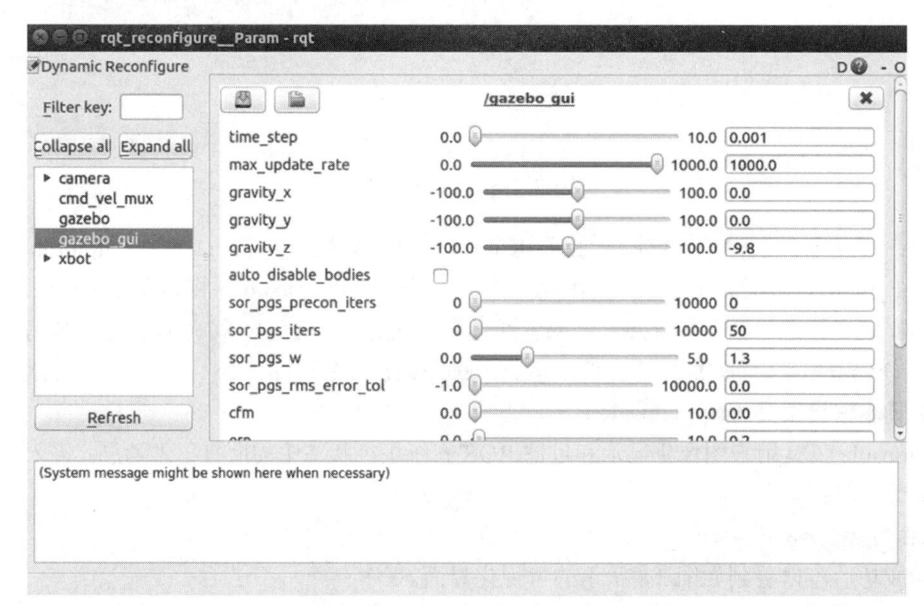

图 3.9　rqt_reconfigure 工具界面

3.4　rosbag 功能包

3.4.1　认识 rosbag

（1）简介

rosbag 的作用主要是帮助开发者记录 ROS 系统运行时的消息数据，然后在离线状态下回放这些消息。它旨在提高性能，并避免消息的反序列化和重新排序。rosbag 功能包提供了命令行工具和代码 API，可以用 C++或者 Python 来编写包，而且 rosbag 命令行工具和代码 API 是稳定的，始终保持向后的兼容性。

（2）相关指令

rosbag 命令可以记录、回放和操作包。指令列表如表 3.1 所示。

表 3.1　rosbag 指令列表

命令	作用
check	确定一个包是否可以在当前系统中运行，或者是否可以迁移
decompress	压缩一个或多个包文件
filter	解压一个或多个包文件
fix	在包文件中修复消息，以便在当前系统中播放
help	获取相关命令指示帮助信息
info	总结一个或多个包文件的内容
play	以一种时间同步的方式回放一个或多个包文件的内容
record	用指定主题的内容记录一个包文件
reindex	重新索引一个或多个包文件

rosbag 通过命令行能够对软件包进行很多的操作，更重要的是拥有代码 API，可以重新对包进行编写。增加一个 ROS API，用于通过服务调用与播放和录制节点进行交互。

3.4.2　操作演示

（1）记录数据

首先启动键盘，控制小海龟例程所需的所有节点，以下命令每条新建一个终端后输入：

```
$ roscore
$ rosrun turtlesim turtlesim_node
$ rosrun turtlesim turtle_teleop_key
```

启动成功后，可以看到可视化界面中的小海龟，还可以在终端中通过键盘控制小海龟移动。然后我们来查看在当前 ROS 系统中存在哪些话题。输入如下命令得到如图 3.10 所示的话题列表。

```
$ rostopic list -v
```

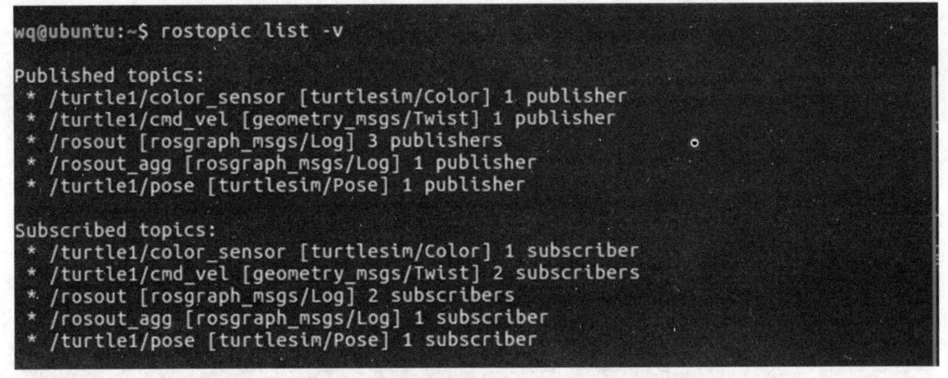

图 3.10　查看 ROS 系统中的话题列表

接下来使用 rosbag 记录这些话题的消息，并且打包成一个文件放置在指定文件夹中：

```
$ mkdir ~/bagfiles
$ cd ~/bagfiles
$ rosbag record -a
```

rosbag record 就是数据记录的命令，这里的-a 意为记录所有发布的消息。如果需要记录特定的 topic，则输入 rosbag record <topic_names>。

现在，消息记录已经开始，我们可以在终端中控制小海龟移动一段时间，运动轨迹如图 3.11 所示。然后在 rosbag 数据记录运行的终端中按下“Ctrl+C”，即可终止数据记录。进入刚才创建的文件夹~/bagfiles 中，会有一个以时间命名并且以“.bag”为后缀的文件，这就是成功生成的数据记录文件。

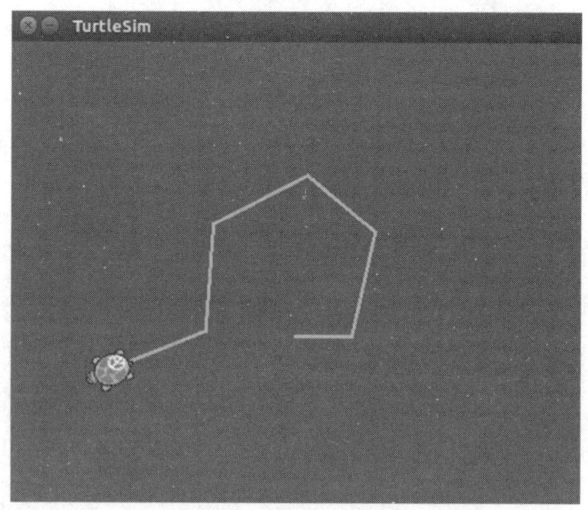

图 3.11　记录数据时的运动轨迹

注意：当使用 `rosbag record -a` 命令来记录消息时，如果未能在记录数据的终端以“Ctrl+C”结束录制，会生成以“.bag.active”为后缀的文件，而只有以“.bag”为后缀的包，才能正常进行数据回放等操作。

（2）回放数据

数据记录完成后就可以使用该数据记录文件进行数据回放。rosbag 功能包提供了 info 命令，在~/bagfiles 路径下可以查看数据文件的详细信息：

```
$ rosbag info ~/bagfiles/<FileName>
```

使用 info 命令来查看之前生成的数据记录文件，可以看到如图 3.12 所示的信息。

```
wq@ubuntu: ~/bagfiles
[ INFO] [1609229938.056693988]: Recording to 2020-12-29-00-18-58.bag.
[ INFO] [1609229938.059303102]: Subscribing to /rosout
[ INFO] [1609229938.062588464]: Subscribing to /rosout_agg
[ INFO] [1609229938.065849609]: Subscribing to /turtle1/cmd_vel
[ INFO] [1609229938.069003536]: Subscribing to /turtle1/pose
^Cwq@ubuntu:~/bagfiles$ rosbag info ~/bagfiles/2020-12-29-00-18-58.bag
path:        /home/wq/bagfiles/2020-12-29-00-18-58.bag
version:     2.0
duration:    12.3s
start:       Dec 29 2020 00:18:58.07 (1609229938.07)
end:         Dec 29 2020 00:19:10.38 (1609229950.38)
size:        117.5 KB
messages:    1528
compression: none [1/1 chunks]
types:       geometry_msgs/Twist  [9f195f881246fdfa2798d1d3eebca84a]
             rosgraph_msgs/Log    [acffd30cd6b6de30f120938c17c593fb]
             turtlesim/Color      [353891e354491c51aabe32df673fb446]
             turtlesim/Pose       [863b248d5016ca62ea2e895ae5265cf9]
topics:      /rosout                  5 msgs    : rosgraph_msgs/Log    (2 connec
tions)
             /turtle1/cmd_vel        11 msgs    : geometry_msgs/Twist
             /turtle1/color_sensor  756 msgs    : turtlesim/Color
             /turtle1/pose          756 msgs    : turtlesim/Pose
wq@ubuntu:~/bagfiles$
```

图 3.12　查看数据记录文件的相关信息

从以上信息中我们可以看到，数据记录包中包含所有话题、消息类型、消息数量等信息。终止之前打开的 turtle_teleop_key 控制节点并重启 turtlesim_node，在~/bagfiles 路径下使用如下命令回放所记录的话题数据：

```
$ rosbag play ~/bagfiles/<FileName>
```

这条指令会按照信息发布时的时间顺序来播放包中的内容。在 play 后面加上`-l`，会无限循环播放。另外可以设定播放时间，比如在 play 后面加`-u 240`，包中的内容播放到 240 秒就会停止。数据开始回放后，小海龟的运动轨迹与之前数据记录过程中的状态完全相同。在终端中可以看到如图 3.13 所示的信息，可以看到不同时间小海龟移动的位置。

```
wq@ubuntu: ~/bagfiles
wq@ubuntu:~/bagfiles$ rosbag play 2020-12-29-00-18-58.bag
[ INFO] [1609230156.646023288]: Opening 2020-12-29-00-18-58.bag

Waiting 0.2 seconds after advertising topics... done.

Hit space to toggle paused, or 's' to step.
 [DELAYED]  Bag Time: 1609229938.073276   Duration: 0.000000 / 12.307767   Delay
 [RUNNING]  Bag Time: 1609229938.073276   Duration: 0.000000 / 12.307767
 [RUNNING]  Bag Time: 1609229938.073276   Duration: 0.000000 / 12.307767
 [RUNNING]  Bag Time: 1609229938.073589   Duration: 0.000313 / 12.307767
 [RUNNING]  Bag Time: 1609229938.078325   Duration: 0.005049 / 12.307767
 [RUNNING]  Bag Time: 1609229938.179030   Duration: 0.105754 / 12.307767
 [RUNNING]  Bag Time: 1609229938.280095   Duration: 0.206819 / 12.307767
 [RUNNING]  Bag Time: 1609229938.296908   Duration: 0.223632 / 12.307767
 [RUNNING]  Bag Time: 1609229938.300968   Duration: 0.227691 / 12.307767
 [RUNNING]  Bag Time: 1609229938.317800   Duration: 0.244524 / 12.307767
 [RUNNING]  Bag Time: 1609229938.333982   Duration: 0.260706 / 12.307767
 [RUNNING]  Bag Time: 1609229938.349260   Duration: 0.275984 / 12.307767
 [RUNNING]  Bag Time: 1609229938.366659   Duration: 0.293383 / 12.307767
 [RUNNING]  Bag Time: 1609229938.382241   Duration: 0.308965 / 12.307767
 [RUNNING]  Bag Time: 1609229938.397575   Duration: 0.324299 / 12.307767
 [RUNNING]  Bag Time: 1609229938.414551   Duration: 0.341275 / 12.307767
 [RUNNING]  Bag Time: 1609229938.429477   Duration: 0.356201 / 12.307767
 [RUNNING]  Bag Time: 1609229938.446618   Duration: 0.373341 / 12.307767
```

图 3.13　回放数据记录文件

3.5　RoboWare Studio 集成开发环境

RoboWare Studio 是一个专为 ROS 开发而设计的 IDE（集成开发环境），支持 ROS-Kinetic 版本，它使 ROS 开发变得直观、简单且易于管理。RoboWare Studio 不仅提供了用于编程的工具，还提供了很多用于管理 ROS 的工作区，ROS 节点的创建、处理和编译，以及支持运行 ROS 的工具。

3.5.1　安装 RoboWare Studio

RoboWare Studio 的安装非常简单，不需要额外的配置即可自动检测并加载 ROS 环境。它有许多无需配置即可使用的功能，可帮助 ROS 开发人员创建应用程序，如创建 ROS 软件包的图形界面、源文件（包含服务和消息文件），以及列出节点和软件包。

为了安装 RoboWare Studio，我们需要下载安装文件，可以从 https://github.com/ME-Msc/RoboWare_Studio_1.2.0 或者本书配套的资源包下载该软件，然后双击下载完成的.deb 文件，用软件包管理器 GUI 打开并安装，或者在终端使用下面的命令来安装：

```
$ cd /path/to/deb/file/
$ sudo dpkg -I roboware-studio_<version>_<architecture>.deb
```

若想卸载该软件，可使用以下命令：

```
$ sudo apt-get remove roboware-studio
```

3.5.2 操作演示

（1）RoboWare Studio 入门

安装好后，可使用下面的命令启动 RoboWare Studio：

```
$ roboware-studio
```

打开 RoboWare Studio 的主窗口，可以看到如图 3.14 所示的用户界面。

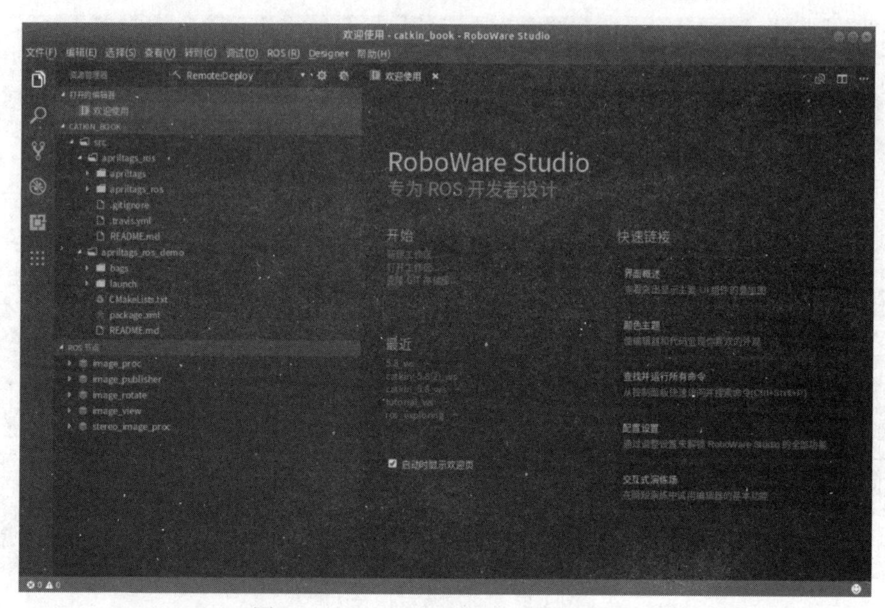

图 3.14 RoboWare Studio 的用户界面

在 RoboWare Studio 的用户界面中有以下主要组件：

① 资源管理器：该面板显示 ROS 工作区 src 文件夹的内容，在该面板中，可以查看所有的 ROS 软件包。

② 节点：在该面板中，可以访问工作区内所有编译好的节点。节点都被包含在软件包下，可以用该面板直接运行节点。

③ 编辑器：在该面板中，可以编辑软件包的源码。

④ 终端和输出：该面板允许开发者使用集成在 IDE 中的 Linux 终端，并在编译过程中检查可能出现的错误。

在开始编译源码之前，我们应该在 RoboWare Studio 中导入 ROS 工作区，如图 3.15 所示。在主工具栏中，选择“文件”→“打开工作区”，然后选择 ROS 工作区的文件夹。这样，位于 src 文件夹中的所有软件包都将显示在资源管理器中。

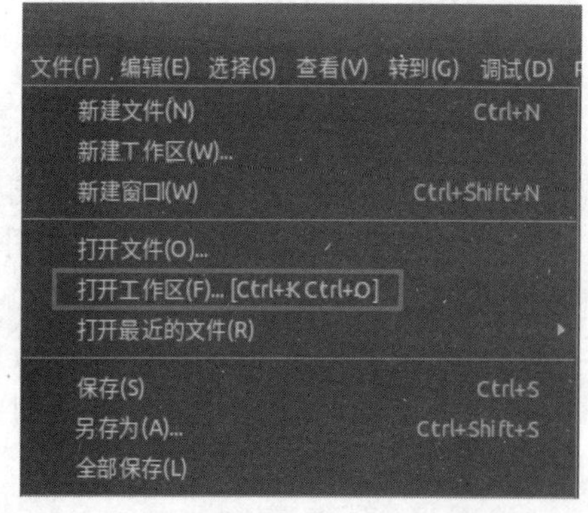

图 3.15 在 RoboWare Studio 中导入 ROS 工作区

（2）在 RoboWare Studio 中创建 ROS 软件包

RoboWare Studio 允许开发者直接从用户界面管理 ROS 项目，而无需使用 Linux 终端或编辑 CMakeLists.txt 文件。创建基于 C++可执行程序的 ROS 软件包，需要如下步骤：

① 创建软件包：在资源管理器窗口的 ROS 工作区中的 src 文件夹上右击，然后选择“新建 ROS 包”，并输入软件包的名称。这样就能创建一个新的 ROS 软件包了，如图 3.16 所示。

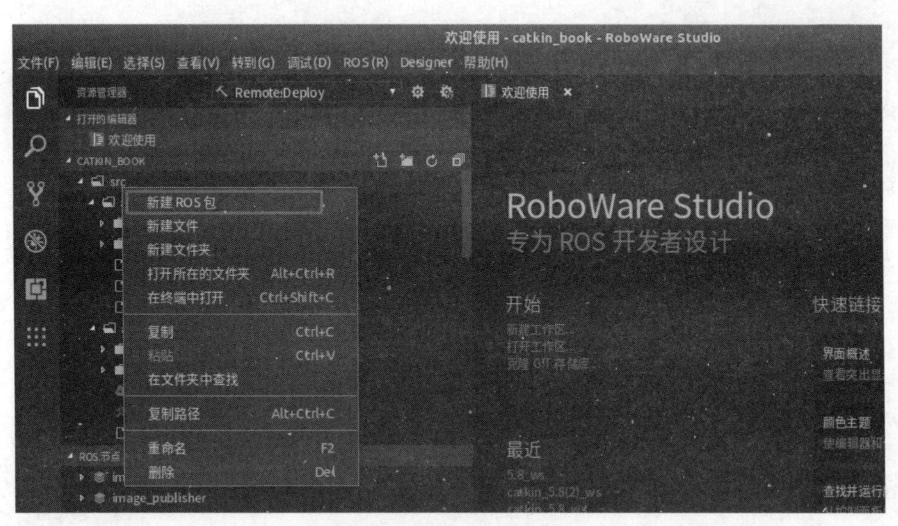

图 3.16 创建 ROS 软件包

② 创建源代码文件夹：在资源管理器窗口中右击软件包的名称，然后选择“新建 Src 文件夹”，如图 3.17 所示。

图 3.17 在软件包中添加存放源代码的文件夹

③ 创建源码文件：在创建的 src 文件夹上右击，然后选择“新建 C++ ROS 节点”。输入源码文件名称后，RoboWare Studio 将询问该文件是一个系统库文件还是一个可执行文件，在这里选择

可执行文件。

④ 添加软件包的依赖项：为软件包添加依赖项的操作是在资源管理器窗口右击软件包的名字，然后选择“编辑依赖的 ROS 包列表”。在该输入栏输入我们需要的依赖项列表。

在这四步操作的过程中，RoboWare Studio 将修改 CMakeLists.txt 文件，这样就能编译所需的可执行文件了。roboware_package 更新后的 CMakeLists.txt 文件如下：

```
cmake_minimum_required(VERSION 2.8.3)
project(roboware_package)
find_package(catkin REQUIRED COMPONENTS roscpp std_msgs)
find_package(catkin REQUIRED COMPONENTS roscpp)
catkin_package()
include_directoried( include ${catkin_INCLUDE_DIRS} )
add_executable(roboware
src/roboware.cpp
)
add_dependencies(roboware ${${PROJECT_NAME}_EXPORTED_TARGETS}
${catkin_EXPORTED_TARGETS})
Target_link_libraries(roboware
${catkin_LIBRARIES}
)
```

从生成的 CMakeLists.txt 文件中可以看到，已成功添加可执行文件和附加的库。同样，我们还可以添加 ROS 消息、服务、动作等。

（3）在 RoboWare Studio 中编译 ROS 工作区

针对本地与远程编译和部署的 ROS 软件包，RoboWare Studio 同时支持发行版本和调试版本。在本书中，我们将配置 RoboWare Studio，从而可以编译本地开发模式的发行版本。要选择编译模式，可以直接利用资源管理器面板的下拉菜单，如图 3.18 所示。

要编译工作区，可以在主工具栏的 ROS 下点击“构建”进行编译，或者使用快捷键“Ctrl+Shift+B”。编译过程的输出将显示在 Output 面板中。默认情况下，RoboWare Studio 会编译工作区中的所有软件包（使用 catkin_make 命令）。为了手动指定一个或多个软件包来编译，我们可以在指定的软件包上右击，然后选定“设置为活动状态”来激活它。

这样，当我们单击“构建”按钮时，只会编译已被激活的软件包，而那些未被激活的软件包会用删除线标记出来，如图 3.19 所示。

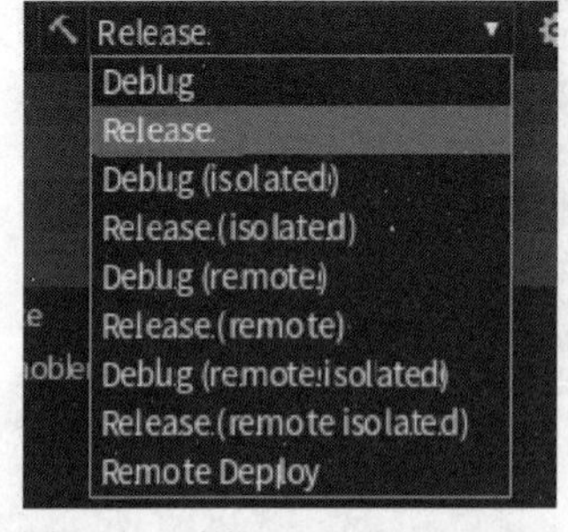

图 3.18　选择 RoboWare Studio 的编译配置

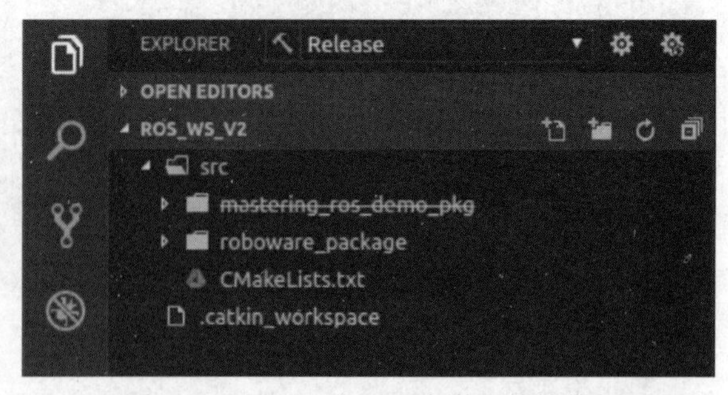

图 3.19　显示已激活和未激活的软件包

我们可以通过在资源管理器窗口选择“激活所有 ROS 包”来激活所有的软件包配置。

（4）在 RoboWare Studio 中运行 ROS 节点

读者可以通过使用 roslaunch 和 rosrun 命令来运行 ROS 节点。

首先，我们应该为软件包创建一个启动文件。在软件包上右击，选择“新建 launch 文件夹”来创建一个名为 launch 的文件夹。然后，在启动文件夹上右击，并选择“新建 launch 文件”来添加新文件。当编辑好启动文件后，我们只需要在启动文件上右击，然后选择“运行 launch 文件”即可，如图 3.20 所示。

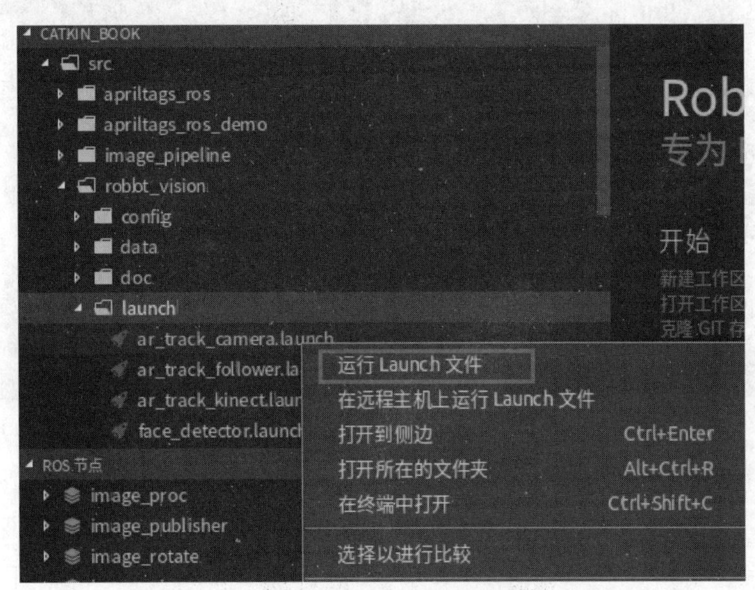

图 3.20　在 RoboWare Studio 中运行 roslaunch 命令

要使用 rosrun 命令来执行 ROS 节点，我们必须从节点列表中选择要运行的可执行文件。这样打开节点窗口，进而允许我们在该节点上执行不同的操作。用户可以在调试控制台查看节点的输出信息。

（5）在 RoboWare Studio 界面启动 ROS 工具

RoboWare Studio 允许开发者运行一些前文提到的 ROS 常用组件。要使用这些工具，可以在 RoboWare Studio 的顶部工具栏中，点击 ROS 菜单展开如图 3.21 所示的下拉菜单。

可以在该菜单上直接运行 roscore 或访问这些常用的工具。除此之外，可以直接在文件编辑器中打开.bashrc 文件并手动修改系统配置。另外，也可以通过选择“运行远程端 roscore”选项来运行远程端 roscore。

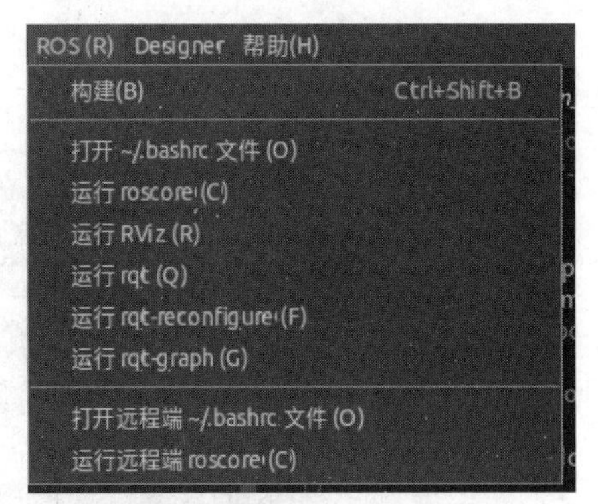

图 3.21　ROS 工具列表

（6）处理活动的 ROS 话题、节点和服务

要在特定的时间查看系统中活动的 ROS 话题、节点和服务，可以单击左侧栏的 ROS 图标。随着 roscore 形成的信息遍历列表显示在每个框中，我们可以通过单击话题名称而显示每条 ROS 消息的内容，如图 3.22 所示。

图 3.22 RoboWare Studio 中的 ROS 面板

我们还可以在 RoboWare Studio 中录制和回放 ROS 日志文件，单击“活动话题”旁边的图标，如图 3.23 所示，此时系统中所有活动的话题都将被记录下来。生成的日志文件将保存在工作区的根文件夹下。要停止录制，必须在终端窗口使用“Ctrl+C”。如果想要记录多个话题，按“Ctrl”键然后逐一选择它们，最后单击 rosbag 记录按钮。

图 3.23 记录日志文件

要回放日志文件，可以在资源管理器窗口右击日志文件名称，然后单击“播放 BAG 文件”，如图 3.24 所示。

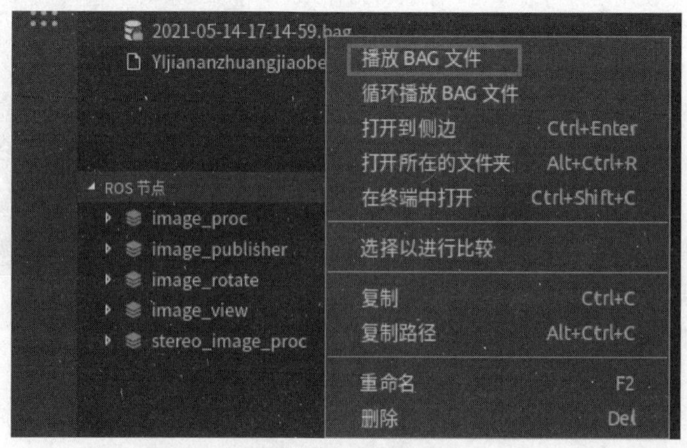

图 3.24 回放日志文件

（7）使用 RoboWare Studio 工具创建 ROS 节点和类

RoboWare Studio 提供了一个向导来创建 C++、Python 类以及 ROS 节点。要创建 ROS 节点，可按照下面操作来执行：

① 在软件包上右击，然后选择“新建 C++ ROS 节点”或“新建 Python ROS 节点”。

② 输入软件包的名称。

③ 默认情况下，将创建两个源文件：一个发布者节点和一个订阅者节点。

④ 编译软件包。CMakeLists.txt 文件已根据新创建的节点进行了更新，可以根据需要删除发布者或者订阅者，这时，CMakeLists.txt 文件也会自动更新。

除了 ROS 节点，我们还可以用以下方式来创建 C++类：

① 在软件包名称上右击，选择“新建 C++类”。

② 输入类的名称，例如 roboware_class。

③ 在 include 文件夹下创建 roboware_class.h 的头文件，同时，在 src 文件夹下创建 roboware_class.cpp 的源码文件。

④ 选择一个可执行文件来链接刚刚创建的类，以便将类导入软件包的另一个 ROS 节点中。

⑤ CMakeLists.txt 文件将自动更新。

（8）RoboWare Studio 中的 ROS 软件包管理工具

在 RoboWare Studio 界面中，我们可以通过 ROS 软件包管理器面板安装或浏览可用的 ROS 软件包。要访问此面板，可单击左侧栏的 ROS Package Manager 图标。RoboWare Studio 将自动检测正在使用的 ROS 版本以及安装在 ROS 软件包路径中的软件包列表。

在此面板中，我们可以浏览 ROS 仓库中的可用软件包，并且可以在软件包和超软件包之间选择。还可以单击软件包名直接查看它的 WIKI 界面，而且还可以很方便地安装或卸载选定的软件包，如图 3.25 所示。

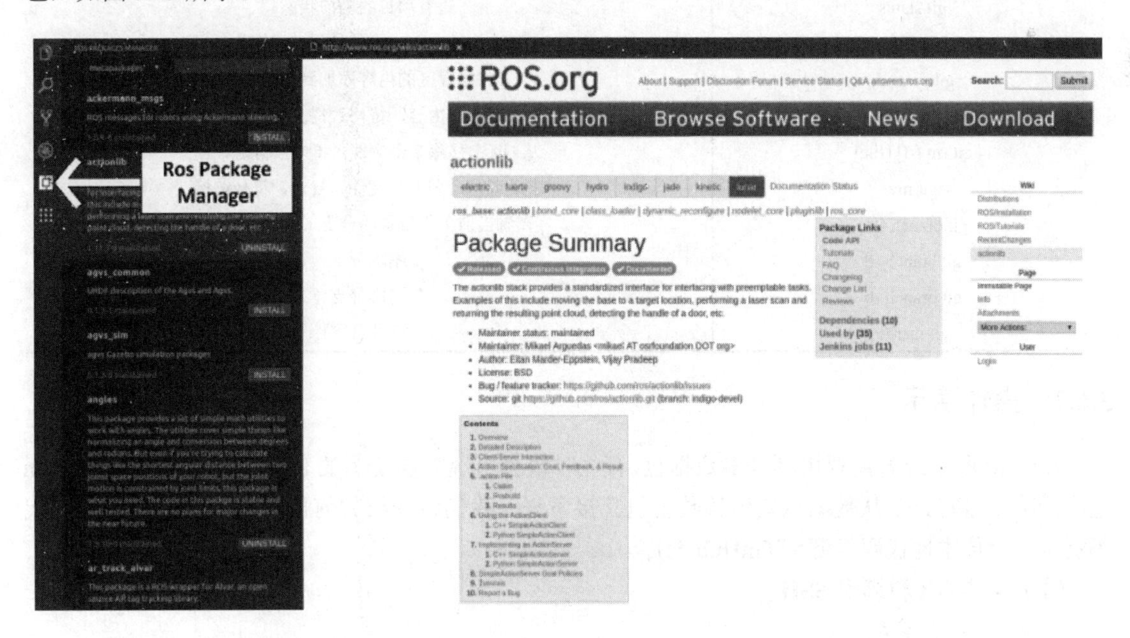

图 3.25 RoboWare Studio 的软件包管理器

3.6 代码管理 Git

3.6.1 认识 Git

（1）简介

Git 是一个免费开源的分布式版本控制系统，旨在快速、高效地管理所有项目。由于 Git 是为在 Linux 内核上工作而构建的，这意味着它从一开始就必须有效地处理大型存储库；而且，由于是用 C 语言编写的，减少了与高级语言相关的运行开销。因此，速度和性能就是 Git 的主要设计目标。

此外，与常用的版本控制工具 CVS、Subversion 等不同，它采用了分布式版本库的方式，不需要服务器端软件支持，使得源代码的发布和交流极其方便。大家所熟知的 GitHub，是一个面向开源项目代码管理平台，实际上，因为它只支持 Git 作为唯一的版本库格式进行托管，故名为 GitHub。由此可见 Git 的强大优势。

（2）相关指令

常见的 Git 指令如表 3.2 所示。

表 3.2 常见 Git 指令

指令	作用
git init [repo]	初始化指定 Git 仓库，生成一个.git 目录
git fetch	从远程获取最新版本到本地，不会自动合并
git pull	将远程存储库中的更改合并到当前分支中
git push	将本地分支的更新推送到远程主机
git clone [repo] [directory]	从现有 Git 仓库中复制项目到指定的目录
git add [file] [cache]	将文件添加到缓存中
git status	查看项目的当前状态
git diff	查看执行 git status 的结果的详细信息
git commit	将缓存区的内容添加到仓库中
git reset HEAD [file] [cache]	取消已缓存的内容，待修改提交缓存区后执行
git rm [-f] [file]	从 Git 中移除某个文件（-f 为强制删除）
git mv	移动或重命名一个文件、目录、符号链接
git branch [-a]	查看当前工作目录的分支（-a 为远程）
git branch -d	删除分支
git branch -b	切换分支
git merge	合并分支

3.6.2 操作演示

使用 ROS 系统时需要用到许多数据包，有些时候会出现需要使用的 ROS 数据包并没有 Debian 包的情况，这时就要从数据源安装该数据包。接下来，我们将介绍如何使用 Git 来下载需要的代码资源和上传本地代码资源到 GitHub 仓库。

（1）安装 Git 和绑定 SSH

安装 Git 的命令如下：

```
$ sudo apt-get install git
```

配置本机 Git 的两个重要信息——user.name 和 user.email，终端输入如下命令即可设置：

```
$ git config --global user.name "Your Name"
$ git config --global user.email "email@example.com"
```

通过命令 `git config --list` 查看是否设置成功。

查看 home 目录下是否有.ssh 目录，一般情况是没有的，需要我们手动生成这个目录，在终端输入：

```
$ ssh-keygen -t rsa -C youremail@example.com
```

进入 home 目录下的.ssh 目录会看到两个文件 id_rsa 和 id_rsa.pub，id_rsa 是私钥，id_rsa.pub 是公钥。将 id_rsa.pub 文件中的内容复制一下。创建并登录自己的 GitHub（https://github.com）账号，进入 Settings→SSH and GPG keys→New SSH key，如图 3.26 所示。在“Key”那一栏下面将复制的内容粘贴进去就可以了，最后点击“Add SSH key”按钮添加。

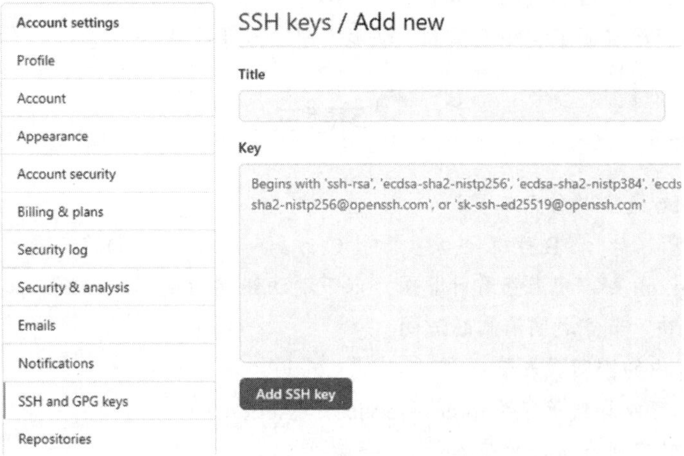

图 3.26 绑定 SSH 操作界面

（2）从 GitHub 下载源码包

在 1.4 节我们安装本课程需要的教学包时，已经介绍了如何通过 Git 指令下载源码包。为了让读者更清楚地了解 Git 的使用方法，这里再详细介绍一下。首先，需要在 GitHub 的搜索框中通过关键字搜索到你需要的项目；然后，点击地址栏对地址进行复制，例如 https://github.com/ros-simulation/gazebo_ros_pkgs；最后，在终端中创建一个自己的工作空间，并在终端中复制该项目。输入命令如下：

```
$ cd ~/catkin_ws/src
$ git clone
https://github.com/ros-simulation/gazebo_ros_pkgs.git
```

要说明的是在 GitHub 上只能复制一个完整的项目，为了保证一个项目的完整性，GitHub 不允许仅复制单个文件或文件夹。

（3）上传源码包到 GitHub 仓库

首先进入到要上传源码包的文件夹，右键“在终端中打开”：

① 在终端中输入 `git init`，初始化本地仓库（文件夹）；

② 然后输入 `git add .`，添加本地仓库的所有文件夹；

③ 输入 `git commit -m "first commit"`，参数-m 可以说明本次提交的描述信息；

④ 输入 `git remote rm origin`，清空当前远程 origin；

⑤ 输入 `git remote add origin https://github.com/你的账号名/你新建的仓库名.git`；

⑥ 输入 `git push -u origin master`，将本地的 master 分支推送到 origin 主机的 master 分支，-u 选项会将 origin 指定为默认主机。

3.7 本章小结

本章介绍了 ROS 的常用组件和开发工具，通过学习，你应该了解了这些工具的作用与使用方法。例如 Gazebo 是仿真工具，给机器人一个逼近现实的虚拟物理环境；Rviz 是可视化工具，可以将接收到的信息呈现出来；rqt 是数据流可视化工具，可以看到消息的通信架构和流通路径；rosbag 是提供数据记录与回放的功能包；RoboWare Studio 是集成开发环境（IDE）；Git 是分布式版本控制系统，可以用来管理项目的代码。

那么，你是否已经掌握了这些工具的用法呢？赶紧动手操作一下吧。

习题三

1. [单选] Gazebo 是一款什么工具？

A.调试　　B.可视化　　C.仿真　　D.命令行

2. [单选] rqt_graph 可以用来查看计算图，以下说法错误的是？

A.计算图反映了节点之间消息的流向

B. rqt_graph 中的椭圆代表节点

C. rqt_graph 可以看到所有的 topic、service 和 Action

D.计算图反映了所有运行的节点

3. [单选]下列选项中关于 rosbag 的描述错误的是？

A. rosbag 可以记录和回放 service　　B. rosbag 可以记录和回放 topic

C. rosbag 记录的结果为.bag 文件　　D. rosbag 可以指定记录某一个或多个 topic

4. [多选] Rviz 可以图形化显示哪些类型的数据？

A.激光 LaserScan　　B.点云 PointCloud

C.机器人模型 RobotModel　　D.轨迹 Path

5. [单选]下列选项中关于 RoboWare Studio 的描述错误的是？

A. RoboWare Studio 允许开发者直接从用户界面管理 ROS 项目

B. RoboWare Studio 可以上传本地 ROS 项目的代码资源到 GitHub 仓库

C. RoboWare Studio 可以编译 ROS 工作区中的所有软件包

D. RoboWare Studio 是一个专为 ROS 开发而设计的 IDE

6. [单选]下列选项中关于 Git 指令的描述错误的是？

A. git fetch 可将远程存储库中的更改合并到当前分支中

B. git push 可以将本地分支的更新推送到远程主机

C. git branch 可以查看当前工作目录的分支

D. git diff 可以查看执行 git status 的结果的详细信息

第4章 ROS客户端库

从本章开始，我们就要正式地接触 ROS 编程了。在之前的章节，你了解到用命令行启动 ROS 程序、发送指令消息，或使用可视化界面来调试机器人。你可能很想知道，这些工具到底是如何实现这些功能的。其实这些工具本质上都是基于 ROS 的客户端库（Client Library）实现的，所谓客户端库，简单理解就是一套接口，ROS 为机器人开发者提供了不同语言的接口，比如 roscpp 是 C++语言的 ROS 接口，rospy 是 Python 语言的 ROS 接口，我们直接调用它所提供的函数就可以实现 topic、service 等通信功能。

本章分为两大节，分别介绍 roscpp 和 rospy。第一节介绍 roscpp 的基本函数和用 C++开发 ROS 的基本方法。本节的内容需要有 C++的基础，如果你对 C++比较陌生，建议先学习 C++编程。第二节学习 ROS 的另一个接口 rospy，也即 Python 语言的接口。客户端库不仅仅指的是 C++、Python 语言的接口，其实是各种语言的接口统称。rospy 中函数的定义、函数的用法都和 roscpp 不相同。结合这些内容，本章还给出了 topic demo 和 service demo 的具体格式和写法，方便读者更直观地学习 roscpp 和 rospy 编程。

4.1 Client Library 简介

ROS 为机器人开发者们提供了不同语言的编程接口，比如 C++接口叫做 roscpp，Python 接口叫做 rospy，Java 接口叫做 rosjava。尽管语言不同，但这些接口都可以用来创建 topic、service、param，实现 ROS 的通信功能。Client Library 有点类似开发中的 Helper Class，把一些常用的基本功能做了封装。目前 ROS 支持的 Client Library 如表 4.1 所示。目前最常用的只有 roscpp 和 rospy，而其余的语言版本基本都还是测试版。

表 4.1 Client Library

Client Library	介绍
roscpp	ROS 的 C++库，是目前应用最广泛的 ROS 客户端库，执行效率高
rospy	ROS 的 Python 库，开发效率高，通常用在对运行时间没有太大要求的场合，例如配置、初始化等操作
roslisp	ROS 的 LISP 库
roscs	Mono/.NET.库，可用任何 Mono/.NET 语言，包括 C#、Iron Python、Iron Ruby 等
rosgo	ROS Go 语言库
rosjava	ROS Java 语言库
rosnodejs	Javascript 客户端库

从开发客户端库的角度看，一个客户端库，至少需要包括节点管理器注册、名称管理、消息收发等功能。这样才能给开发者提供对 ROS 通信架构进行配置的方法。

ROS 的整体框架如图 4.1 所示。你可以看到整个 ROS 包括的 package，还可以看到 roscpp、rospy 处于什么位置。

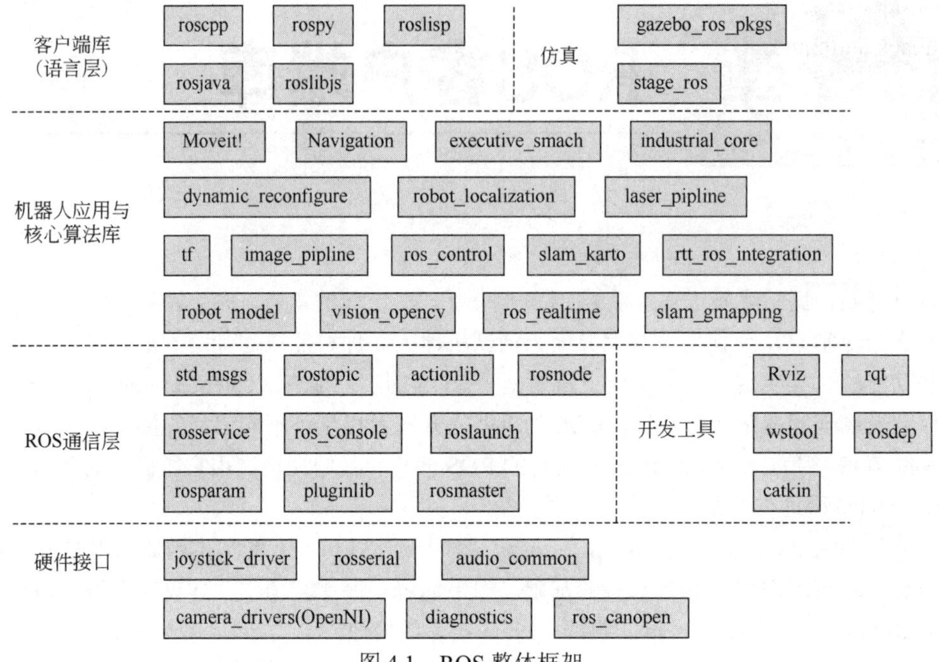

图 4.1　ROS 整体框架

4.2　roscpp

roscpp 位于/opt/ros/kinetic 之下，用 C++实现了 ROS 通信。在 ROS 中，C++的代码是通过 catkin 这个编译系统（扩展的 CMake）来进行编译构建的。所以简单地理解，也可以把 roscpp 就当作一个 C++的库，我们创建一个 CMake 工程，在其中调用了 roscpp 等 ROS 的库，这样就可以在工程中使用 ROS 提供的函数了。

通常我们要调用 ROS 的 C++接口，首先就需要包含`#include<ros/ros.h>`，具体可见 http://docs.ros.org/api/roscpp/html/index.html。

roscpp 的主要部分包括：

① ros::init( ) 解析传入的 ROS 参数，创建节点第一步需要用到的函数。

② ros::NodeHandle 和 topic、service、param 等交互的公共接口。

③ ros::master 包含从节点管理器查询信息的函数。

④ ros::this_node 包含查询这个进程的函数。

⑤ ros::service 包含查询服务的函数。

⑥ ros::param 包含查询参数服务器的函数，而不需要用到 NodeHandle。

⑦ ros::names 包含处理 ROS 图资源名称的函数。

以上功能可以分为以下的类别：

① Initialization and Shutdown 初始与关闭节点。

② Publisher and Subscriber 发布和订阅。

③ service 服务。

④ parameter server 参数服务器。

⑤ Timer 定时器。

⑥ NodeHandle 节点句柄。

⑦ Callback and Spinning 回调与轮询。

⑧ Logging 日志。

⑨ Names and Node Information 名称管理。

⑩ Time 时钟。

⑪ Exception 异常。

看到这么多接口，千万别觉得复杂，我们日常开发并不会用到所有的功能，你只需要有一些印象，掌握几个比较常见和重要的用法就足够了。下面我们来介绍关键的用法。

4.2.1 节点

当执行一个 ROS 程序时，该程序就被加载到了内存中，成为一个进程，在 ROS 里叫做节点。每一个 ROS 的节点尽管功能不同，但都有一些必不可少的步骤，比如初始化节点、关闭节点、创建句柄等。这一小节我们来学习节点的一些最基本的操作。

（1）初始化节点

对于一个使用 C++语言写的 ROS 程序，它之所以区别于普通 C++程序，是因为在代码中做了两层工作：

① 调用了 ros::init( ) 函数，从而初始化节点名称和其他信息，一般 ROS 程序都会以这种方式开始。

② 创建了 ros::NodeHandle 对象，也就是节点的句柄，它可以用来创建 Publisher、Subscriber 等。

句柄（Handle）这个概念可以理解为一个“把手”，你握住了门把手，就可以很容易地把整扇门拉开或者关上，而不必关心门是什么样子。NodeHandle 就是对节点资源的描述，有了它就可以操作这个节点了，比如为程序提供服务、监听某个 topic 上的消息、访问和修改 param 等。

（2）关闭节点

通常我们要关闭一个节点可以直接在终端上按“Ctrl+C”，系统会自动触发 SIGINT 句柄来关闭这个进程，也可以通过调用 ros::shutdown( ) 来手动关闭节点，但我们很少这样做。以下是一个节点初始化、关闭的例子。

```
#include<ros/ros.h>
int main(int argc, char** argv)
{
    ros::init(argc, argv, "your_node_name");
    ros::NodeHandle nh;
    // 节点功能
    ros::spin();//用于触发 topic、service 的响应队列 return 0;
}
```

这段代码是最常见的一个 ROS 程序的执行步骤，通常要启动节点，获取句柄，而关闭的工作是由系统自动帮我们完成，如果有特殊需要也可以自定义。你可能很关心句柄可以用来做些什么，接下来我们来看看 NodeHandle 常用的成员函数。

（3）NodeHandle 常用成员函数

NodeHandle 是 Node 的句柄，用来对当前节点进行各种操作。在 ROS 中，NodeHandle 是一个定义好的类，通过`#include<ros/ros.h>`，可以创建这个类，以及使用它的成员函数。

NodeHandle 常用成员函数有以下六种：

① 创建话题的 Publisher。

```
ros::Publisher advertise(const string &topic, uint32_t queue_size, bool latch=false);
```

第一个参数为发布话题的名称；第二个参数为消息队列的最大长度，如果发布的消息超过这个长度而没有被接收，那么旧的消息就会出队，通常设为一个较小的数即可；第三个参数为是否锁存，某些话题并不会以某个频率发布，比如/map 这个 topic，只有在初次订阅或者地图更新这两种情况下，/map 才会发布消息。

② 创建话题的 Subscriber。

```
ros::Subscriber subscribe(const string &topic, uint32_t queue_size, void(*)(M));
```

第一个参数是订阅话题的名称；第二个参数是订阅队列的长度，如果收到的消息都没来得及处理，那么新消息入队，旧消息就会出队；第三个参数是回调函数指针，指向回调函数来处理接收到的消息。

③ 创建服务的 Server。

```
ros::ServiceServer advertiseService(const string &service, bool(*srv_func)(Mreq &, Mres &));
```

第一个参数是 service 的名称；第二个参数是服务函数的指针，指向服务函数，指向的函数应该有两个参数，分别用来接收请求和响应。

④ 创建服务的 Client。

```
ros::ServiceClient serviceClient(const string &service_name, bool persistent=false);
```

第一个参数是 service 的名称；第二个参数是用于设置服务的连接是否持续，如果为 true，Client 将会保持与远程主机的连接，这样后续的请求会快一些，通常我们设为 false。

⑤ 查询某个参数的值。

```
bool getParam(const string &key, std::string &s);
bool getParam(const std::string &key, double &d) const;
bool getParam(const std::string &key, int &i) const;
```

从参数服务器上获取 key 对应的值，这里已重载了多个类型。

⑥ 给参数赋值。

```
void setParam(const std::string &key, const std::string &s) const;
void setParam(const std::string &key, const char *s) const;
void setParam(const std::string &key, int i) const;
```

给 key 对应的 val 赋值，这里重载了多个类型的 val。

可以看出，NodeHandle 对象在 ROS C++程序里非常重要，各种类型的通信都需要用 NodeHandle 来创建完成。下面我们具体来看 topic、service 和 param 这三种基本通信方式的写法。

4.2.2 topic

（1）topic 通信

topic 是 ROS 里的一种异步通信模型，该模型节点间分工明确，例如有的只负责发送，有的只负责接收处理。对于绝大多数的机器人应用场景，比如传感器数据的收发、速度控制指令的收发，topic 模型是最适合的通信方式。

为了讲明白 topic 通信的编程思路，我们首先来看 topic_demo 中的代码。这个程序是一个消息收发的例子：自定义一个类型为 gps 的消息（包括位置 *x*、*y* 和工作状态 state 信息），一个节点以一定的频率发布模拟的 gps 消息，另一个节点接收并处理，算出到原点的距离。源代码见 ROS-Academy-for-Beginners/topic_demo。

（2）创建 gps 消息

在代码中，我们会用到自定义类型的 gps 消息，在 msg 路径下创建 gps.msg。详见 topic_demo/msg/gps.msg。

```
string state #工作状态
float32 x   #x 坐标
float32 y   #y 坐标
```

以上就定义了一个 gps 类型的消息，可以把它理解成一个 C 语言中的结构体，类似于：

```
struct gps
{
    string state;
    float32 x;
    float32 y;
}
```

在程序中对一个 gps 消息进行创建、修改的方法和对结构体的操作一样。当创建完了 msg 文件，记得修改 CMakeLists.txt 和 package.xml，从而让系统能够编译自定义消息。在 CMakeLists.txt 中需要改动：

```
find_package(catkin REQUIRED COMPONENTS roscpp std_msgs message_generation)
#需要添加的地方
add_message_files(FILES gps.msg)
#catkin 在 CMake 之上新增的命令，指定从哪个消息文件生成
generate_messages(DEPENDENCIES std_msgs)
#catkin 新增的命令，用于生成消息
#DEPENDENCIES 后面指定生成 msg 需要依赖其他什么消息，由于 gps.msg 用到了 float32 这种 ROS 标准消息，因此需要再把 std_msgs 作为依赖
```

在 package.xml 中需要改动：

```
<build_depend>message_generation</build_depend>
<run_depend>message_runtime</run_depend>
```

当你完成了以上所有工作，就可以回到工作空间进行编译了。编译完成之后会在 devel 路径下生成 gps.msg 对应的头文件，头文件按照 C++的语法规则定义了 topic_demo::gps 类型的数据。

要在代码中使用自定义消息类型，只要包含`#include <topic_demo/gps.h>`头文件，然后声

明，按照对结构体操作的方式修改内容即可。

```
topic_demo::gps mygpsmsg;
mygpsmsg.x = 1.6;
mygpsmsg.y = 5.5;
mygpsmsg.state = "working";
```

（3）消息发布节点

定义完了消息，就可以开始写ROS代码了。通常我们会把消息收发的两端分成两个节点来写，一个节点就是一个完整的C++程序。详见topic_demo/src/talker.cpp。

```
#include <ros/ros.h>
#include <topic_demo/gps.h>   //自定义 msg 产生的头文件

int main(int argc, char **argv)
{
    ros::init(argc, argv, "talker");//用于解析 ROS 参数，第三个参数为本节点名称
    ros::NodeHandle nh;//实例化句柄，初始化节点
    topic_demo::gps msg;    //自定义 gps 消息并初始化
    ...
    ros::Publisher pub = nh.advertise<topic_demo::gps>("gps_info", 1); //创建
Publisher，向"gps_info"话题上发布消息
    ros::Rate loop_rate(1.0);   //定义发布的频率，1Hz
    while (ros::ok()) //循环发布 msg
    {
        ... //处理 msg
        pub.publish(msg);// 以 1Hz 的频率发布 msg
        loop_rate.sleep();//根据前面定义的 loop_rate，设置 1s 的暂停
    }
    return 0;
}
```

机器人上几乎所有的传感器，都是按照这种通信方式来传输数据，只是发布频率和数据类型有区别。

（4）消息接收节点

消息接收节点见文件中的topic_demo/src/listener.cpp，代码如下：

```
#include  <ros/ros.h>
#include <topic_demo/gps.h>
#include <std_msgs/Float32.h>
void gpsCallback(const topic_demo::gps::ConstPtr &msg)
{
    std_msgs::Float32 distance; //计算到原点(0,0)的距离
    distance.data = sqrt(pow(msg->x,2)+pow(msg->y,2));
    ROS_INFO("Listener: Distance to origin = %f,
```

```
state: %s",distance.data,msg->state.c_str()); //输出
}
int main(int argc, char **argv)
{
    ros::init(argc, argv, "listener");
    ros::NodeHandle n;
    ros::Subscriber sub = n.subscribe("gps_info", 1, gpsCallback);  //设置回调函数
gpsCallback
    ros::spin(); //ros::spin()用于调用所有可触发的回调函数，将进入循环，不会返回，类似于在
循环里反复调用 spinOnce()
    //而 ros::spinOnce()只会去触发一次
    return 0;
}
```

在 topic 接收方，有一个比较重要的概念，就是回调（Callback），在本例中，回调就是预先给 gps_info 话题传来的消息准备一个回调函数，事先定义好回调函数的操作，本例中是计算到原点的距离。只有当有消息来时，回调函数才会被触发执行。具体去触发的命令就是 `ros::spin()`，它会反复地查看有没有消息来，如果有就会让回调函数去处理。

因此千万不要认为，只要指定了回调函数，系统就会去自动触发，必须 `ros::spin( )` 或 `ros::spinOnce()` 才能真正使回调函数生效。

（5）CMakeLists.txt 文件修改

在 CMakeLists.txt 中添加以下内容，生成可执行文件。

```
add_executable(talker src/talker.cpp) #生成可执行文件 talker
add_dependencies(talker topic_demo_generate_messages_cpp)
#表明在编译 talker 前，必须先编译完成自定义消息
#必须添加 add_dependencies，否则找不到自定义的 msg 产生的头文件
target_link_libraries(talker ${catkin_LIBRARIES}) #链接

add_executable(listener src/listener.cpp)#生成可执行文件
listener add_dependencies(listener topic_demo_generate_messages_cpp)
target_link_libraries(listener ${catkin_LIBRARIES})#链接
```

以上 CMake 语句告诉 catkin 编译系统如何去编译生成我们的程序。这些命令都是标准的 CMake 命令，如果不理解，请查阅 CMake 教程。之后经过 catkin_make，一个自定义消息的发布与接收的基本模型就完成了。

（6）回调函数与 spin( ) 方法

回调函数作为参数被传入到了另一个函数中（在本例中传递的是函数指针），在未来某个时刻（当有新的 message 到达时）执行。Subscriber 接收到消息，实际上是先把消息放到一个队列中去，队列的长度在 Subscriber 构建的时候已经设置好了。当有 spin( ) 函数执行，就会去处理消息队列中队首的消息。spin( ) 具体处理的方法又可分为阻塞/非阻塞、单线程/多线程。在 ROS 函数接口层里面有 4 种 spin( ) 的方式，如表 4.2 所示。

表 4.2　spin( ) 的 4 种方法

spin 方法	阻塞	线程
ros::spin( )	阻塞	单线程
ros::spinOnce( )	非阻塞	单线程
ros::MultiThreadedSpin( )	阻塞	多线程
ros::AsyncMultiThreadedSpin( )	非阻塞	多线程

阻塞与非阻塞的区别我们已经介绍过，下面来看看单线程与多线程的区别，如图 4.2 所示。

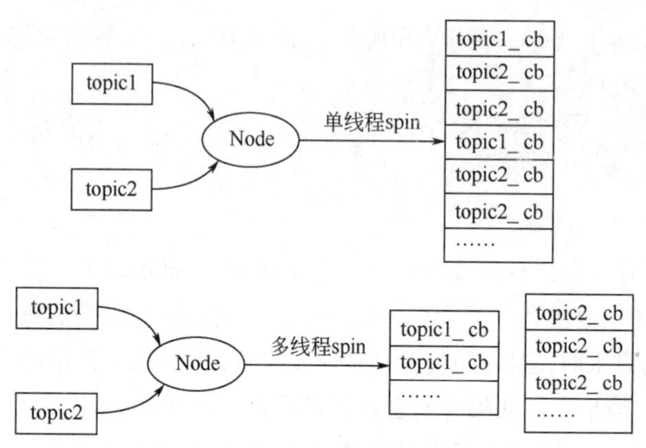

图 4.2　单线程与多线程的区别

常用的 spin( )、spinOnce( ) 是单个线程逐个处理回调队列里的数据。有些场合需要用到多线程分别处理，则可以用到 MultiThreadedSpin( )、AsyncMultiThreadedSpin( )。

4.2.3　service

（1）service 通信

service 是一种请求-反馈的通信机制。请求的一方通常被称为客户端，提供服务的一方叫做服务器端。service 机制相比于 topic 的不同之处在于：

① 消息的传输是双向的、有反馈的，而不是单一的流向。

② 消息往往不会以固定频率传输（即不连续），而是在需要时才会向服务器发出请求。

在 ROS 中如何请求或者提供一个服务，我们来看 service_demo 的代码：一个节点发出服务请求（姓名、年龄），另一个节点进行服务响应，答复请求。

（2）创建 Greeting 服务

创建 service_demo/Greeting.srv 文件，内容包括：

```
string name
int32 age  #短横线上边是服务请求的数据
---
string feedback  #短横线下边是服务回传的内容
```

srv 格式的文件创建后，也需要修改 CMakeLists.txt，在其中加入 `add_service_files(FILES Greeting.srv)`。其余与添加 msg 的改动一样。然后进行 catkin_make，系统就会生成在代码中可用的 Greeting 类型。在代码中使用，只需要包含`#include <service_demo/Greeting.h>`，即可创建该类型的 srv。

```
service_demo::Greeting grt; //grt 分为 grt.request 和 grt.response 两部分
grt.request.name = "HAN"; //不能用 grt.name 或者 grt.age 来访问
grt.request.age = "20";
...
```

新生成的 Greeting 类型的服务，其结构体的风格更为明显，可以这么理解，一个 Greeting 服务结构体中嵌套了两个结构体，分别是请求和响应：

```
struct Greeting
{
    struct Request
    {
        string name;
        int age;
    }request;
    struct Response
    {
        string feedback;
    }response;
}
```

（3）创建提供服务节点（Server）

在 service_demo/srv/server.cpp 文件的代码中，服务的处理操作都写在 handle_function( ) 中，它的输入参数就是 Greeting 的 Request 和 Response 两部分，而非整个 Greeting 对象。通常在处理函数中，我们对 Request 数据进行需要的操作，将结果写入到 Response 中。在 roscpp 中，处理函数返回值是 bool 型，也就是服务是否成功执行。而 Python 的 handle_function( ) 传入的只有 Request，但返回值是 Response。提供服务节点见 service_demo/srv/server.cpp，详细代码如下：

```
#include <ros/ros.h>
#include <service_demo/Greeting.h>
bool handle_function(service_demo::Greeting::Request &req,
service_demo::Greeting::Res ponse &res)
{
    //显示请求信息
    ROS_INFO("Request from %s with age %d", req.name.c_str(), req.age);
    //处理请求，结果写入 Response
    res.feedback = "Hi" + req.name + ". I'm server!";
    //返回 true，正确处理了请求
    return true;
}
int main(int argc, char** argv){
    ros::init(argc, argv, "greetings_server"); //解析参数，命名节点
    ros::NodeHandle nh; //创建句柄，实例化节点
    ros::ServiceServer service = nh.advertiseService("greetings",
handle_function);
```

```
    //写明服务的处理函数
    ros::spin();
    return 0;
}
```

（4）创建服务请求节点（Client）

在 service_demo/srv/client.cpp 文件的代码中，有两处比较关键的地方，一个是建立一个ServiceClient，另一个则是开始调用服务。建立 Client 需要指明服务的类型和服务的名称，即 `nh.serviceClient<service_demo::Greeting>("greetings")`。而在调用时则可以直接使用 `client.call(srv)`，返回的结果不是 Response，而是是否成功调用远程服务。service_demo/srv/client.cpp 的内容如下：

```
# include "ros/ros.h"
# include "service_demo/Greeting.h"
int main(int argc, char **argv)
{
    ros::init(argc, argv, "greetings_client");// 初始化，节点命名为
"greetings_client" ros::NodeHandle nh
    ros::ServiceClient client = nh.serviceClient<service_demo::Greeting>("greeti
ngs");
    //定义 service 客户端，service 名字为"greetings"，service 类型为 service_demo
    //实例化 srv，设置其 Request 消息的内容，Request 包含两个变量，name 和 age，见 Greeting.
    srv service_demo::Greeting srv
    srv.request.name = "HAN"; srv.request.age = 20;
    if (client.call(srv))
    {
    // 注意：我们的 Response 部分中的内容只包含一个变量 Response，另外注意将其转变成字符串
        ROS_INFO("Response from server: %s", srv.response.feedback.c_str());
    }
    else
    {
        ROS_ERROR("Failed to call service Service_demo"); return 1;
    }
return 0;
}
```

CMakeLists.txt 和 package.xml 修改方法与 topic_demo 的修改方法类似，不再赘述。

4.2.4 param

（1）parameter server

严格来说，param 并不能称作一种通信方式，因为它往往只是用来存储一些静态的设置，而不是动态变化的。所以关于 param 的操作非常轻巧，非常简单。关于 param 的 API，roscpp 为我们提供了两套，一套是放在 ros::param namespace 下，另一套是放在 ros::NodeHandle 下，这两套 API 的操作完全一样，使用哪一个取决于你的习惯。

（2）param_demo

我们来看看在C++中如何进行param_demo的操作，param_demo/param.cpp文件，内容包括：

```
#include<ros/ros.h>
int main(int argc, char **argv){
    ros::init(argc, argv, "param_demo");
    ros::NodeHandle nh;
    int parameter1, parameter2, parameter3, parameter4, parameter5;

    //get param 的三种方法
    //1.ros::param::get()获取参数"param1"的 value, 写入到 parameter1 上
    bool ifget1 = ros::param::get("param1", parameter1);
    //2. ros::NodeHandle::getParam()获取参数, 与 1 作用相同
    bool ifget2 = nh.getParam("param2",parameter2);
    //3. ros::NodeHandle::param()类似于 1 和 2
    //但如果 get 不到指定的 param, 它可以给 param 指定一个默认值(如 33333)
    nh.param("param3", parameter3, 33333);
    if(ifget1) //param 是否取得
        ...
    //set param
    //1. ros::param::set()设置参数 parameter4 = 4
    ros::param::set("param4", parameter4);
    //2. ros::NodeHandle::setParam()设置参数 parameter5 = 5
    nh.setParam("param5",parameter5);
    //check param
    //1. ros::NodeHandle::hasParam()
    bool ifparam5 = nh.hasParam("param5");
    //2. ros::param::has()
    bool ifparam6 = ros::param::has("param6");

    //delete param
    //1. ros::NodeHandle::deleteParam()
    bool ifdeleted5 = nh.deleteParam("param5");
    //2. ros::param::del()
    bool ifdeleted6 = ros::param::del("param6");
    ...
}
```

以上是roscpp中对param进行增、删、改、查操作的方法，非常直观。

（3）param_demo 中的 launch 文件

param_demo/launch/param_demo_cpp.launch 内容为：

```
<launch>
    <!--param 参数配置-->
    <param name="param1" value="1" />
```

```
    <param name="param2" value="2" />
    <!--rosparam 参数配置-->
    <rosparam>
    param3: 3
    param4: 4
    param5: 5
    </rosparam>
    <!--以上写法将参数转成 yaml 文件加载，注意：param 前面必须为空格，不能用 Tab，否则 yaml
文件在解析时会出现错误-->
    <!--rosparam file="$(find robot_sim_demo)/config/xbot2_control.yaml"
command="load " /-->
    <node pkg="param_demo" type="param_demo" name="param_demo" output="screen" />
</launch>
```

实际项目中我们对参数进行设置，尤其是添加参数时，一般都不是在程序中，而是在 launch 文件中。因为 launch 文件可以方便地修改参数，而写成代码之后，修改参数必须重新编译。因此我们会在 launch 文件中将 param 都定义好，比如这个 demo 正确的打开方式应该是 `roslaunch param_demo param_demo_cpp.launch`。

（4）命名空间对 param 的影响

在实际的项目中，实例化句柄时，经常会看到两种不同的写法“ros::NodeHandle n;”和“ros::NodeHandle nh("～");”。这两种写法有什么不同呢？以本书的 name_demo 为例。在本节 launch 文件夹的 demo.launch 中定义了两个参数，一个是全局 serial，其数值是 5；另一个是局部的 serial，其数值是 10。

```
<launch>
    <!--全局参数 serial-->
    <param name="serial" value="5" />
    <node name="name_demo" pkg="name_demo" type="name_demo" output="screen">
      <!--局部参数 serial-->
      <param name="serial" value="10" />
    </node>
</launch>
```

在 name_demo.cpp 中，我们分别尝试了利用全局命名空间句柄提取全局的 param 和局部的 param，以及利用局部命名空间下的句柄提取全局的 param 和局部的 param，详细的代码如下：

```
#include <ros/ros.h>
int main(int argc, char* argv[])
{
    int serial_number = -1;//serial_number 初始化
    ros::init(argc, argv, "name_demo");//节点初始化
    /*创建命名空间*/
    //n 是全局命名空间
    ros::NodeHandle n;
    //nh 是局部命名空间
```

```
    ros::NodeHandle nh("~");
    /* 全局命名空间下的 param*/
    ROS_INFO("global namespace");
    // 提取全局命名空间下的参数 serial
    n.getParam("serial", serial_number)
    ROS_INFO("global_Serial was %d", serial_number);
    //提取局部命名空间下的参数 serial
    n.getParam("name_demo/serial", serial_number);
    //在全局命名空间下，要提取局部命名空间下的参数，需要添加节点名称
    ROS_INFO("global_to_local_Serial was %d", serial_number);
     /* 局部命名空间下的 param*/
    ROS_INFO("local namespace");
    // 提取局部命名空间下的参数
    serial nh.getParam("serial", serial_number);
    ROS_INFO("local_Serial was %d", serial_number);
    //提取全局命名空间下的参数 serial
    nh.getParam("/serial", serial_number);//在局部命名空间下，要提取全局命名空间下的参数，需要添加"/"
    ROS_INFO("local_to_global_Serial was %d", serial_number);
    ros::spin();
    return 0;
}
```

最后的结果为：

```
[ INFO] [1525095241.802257811]: global namespace
[ INFO] [1525095241.803512501]: global_Serial was 5
[ INFO] [1525095241.804515959]: global_to_local_Serial was 10 [ INFO]
[1525095241.804550167]: local namespace
[ INFO] [1525095241.805126562]: local_Serial was 10
[ INFO] [1525095241.806137701]: local_to_global_Serial was 5
```

4.2.5 时钟

（1）Time 与 Duration

ROS 里经常用到的一个功能就是时钟，比如计算机器人移动距离、设定一些程序的等待时间、设定计时器等。roscpp 同样给我们提供了时钟方面的操作。

具体来说，roscpp 里有两种时间的表示方法，一种是时刻（ros::Time），一种是时长（ros::Duration）。无论是 Time 还是 Duration 都具有相同的表示方法。

Time/Duration 都是由秒和纳秒组成。要使用 Time 和 Duration，需要包含`#include<ros/time.h>`和`#include <ros/duration.h>`这两个头文件。

```
ros::Time begin = ros::Time::now(); //获取当前时间
ros::Time at_some_time1(5,20000000);//5.2s
ros::Time at_some_time2(5.2);//5.2s, 重载了 float 类型和两个 uint 类型的构造函数
```

```
ros::Duration one_hour(60*60,0);//1h
double secs1 = at_some_time1.toSec();//将 Time 转为 double 型时间
double secs2 = one_hour.toSec();//将 Duration 转为 double 型时间
```

Time 和 Duration 表示的概念并不相同，Time 指的是某个时刻，而 Duration 指的是某个时间段，尽管它们的数据结构都相同，但却用在不同的场景下。ROS 为我们重载了 Time、Duration 类型之间的加减运算，比如：

```
ros::Time t1 = ros::Time::now() - ros::Duration(5.5); //t1 是 5.5s 前的时刻，Time 加减 Duration，返回都是 Time
ros::Time t2 = ros::Time::now() + ros::Duration(3.3);//t2 是当前时刻往后推 3.3s 的时刻
ros::Duration d1 = t2 - t1;//从 t1 到 t2 的时长，两个 Time 相减返回 Duration 类型
ros::Duration d2 = d1 -ros::Duration(0,300);//两个 Duration 相减，还是 Duration
```

以上是 Time、Duration 之间的加减运算，要注意没有 Time+Time 的运算。

（2）sleep

通常在机器人任务执行中可能有需要等待的场景，这时就要用到 sleep 功能，roscpp 中提供了两种 sleep 的方法：

方法一：

```
ros::Duration(0.5).sleep(); //用 Duration 对象的 sleep 方法休眠
```

方法二：

```
ros::Rate r(10); //10Hz
while(ros::ok())
{
    r.sleep();//定义好 sleep 的频率，Rate 对象会自动让整个循环以 10Hz 的频率休眠，即使有任务执行占用了时间
}
```

（3）Timer

Rate 的功能是指定一个频率，让某些动作按照这个频率来循环执行。与之类似的是 ROS 中的定时器 Timer，它是通过设定回调函数和触发时间来实现某些动作的反复执行，创建方法和话题通信方式中的 Subscriber 很像，代码如下：

```
void callback1(const ros::TimerEvent&)
{
    ROS_INFO("Callback 1 triggered");
}
void callback2(const ros::TimerEvent&)
{
    ROS_INFO("Callback 2 triggered");
}
int main(int argc, char **argv)
{
    ros::init(argc, argv, "talker");
    ros::NodeHandle n;
```

```
    ros::Timer timer1 = n.createTimer(ros::Duration(0.1), callback1);
    //Timer1 每 0.1s 触发一次 Callback1 函数
    ros::Timer timer2 = n.createTimer(ros::Duration(1.0), callback2);
     //Timer2 每 1.0s 触发一次 Callback2 函数
    ros::spin();//千万别忘了 spin，只有 spin 才能真正去触发回调函数
    return 0;
}
```

4.2.6 日志和异常

（1）日志

ROS 为开发者和用户提供了一套用于记录和输出的日志系统，这套系统的实现方式是基于 topic，也就是每个节点都会把一些日志信息发到一个统一的 topic 上去，这个 topic 就是/rosout。rosout 本身也是一个节点，它专门负责日志的记录。我们在启动节点管理器的时候，系统就会附带启动 rosout。

在 roscpp 中进行日志的输出，需要包含`#include <ros/console.h>`头文件，这个头文件包括了五个级别的日志输出接口，分别是：DEBUG、INFO、WARN、ERROR、FATAL。当然也可以在一些特定场景、特定条件下输出，不过对于普通开发者来说可能用不到这么复杂的功能。具体可参考：http://wiki.ros.org/roscpp/Overview/Logging。

（2）异常

roscpp 中有两种异常类型，当有以下两种错误时，就会抛出异常：

```
ros::InvalidNodeNameException //当无效的基础名称传给 ros::init()，通常是名称中有/，就会触发
ros::InvalidNameException      //当无效名称传给了 roscpp
```

4.3 rospy

4.3.1 rospy 与 roscpp 的比较

rospy 是 Python 版本的 ROS 客户端库，提供了 Python 编程需要的接口，可认为 rospy 就是一个 Python 的模块（module）。这个模块位于/opt/ros/kinetic/lib/python2.7/dist-packages/rospy 之中。

rospy 包含的功能与 roscpp 相似，都有关于节点、topic、service、param、Time 相关的操作。但同时 rospy 和 roscpp 也有一些区别：

① rospy 没有 NodeHandle，例如创建 Publisher、Subscriber 等操作都被直接封装成了 rospy 中的函数或类，调用起来简单、直观。

② rospy 一些接口的命名和 roscpp 不一致，需要开发者注意，避免调用错误。

相比于 C++的开发，用 Python 来写 ROS 程序开发效率大大提高，诸如显示、类型转换等细节不再需要我们注意，可以节省时间成本。但 Python 的执行效率较低，同样一个功能用 Python 运行的耗时会高于 C++。因此，我们开发 SLAM、路径规划、机器视觉等方面的算法时，往往优先选择 C++。ROS 中绝大多数基本指令，例如 rostopic、roslaunch，都是用 Python 开发的，简单、轻巧。

4.3.2 rospy 结构

要介绍 rospy，就不得不提 Python 代码在 ROS 中的组织方式。通常来说，Python 代码有两种组织方式，一种是单独的一个 Python 脚本，适用于简单的程序；另一种是 Python 模块，适合体量较大的程序。

单独的 Python 脚本对于一些小体量的 ROS 程序，一般就是一个 Python 文件，放在 script/路径下，非常简单：

```
your_package
|- script/
|- your_script.py
|-...
```

当程序的功能比较复杂，放在一个脚本里难以实现时，就需要把一些功能放到 Python module 里，以便其他的脚本来调用，ROS 建议我们按照以下规范来建立一个 Python 的模块。

```
your_package
|- src/
|-your_package/
|- _init_.py
|- modulefiles.py
|- scripts/
|- your_script.py
|- setup.py
```

在 src 下建立一个与你的 package 同名的路径，其中存放_init_.py 以及模块文件。这样就建立好了 ROS 规范的 Python 模块，就可以在你的脚本中进行调用。如果不了解_init_.py 的作用，可以自行参考资料。ROS 中的这种 Python 模块组织规范与标准的 Python 模块组织规范并不完全一致，可以按照 Python 的规范去建立一个模块，然后在你的脚本中调用，但是建议按照 ROS 推荐的规范来写，这样方便其他人阅读。通常我们常用的 ROS 命令，大多数其实都是一个个的 Python 模块，源代码存放在 ros_comm 仓库的 tools 路径下。可以看到每一个命令行工具（如 rosbag、rosmsg）都是用模块的形式组织核心代码，然后在 script/下建立一个脚本来调用模块。

4.3.3 rospy API

① Node 相关的常见用法如表 4.3 所示。

表 4.3 Node 相关的常见用法

返回值	方法	作用
	rospy.init_node（name, argv=None, anonymous=False）	注册和初始化节点
MasterProxy	rospy.get_master( )	获取节点管理器的句柄
bool	rospy.is_shutdown( )	节点是否关闭
	rospy.on_shutdown(fn)	在节点关闭时调用 fn 函数
str	get_node_uri( )	返回节点的 URI
str	get_name( )	返回本节点的全名
str	get_namespace( )	返回本节点的名称空间

② topic 相关的常见用法如表 4.4 所示。

表 4.4　topic 相关的常见用法

返回值	方法	作用
[[str, str]]	get_published_topics( )	返回正在被发布的所有 topic 名称和类型
message	wait_for_message(topic, topic_type, time_out=None)	等待某个 topic 的 message
	spin( )	触发 topic 或 service 的回调/处理函数，会阻塞直到关闭节点

③ Publisher 类的常见用法如表 4.5 所示。

表 4.5　Publisher 类的常见用法

返回值	方法	作用
	init(self, name, data_class, queue_size=None)	构造函数
	publish(self, msg)	发布消息
str	unregister(self)	停止发布

④ Subscriber 类的常见用法如表 4.6 所示。

表 4.6　Subscriber 类的常见用法

返回值	方法	作用
	init_(self, name, data_class, call_back=None, queue_size=None)	构造函数
	unregister(self, msg)	停止订阅

⑤ service 相关的常见用法如表 4.7 所示。

表 4.7　service 相关的常见用法

返回值	方法	作用
	wait_for_service(service, timeout=None)	阻塞直到服务可用

⑥ service 类（Server）的常见用法如表 4.8 所示。

表 4.8　service 类的常见用法

返回值	方法	作用
	init(self, name, service_class, handler)	构造函数，Handler 为处理函数，service_class 为 srv 类型
	shutdown(self)	关闭服务的 Server

⑦ ServiceProxy 类（Client）的常见用法如表 4.9 所示。

表 4.9　ServiceProxy 类的常见用法

返回值	方法	作用
	init(self, name, service_class)	构造函数，创建 Client
	call(self, args, *kwds)	发起请求
	call(self, args, *kwds)	发起请求
	close(self)	关闭服务的 Client

⑧ param 相关的常见用法如表 4.10 所示。

表 4.10 param 相关的常见用法

返回值	方法	作用
XmlRpcLegalValue	get_param(param_name, default=_unspecified)	获取参数的值
[str]	get_param_names( )	获取参数的名称
	set_param(param_name, param_value)	设置参数的值
	delete_param(param_name)	删除参数
bool	has_param(param_name)	参数是否存在于参数服务器上
str	search_param( )	搜索参数

⑨ 时钟相关的常见用法如表 4.11 所示。

表 4.11 时钟相关的常见用法

返回值	方法	作用
Time	get_rostime( )	获取当前时刻的 Time 对象
float	get_time( )	返回当前时间，单位为秒
	sleep(duration)	执行挂起

⑩ Time 类的常见用法如表 4.12 所示。

表 4.12 Time 类的常见用法

返回值	方法	作用
	init(self, secs=0, nsecs=0)	构造函数
Time	now( )	静态方法，返回当前时刻的 Time 对象

⑪ Duration 类的常见用法如表 4.13 所示。

表 4.13 Duration 类的常见用法

返回值	方法	作用
	init(self, secs=0, nsecs=0)	构造函数

4.3.4 topic

与 4.2.2 节类似，我们用 Python 来写一个节点间消息收发的 demo，同样还是创建一个自定义的 gps 类型的消息，一个节点发布模拟的 gps 信息，另一个节点接收并计算到原点的距离。

（1）自定义消息的生成

gps.msg 定义如下：

```
string state    #工作状态
float32 x    #x 坐标
float32 y    #y 坐标
```

我们需要修改 CMakeLists.txt 文件。这里需要强调的一点就是，对创建的 msg 进行 `catkin_make`，会在~/catkin_ws/devel/lib/python2.7/dist-packages/topic_demo 下生成 msg 模块（module）。有了这个模块，我们就可以在 Python 程序中调用 `from topic_demo.msg import gps`，

从而进行 gps 类型消息的读写。

（2）消息发布节点

与 C++的写法类似，我们来看如何用 Python 编写 topic 的程序，详见 topic_demo/scripts/pytalker.py。

```
#!/usr/bin/env python
#coding=utf-8
import rospy
from topic_demo.msg import gps #导入自定义的数据类型

def talker():
    #Publisher 函数的第一个参数是话题名称，第二个参数是数据类型，第三个参数是我们定义的 msg，
是缓冲区的大小
    #queue_size: None（不建议） 这将设置为阻塞式同步收发模式
    #queue_size: 0（不建议）这将设置为无限缓冲区模式，很危险
    #queue_size: 10 or more 一般情况下，设为 10，queue_size 太大会导致数据延迟，不同步
    pub = rospy.Publisher('gps_info', gps, queue_size=10)
    rospy.init_node('pytalker', anonymous=True)
    rate = rospy.Rate(1) #更新频率是 1Hz
    x=1.0
    y=2.0
    state='working'
    while not rospy.is_shutdown(): #计算距离
        rospy.loginfo('Talker: GPS: x=%f, y= %f',x,y)
        pub.publish(gps(state,x,y))
        x=1.03*x y=1.01*y
        rate.sleep()

if __name__ == '__main__':
    talker()
```

以上代码与 C++的区别体现在以下几个方面：

① rospy 创建和初始化一个节点，不再需要用 NodeHandle。由于 rospy 中没有设计 NodeHandle 这个句柄，我们创建 topic、service 等操作时都直接用 rospy 里对应的方法。

② rospy 中节点的初始化不一定要放在程序的开头，在 Publisher 建立后再初始化也可以。

③ 消息的创建更加简单，比如 gps 类型的消息可以直接用类似于构造函数的方式 gps(state，x，y) 来创建。

④ 日志的输出方式不同，C++中是 ROS_INFO( )，而 Python 中是 rospy.loginfo( )。

⑤ 判断节点是否关闭的函数不同，C++用的是 ros::ok( )，而 Python 用的是 rospy.is_shutdown( )。

通过以上的区别可以看出，roscpp 和 rospy 的接口并不一致，在名称上要尽量避免混用。在实现原理上，两套客户端库也有各自的实现方式，并没有基于一个统一的核心库来开发。这也是 ROS 在设计上不足的地方。

ROS2 就解决了这个问题，ROS2 中的客户端库包括了 rclcpp（ROS Client Library C++）、rclpy（ROS Client Library Python）以及其他语言的版本，它们都是基于一个共同的核心 ROS 客户端库 rcl 来开发的，这个核心库由 C 语言实现。

（3）消息订阅节点

见 topic_demo/scripts/pylistener.py：

```
#!/usr/bin/env python #coding=utf-8
import rospy
import math
from topic_demo.msg import gps  #导入 msg

#回调函数输入的应该是 msg
def callback(gps):
    distance = math.sqrt(math.pow(gps.x, 2)+math.pow(gps.y, 2))
    rospy.loginfo('Listener: GPS: distance=%f, state=%s', distance, gps.state)
def listener():
    rospy.init_node('pylistener', anonymous=True)
    #Subscriber 函数的第一个参数是 topic 的名称，第二个参数是接收的数据类型，第三个参数是回
调函数的名称
    rospy.Subscriber('gps_info', gps, callback)
    rospy.spin()

if __name__ == '__main__':
    listener()
```

在订阅节点的代码里，rospy 与 roscpp 有一个不同的地方：rospy 里没有 spinOnce( )，只有 spin( )。建立完 talker 和 listener 之后，经过 catkin_make 编译，就完成了 Python 版的 topic 通信模型的创建。

4.3.5 service

本节用 Python 来写一个 service 通信的 demo，创建两个节点，一个节点发出服务请求（姓名、年龄），另一个节点进行服务响应，答复请求。

（1）srv 文件

建立一个名为 Greeting.srv 的服务文件，内容如下：

```
string name #短横线上边是服务请求的数据
int32 age
---  #短横线下边是服务回传的内容
string feedback
```

然后修改 CMakeLists.txt 文件。ROS 的 catkin 编译系统会将你自定义的 msg、srv（甚至还有 Action）文件自动编译构建，生成对应的 C++、Python、LISP 等语言下可用的库或模块。许多初学者错误地以为，只要建立了一个 msg 或 srv 文件，就可以直接在程序中使用，这是不对的，必须在 CMakeLists.txt 中添加关于消息创建、指定消息/服务文件的几个宏命令。

（2）创建提供服务节点（Server）

见 service_demo/scripts/server_demo.py：

```
#!/usr/bin/env python #coding=utf-8
import rospy
from service_demo.srv import *

def server_srv():
    #初始化节点，命名为 "greetings_server"
    rospy.init_node("greetings_server")
    #定义 service 的 Server 端，service 名称为"greetings"， service 类型为 Greeting
    # 收到的 Request 请求信息将作为参数传递给 handle_function 进行处理
    s = rospy.Service("greetings", Greeting, handle_function)
    rospy.loginfo("Ready to handle the request:")
    #阻塞程序结束
    rospy.spin()
def handle_function(req):
    # 注意我们是如何调用 Request 请求内容的，是将其认为是一个对象的属性，在我们定义的 service_demo 类型的 service 中，Request 部分的内容包含两个变量，一个是字符串类型的 name，另外一个是整数类型的 age
    rospy.loginfo( 'Request from %s with age %d', req.name, req.age)
    #返回一个 service_demo.Response 实例化对象，其实就是返回一个 Response 的对象，其包含的内容为我们在 service_demo.srv 中定义的 Response 部分的内容，我们定义了一个 string 类型的变量 feedback，因此，此处实例化时传入字符串即可
    return GreetingResponse("Hi %s. I' server!"%req.name)

    #如果单独运行此文件，则将上面定义的 server_srv 作为主函数运行
if __name__ == '__main__':
    server_srv()
```

以上代码可以看出 Python 和 C++在 ROS 中进行服务通信时，Server 端的处理函数有区别：C++的 handle_function( ) 传入的参数是整个 srv 对象的 Request 和 Response 两部分，返回值是 bool 型。显示这次服务是否成功的处理：

```
bool handle_function(service_demo::Greeting::Request &req,
service_demo::Greeting::Res ponse &res){
    ...
    return true;
}
```

而 Python 的 handle_function( ) 传入的只有 Request，返回值是 Response，即：

```
def handle_function(req):
...
    return GreetingResponse("Hi %s. I' server!"%req.name)
```

这也是 ROS 在用两种语言编程时的差异之一。相比 C++来说，Python 的这种思维方式更加简

单，更符合我们的思维习惯。

（3）创建服务请求节点（Client）

服务请求节点 service_demo/scripts/client_demo.py 的代码如下：

```
#!/usr/bin/env python
# coding:utf-8
# 指定编码类型为 utf-8，是为了使 Python 能够识别中文
# 加载所需模块
import rospy
from service_demo.srv import *

def client_srv():
    rospy.init_node('greetings_client') # 等待有可用的服务"greetings"
    rospy.wait_for_service("greetings")
    try:
        # 定义 service 客户端，service 名称为“greetings”，service 类型为 Greeting
        greetings_client = rospy.ServiceProxy("greetings",Greeting)
        #向 Server 端发送请求，发送的 Request 内容为 name 和 age,其值分别为"HAN"、20
        #此处发送的 Request 内容与 srv 文件中定义的 Request 的属性是一致的
        # resp = greetings_client("HAN",20)
        resp = greetings_client.call("HAN",20)
        greetings_client.call("HAN",20)
        rospy.loginfo("Message From server:%s"%resp.feedback)
except rospy.ServiceException, e:
        rospy.logwarn("Service call failed: %s"%e)

# 如果单独运行此文件，则将上面函数 client_srv()作为主函数运行
if __name__ == '__main__':
    client_srv()
```

4.3.6 param 与 Time

（1）param_demo

相比 roscpp 中有两套对 param 操作的 API，rospy 中关于 param 的函数就显得简单多了，包括了增、删、查、改等用法：rospy.get_param( )、rospy.set_param( )、rospy.has_param( )、rospy.delete_param( )、rospy.check_param( )、rospy.get_param_names( )。下面我们来看看 param_demo 里的代码：

```
#!/usr/bin/env python #  coding:utf-8
import rospy

def param_demo():
    rospy.init_node("param_demo")
    rate = rospy.Rate(1)
    while(not rospy.is_shutdown()):
```

```
        #get param
        parameter1 = rospy.get_param("/param1")
        parameter2 = rospy.get_param("/param2", default=222)
        rospy.loginfo('Get param1 = %d', parameter1)
        rospy.loginfo('Get param2 = %d', parameter2)

        #delete param
        rospy.delete_param('/param2')
        #set param
        rospy.set_param('/param2',2)

        #check param
        ifparam3 = rospy.has_param('/param3')
        if(ifparam3):
        rospy.loginfo('/param3 exists')
        else:
        rospy.loginfo('/param3 does not exist')

        #get  param names
        params = rospy.get_param_names()
        rospy.loginfo('param list: %s', params)
        rate.sleep()

if __name__ == '__main__':
    param_demo()
```

（2）time_demo

① 时钟　rospy 中关于时钟的操作和 roscpp 是一致的，都有 Time、Duration 和 Rate 三个类。Time 标识的是某个时刻（例如今天 22：00），而 Duration 表示的是时长（例如一周），但它们具有相同的结构：秒和纳秒。

② 创建 Time 和 Duration　rospy 中的 Time 和 Duration 的构造函数类似，都是`_init_(self, secs=0, nsecs=0)`，指定秒和纳秒（1ns $=10^{-9}$s）。

```
time_now1 = rospy.get_rostime() #当前时刻的 Time 对象, 返回 Time 对象
time_now2 = rospy.Time.now() #当前时刻的 Time 对象, 返回 Time 对象
time_now3 = rospy.get_time() #得到当前时间, 返回 float 类型数据, 单位为秒
time_4 = rospy.Time(5)  #创建 5s 的时刻
duration = rospy.Duration(3*60) #创建 3min 时长
```

关于 Time、Duration 之间的加减法和类型转换，和 roscpp 中的完全一致，请参考 4.2 节，此处不再重复。

③ sleep　关于 sleep 的用法，Rate 类中的 sleep 主要用来按照固定的频率保持一个循环，循环中一般都是发布消息、执行周期性任务的操作。这里的 sleep 会考虑上次 sleep 的时间，从而使整个循环严格按照指定的频率进行。

```
duration.sleep()    #挂起
rospy.sleep(duration)   #挂起，这两种方式效果完全一致
loop_rate = Rate(5)     #利用 Rate 来控制循环频率
while(rospy.is_shutdown()):
    loop_rate.sleep()   #挂起，会考虑上次 loop_rate.sleep 的时间
```

④ Timer　rospy 里的定时器和 roscpp 中类似，只不过不是用句柄来创建，而是直接用 `rospy.Timer(Duration， callback)`，函数中第一个参数是时长，第二个参数是回调函数。

```
def my_callback(event):
    print 'Timer called at ' + str(event.current_real)

rospy.Timer(rospy.Duration(2), my_callback) #每 2s 触发一次 Callback 函数
rospy.spin()   #考虑上次 loop_rate.sleep 的时间
```

同样不要忘了 `rospy.spin()`，只有 spin 才能触发回调函数。回调函数传入的值是 TimerEvent 类型，该类型包括以下几个属性：

```
rospy.TimerEvent
    last_expected
    #理想情况下为上一次回调应该发生的时间
    last_real
    #上次回调实际发生的时间
    current_expected
    #本次回调应该发生的时间
    current_real
    #本次回调实际发生的时间
    last_duration
    #上次回调所用的时间（结束 ~ 开始）
```

4.4　本章小结

通过对本章的学习，你应该知道了 ROS 客户端库的概念，熟悉了目前最常用的 roscpp 和 rospy 的客户端库以及它们的组成部分 topic、service、param 等，为以后机器人的编程打下了基础。此外，我们在本章分别介绍了 roscpp 和 rospy 中函数的定义、函数的用法，以及几种通信方式的具体格式和实现方法。你会发现 roscpp 和 rospy 既有相似之处，又有不同之处，并且它们都有各自的优缺点。掌握这两种客户端库，对于我们的 ROS 编程会有极大的帮助。

习题四

1. [多选] ROS 的 Client Library 支持哪些编程语言？

A. LISP　　B. Java　　C. C++　　D. Python

2. [单选]当 Subscriber 接收到消息时，会以什么机制来处理？

A.通知服务　　B.事件服务　　C.回调　　D.信号槽

3. [单选]创建一个Publisher，发布的topic为“mytopic”，msg类型为std_msg/Int32，以下创建方法正确的是：

A. `ros::NodeHandle nh;`
`ros::Publisher pub = nh.advertise<std_msgs::Int32>("mytopic", 10);`

B. `ros::Publisher pub("mytopic", std_msgs::Int32, 10);`

C. `ros::Publisher<std_msgs::Int32> pub("mytopic", 10);`

D. `ros::NodeHandle nh;`
`ros::Publisher pub = nh.advertise("mytopic", std_msgs::Int32, 10);`

4. [单选]以下选项中关于rospy的描述，错误的是：

A.许多ROS的命令行工具都是基于rospy开发的，例如rostopic和rosservice

B.导航规划、视觉SLAM等任务适合用rospy开发

C. rospy是基于Python语言的ROS接口

D. rospy提供了操作ROS topics、services、params的接口

5. [多选]下列哪些函数是会阻塞的？

A. rospy.wait_for_service( )　　B. rospy.loginfo( )

C. rospy.spin( )　　D. rospy.wait_for_message( )

6. [单选] `parameter2 = rospy.get_param("/param2",default=123)`函数语句的功能是：

A.在parameter server上搜索/param2参数，将其值存入parameter2变量，等待时间为123s

B.在parameter server上搜索/param2参数，如果有则将其值存入parameter2变量，如果没有则将123存入parameter2变量

C.在parameter server上检查/param2参数，检查其值是否为123

D.在parameter server上设置/param2参数，默认设置为123

7. [判断] rospy中没有NodeHandle（句柄）的概念。

A.正确　　B.错误

第5章 坐标变换TF及编程

机器人的坐标变换一直以来是机器人学的一个难点，我们人类在进行一个简单的动作时，从思考到实施行动再到完成动作可能仅仅需要几秒，但是对机器人来讲就需要进行大量的计算和坐标变换。

首先我们从认识 TF 开始，然后学习 TF 消息和 TF 树，在后面我们还将介绍 TF 的数据类型和在 C++以及 Python 中的一些函数和类。

5.1 认识 TF

5.1.1 简介

TF（TransForm）就是坐标变换，TF 是 ROS 世界里一个基本的也是很重要的概念。在现实生活中，我们的各种行为都可以在很短的时间里完成，比如拿起身边的物品，但是在机器人的世界里，则远远没有那么简单。

观察如图 5.1 所示的机器人，我们直观上不认为拿起物品会有什么难度，站在人类的立场上，我们也许会想到手向前伸、抓住、收回，就完成了这整个一系列的动作。但是如今的机器人远远没有这么智能，它能得到的只是各种传感器发送回来的数据，然后它再对各种数据进行处理，比如手臂弯曲 45°，再向前移动 20cm 等这种十分精确的数据，尽管如此，机器人依然没法做到像人类一样自如地进行各种行为操作。那么在这个过程中，TF 又扮演着什么样的角色呢？还拿图 5.1 来说，当机器人的“眼睛”获取一组关于物体的坐标方位的数据时，对于机器人手臂来说，这个坐标只是相对于机器人头部的传感器的数据，并不直接适用于机器人手臂执行，那么物体相对于头部和手臂之间的坐标变换，就是 TF。

坐标变换包括了位置和姿态两个方面的变换，ROS 中的 TF 是一个可以让用户随时记录多个坐标系的功能包。TF 维护缓存的树形结构中的坐标系之间的关系，并且允许用户在任何期望的时间点和任何两个坐标系之间转换点、矢量等。

5.1.2 ROS 中的 TF

观察图 5.2，我们可以看到 ROS 数据结构的一个抽象图，ROS 中机器人模型包含大量的部件，每一个部件都称为 link（比如手部、头部、某个关节、某个连杆），每一个 link 上面对应着一个

frame（坐标系），用 frame 表示该部件的坐标系，frame 和 link 是绑定在一起的，TF 就可以实现 frame 之间的坐标变换。TF 是一个通俗的名称，实际上它有很多含义。

图 5.1 PR2 机器人

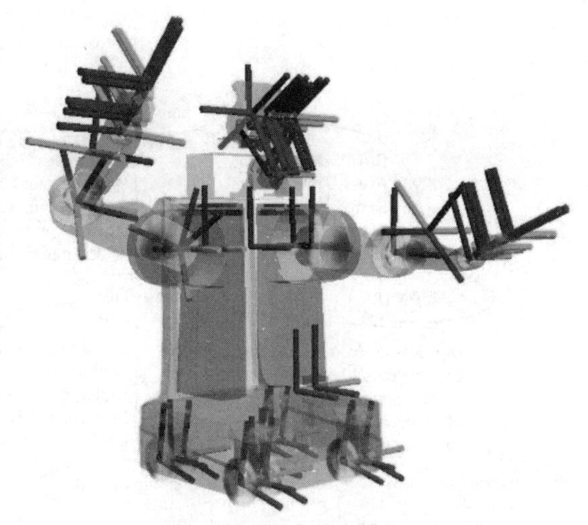
图 5.2 PR2 机器人模型

① 可以被当作是一种标准规范，这种标准定义了坐标变换的数据格式和数据结构，TF 本质是树状的数据结构，即“TF Tree”。

② TF 也可以看成是一个话题/tf，话题中的消息保存的就是 TF Tree 的数据结构格式，维护了整个机器人，甚至是地图的坐标变换关系。维持并更新机器人整个坐标系的话题是/tf，/tf 话题表示的内容是整个机器人的 TF Tree，而非仅仅是某两个坐标系之间的变换关系，这样的话，/tf 话题是需要很多的节点来维护的，每一个节点维护两个 frame 之间的关系。

③ TF 还可以看成是一个 package，它包含了很多的工具。比如可视化、查看关节间的 tf、debug tf 等。

④ TF 含有一部分的 API 接口，就是 roscpp 和 rospy 里关于 TF 的 API，用作节点程序中的编程。TF 对发布器与订阅器进行了封装，使开发者通过 TF 的接口更加简单地建立对 TF 树中某些坐标系变换关系的维护与订阅。

如图 5.2 所示的 PR2 机器人模型，我们可以看到有很多的 frame，错综复杂地分布在机器人的各个 link 上。维护各个坐标系之间的关系，就要靠 TF Tree 来处理。如图 5.3 所示的 TF 树，是我们常用的 robot_sim_demo 运行起来的 TF Tree 结构，每一个圆圈代表一个 frame，对应着机器人上的一个 link，任意的两个 frame 之间都必须是连通的，如果出现某一环节的断裂，就会引发系统报错。所以，完整的 TF Tree 不能有任何断层的地方，这样我们才能查清楚任意两个 frame 之间的关系。

仔细观察，我们发现每两个 frame 之间都有一个 broadcaster，这就是为了使得两个 frame 之间能够正确连通，中间都会有一个节点来发布消息。如果缺少节点来发布消息维护连通，那么这两个 frame 之间的连接就会断掉。broadcaster 就是一个 Publisher，如果两个 frame 之间发生了相对运动，broadcaster 就会发布相关消息。

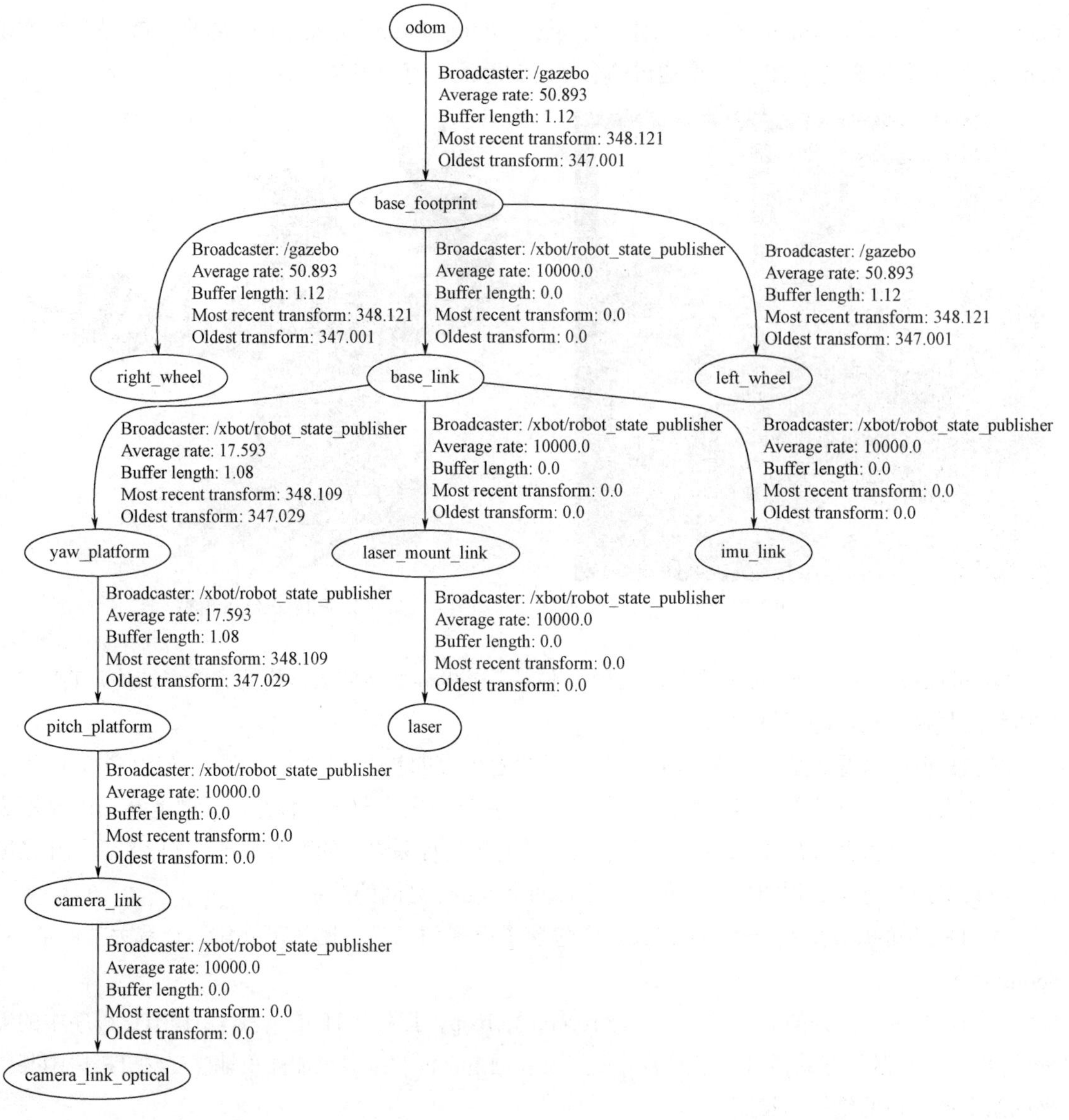

图 5.3 TF 树

5.1.3 ROS 中 TF 坐标的基本规则

（1）ROS 的坐标系统使用右手法则

在 ROS 中坐标系总是三维的，而且遵循右手法则，*Z* 轴用拇指表示，*X* 轴用食指表示，*Y* 轴用中指表示。*X* 轴指向前方，*Y* 轴指向左方，*Z* 轴指向上方。研究坐标系绕某轴旋转时，也是用右手法则，右手握住坐标轴，大拇指的方向朝着坐标轴朝向的正方向，四指环绕的方向即为沿着这个坐标轴旋转的正方向。ROS 坐标系及对应的右手法则示意图如图 5.4 所示。

在 Rviz 中，默认 *X* 轴是红色、*Y* 轴是绿色、*Z* 轴是蓝色，也就是 *XYZ* 对应 RGB，如图 5.5 所示。

（2）用于旋转的四元数必须是单位四元数

欧拉角使用绕 *X*、*Y*、*Z* 三个轴的旋转来表示物体的旋转：

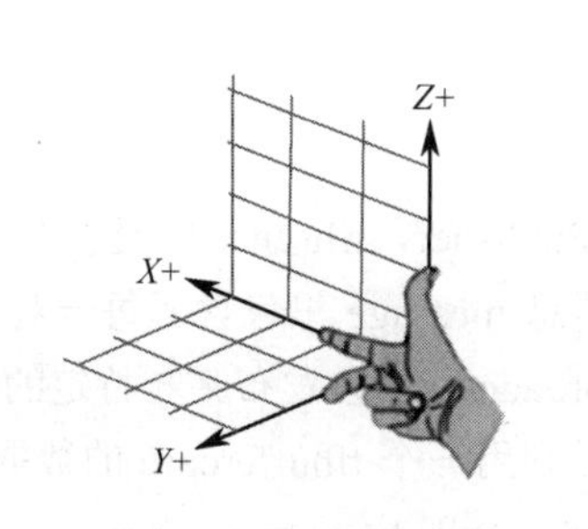

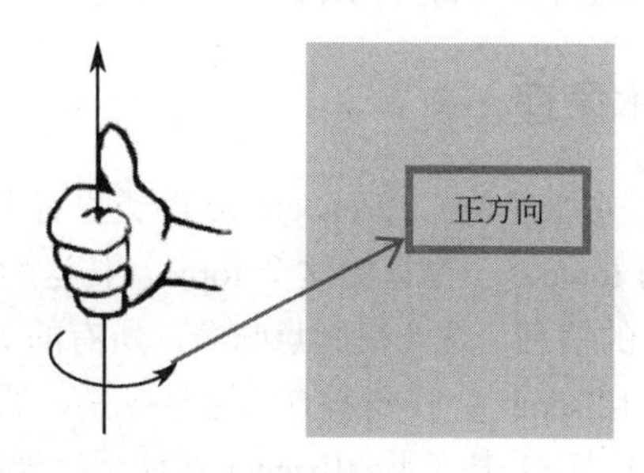

(a) ROS三维坐标系　　(b) 右手法则

图 5.4 坐标系与右手法则示意图

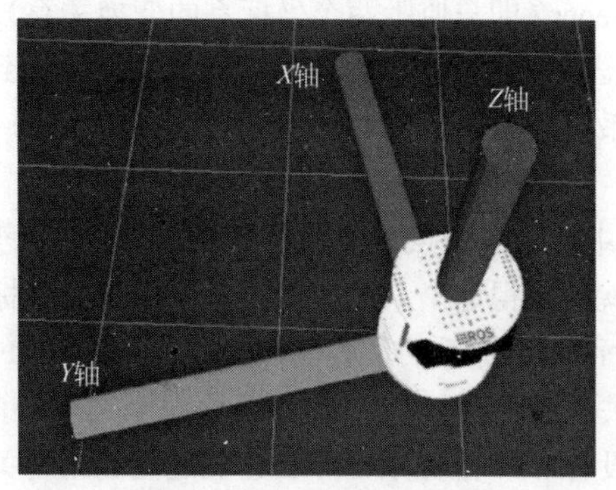

图 5.5 Rviz 中的坐标系

① 绕 Z 轴旋转，称之为航向角，使用 yaw 表示。

② 绕 X 轴旋转，称之为横滚角，使用 roll 表示。

③ 绕 Y 轴旋转，称之为俯仰角，使用 pitch 表示。

四元数[如式（5.1)]是使用旋转的向量加一个旋转的角度来表示物体的旋转。

$$Q=(x,y,z,w) \tag{5.1}$$

四元数的模使用式（5.2）计算：

$$|p|=\sqrt{x^2+y^2+z^2+w^2} \tag{5.2}$$

用于旋转的四元数，它的模必须为 1。

（3）机器人中的坐标系

机器人自身坐标系一般用 base_link 表示，所在位置为原点，朝向的方向为 X 轴正方向，左方为 Y 轴正方向，头顶是 Z 轴正方向。

里程计坐标系用 odom 表示，在这个坐标系中得到的测量值通常是基于轮速里程计、视觉里程计或者惯性单元得到的。在这个坐标系中，新坐标值通常是根据前一个时刻的坐标得到的。优点：坐标值是连续的并且以平稳的方式演变，没有离散的跳跃。缺点：测量产生的误差会累计，只适合于短时程相对定位。

还有个很重要的是 map 坐标系，它的坐标值通常是通过传感器的数据重新计算或测量得到的。优点：由于每次得到的坐标值都是重新测量、计算得到的，累计误差影响较小。缺点：坐标数据会有跳变，适合于长时程绝对定位。

5.2 TF 原理和 TF 消息

5.2.1 TF 基本原理

TF 的基本工作原理是：tfbroadcastor 的类里有个 Publisher，tflisener 的类里有个 Subscriber，一个发布叫/tf 的 topic，一个订阅这个 topic，传送的消息 message 里包含了每一对 parent frameid 和 child frameid 的信息。这个机制意味着，所有的 tfbroadcastor 会发布某一特定的 parent 到 child 的变换，而所有 tflisener 会收到所有的这些变换，然后利用一个 tfbuffercore 的数据结构维护一个完整的树结构及其状态。基于此，tflisener 在使用这棵树时，会用 lookuptransform 或 waitfortransform 来获得任意坐标系之间的变换。

这样，即使只有一个 tflisener（即只监听两个坐标系的变换关系），也要跟所有的 tfbroadcastor 建立连接，就要收取/tf 上的整个 TF 树，还要负责搜索这棵树，找到一条变换的路径，然后通过变换矩阵相乘得到两个坐标系最终的变换关系。

（1）TF 树的结构

TF 库的目的是实现系统中任意一个点在所有坐标系之间的坐标变换。也就是说，只要给定一个坐标系下一个点的坐标，就能获得这个点在其他任意坐标系的坐标。为了达到上述目的，就需要提供当前 ROS 系统中任意两个坐标系的位姿变换关系。那么，TF 是用什么方式来描述与记录任意两个坐标系的位姿变换关系的呢？

这里存在一个问题。假设有 n 个坐标系，那么它们之间的组合关系有 C（n，2）个。如果这样穷举个数会非常多，所以不会采用这个方法。为了更合理、更高效地表示任意坐标系的变换关系，TF 使用多层、多叉树的形式来描述 ROS 系统的坐标系，树中的每一个节点都是一个坐标系。TF 树的特点是每个节点只有一个父节点，即采用每个坐标系都有一个父坐标系，可以有多个子坐标系的原则。

（2）TF 坐标系表示规范

每个坐标系都有一个父坐标系，可以有多个子坐标系。TF 树就是以父子坐标系的形式来组织的，最上面是父坐标系，往下是子坐标系。在 TF 树中具有父子关系的坐标系是相邻的，用带箭头的线连接起来。在 TF 树中用箭头表示这种父子关系。如图 5.6 所示的 TF 树中 base_link 坐标系是 base_footprint 的子坐标系，base_cover_link 坐标系也是 base_footprint 的子坐标系。

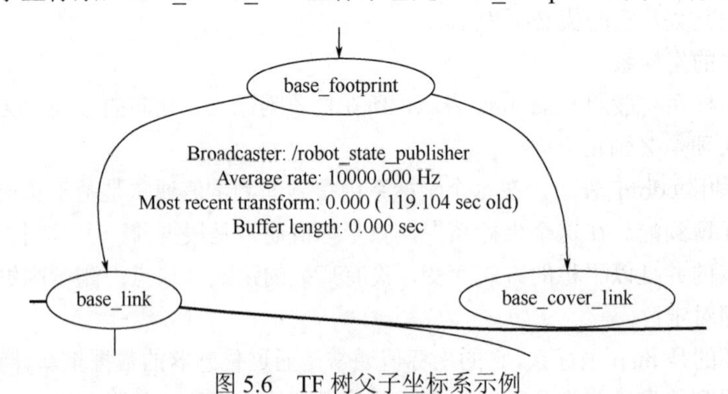

图 5.6　TF 树父子坐标系示例

TF 坐标系的描述规范有以下几点：

① source、target frame 是在进行坐标变换时的概念，source frame 是坐标变换的源坐标系，target frame 是目标坐标系。这个时候，这个变换代表的是坐标变换。

② parent、child frame 是在描述坐标系变换时的概念，parent frame 是原坐标系，child frame 是变换后的坐标系。这个时候，这个变换代表的是坐标系变换，也是 child 坐标系在 parent 坐标系下的描述。

③ a frame 到 b frame 的坐标系变换（frame transform），也表示了 b frame 在 a frame 中的描述，也代表了把一个在 b frame 里点的坐标变换成在 a frame 里坐标的坐标变换。

④ 从 parent 到 child 的坐标系变换（frame transform）等同于把一个点从 child 坐标系向 parent 坐标系的坐标变换，等于 child 坐标系在 parent 坐标系中的姿态描述。

（3）TF 树的通信方式与 TF 树的具体表示

TF 树的建立和维护是基于 topic 通信机制的。根据 TF 树的原理，它是靠建立与维护每个父子坐标系的变换关系来维护整个系统所有坐标系的变换关系。每个 parent 坐标系到 child 坐标系的变换关系是靠被称为 broadcaster 的发布器节点来持续发布的。

虽然是靠 topic 通信机制发布的 parent 坐标系到 child 坐标系的变换，但并不是让每一对父子坐标系都发布一个话题，实际上发布的唯一话题是/topic，该话题集合了所有发布的父子坐标系的变换关系。使用 TF 的 tflisener 就可以监听任意两个坐标系的变换关系，前提是 TF 树能把这两个坐标系连通。

（4）TF 树的建立

在开始建立 TF 树的时候需要指定第一个父坐标系（parent frame）作为最初的坐标系。比如机器人系统中的 map 坐标系。在第一次发布一个从已有的 parent frame 到新的 child frame 的坐标系变换时，这棵树就会添加一个树枝，之后就是维护。TF 树的建立和维护靠的是 TF 提供的 tfbroadcastor 类的 sendtransform 接口。transformBroadcaster 类就是一个 Publisher，而 sendTransform 的作用是来封装 publish 的函数。

（5）TF 树的维护

在运行过程中要不断更新已有的 parent frame 到已有的 child frame 的坐标系变换，从而保证最新的位姿变换关系。作为树状结构，要保证父子 frame 都有某个节点在持续地发布这两个 frame 之间的位姿关系，才能使树状结构保持完整。只有每一个父子的 frame 的位姿关系能被正确地发布，才能保证任意两个 frame 之间的连通。

（6）TF 树的使用

一旦正常建立一个 TF 树，保证每个父子坐标系都能得到正常的维护，那么就可以利用 TF 提供的订阅器，订阅任意两个坐标系的变换关系。

如何根据 TF 树得到任意坐标系的变换关系？其实订阅器是收取的/tf 话题上的消息，该消息集合了所有发布的父子坐标系的变换关系。订阅器接收的其实是当前时刻的整个 TF 树，然后搜索这棵树，根据不同的父子坐标系关系找到一条变换的路径。这条变换路径就能通过父子关系通路连接起所求的这两个坐标系，从而通过将该通路上的变换矩阵不断相乘得到最终所求的这两个坐标系的变换关系。

TF 对发布器与订阅器进行了封装，使开发者通过 TF 的接口更加简单地建立对 TF 树中某些坐标系变换关系的维护与订阅。用 TF 的 tflisener 监听某一个指定的从一个 a frame 到 b frame 的变换关系即可。

5.2.2 TF 数据类型

（1）基本数据类型

TF 数据主要有以下几种基本类型，分别对应四元数、向量、点坐标、位姿和转换模板，如表 5.1 所示。

表 5.1 TF 基本数据类型

类型	TF	名称
Quaternion	tf::Quaternion	四元数
Vector	tf::Vector3	向量
Point	tf::Point	点坐标
Pose	tf::Pose	位姿
Transform	tf::Transform	转换模板

（2）tf::Stamped <T>

tf::Stamped<T>数据类型是在上述所有基本类型（除了 tf::Transform）的基础上具有元素 frame_id_和 stamp_的模板化。

```
template <typename T>
class Stamped : public T{
   public:
      ros::Time stamp_;
      srd::string frame_id_;
      Stamped() : frame_id_ ("NO_ID_STAMPED_DEFALUT_CONSTRUCTION"){}; //默认构造
函数仅用于预分配
      Stamped(const T4 input, const ros::Time& timestamp, const std::string &
frame_id);
      void setData(const T& input);
};
```

（3）tf::StampedTransform

tf::StampedTransform 数据类型是 tf::Transform 的一个特例，同时要求具有 frame_id、stamp 和 child_frame_id。

```
/** 简要介绍 TF 使用的标记转换数据类型 */
class StampedTransform : public tf::Transform{
    public:
       ros::Time stamp_;
       std::string frame_id_;
       std::string child_frame_id_;
       StampedTransform(const tf::Transform& input, const ros::Time& timestamp,
const std::string & frame_id, const std::string & child_frame_id);
       tf::Transform(input), stamp_ (timestamp), frame_id_ (frame_id),child_
frame_id_(child_frame_id){ };
       /** 默认构造函数仅用于预分配 */
       StampedTransform() { };
```

```
        /** 简要设置继承的变换数据 */
        void setData(const tf::Transform& input){*static_cast<tf::Transform*>
(this) = input;};
};
```

5.2.3 TF 特点

TF 的优点如下：

① 各种数值计算的细节，你不用考虑，TF 库可以帮你。

② 接口很简洁，会广播和监听就行。

③ 问题找得很准，那就是需要维护坐标系之间的关系，尤其是父子坐标系的关系。

④ 提供了很多工具程序。

⑤ 考虑了与时间相关的变换。

⑥ 支持 tf-prefix，可以在多机器人上用。通过让不同机器人使用不同的 prefix，来区分机器人。如果只有一个机器人，一般是使用“/”。

TF 的缺点如下：

① 树的结构很简单，但有时候很笨拙。对于同级的坐标系，就需要从下到上找到共同先辈，然后从这个先辈再往下找，进而确定二者的关系。

② 每个订阅器要想获得某两个坐标系的关系，都要搜索同一棵树，这样的开销太大，主要是网络传输的负荷比较大。

③ 很难满足实时性的要求，这一点显而易见。这也是为什么 TF 会将每个变换的数据存 10 秒。

④ 虽然整体比较容易上手但是很多细节不易理解。比如，now( ) 和 time(0)；比如，技术文档里的一些名词术语；比如，采用了机器人里的习惯，与飞行器、惯性导航、车辆里的习惯区别较大，使用时不能想当然。

5.2.4 TF 消息

（1）TF 消息：两个 frame 之间的消息

每个父子坐标系之间都会有 broadcaster 节点来发布消息维护坐标之间的变换关系。TransformStampded.msg 就是/tf 话题消息。该消息格式用来表示两个 frame 之间一小段 TF 变换的相对坐标关系。

ROS 实际上是靠 TF Tree 来表示整个系统的坐标系关系的，而非简单地靠多个两两父子坐标系的变换关系来描述。这里，TransformStampded.msg 消息的 TF Tree 消息类型的片段即其中的一对父子坐标系位姿的描述方式，TF Tree 消息类型基于 TransformStampded.msg 消息，因此先介绍 TransformStampded.msg。TransformStampded.msg 本质上描述的是 TF Tree 中一小段 TF 变换。具体消息类型是 geometry_msgs/TransformStamped，可见该消息类型是属于 geometry_msgs 程序包的，而非 TF 包。该消息标准格式规范如下：

```
std_mags/Header header
     uint32 seq
```

```
        time stamp
        string frame_id
        string child_frame_id
        geometry_msgs/Transform transform
        geometry_msgs/Vector3 translation
                float64 x
                float64 y
                float64 z
        geometry_msgs/Quaternion rotation
```

该消息表示的是当前坐标系 frame_id 和它的子坐标系 child_frame_id 之间的变换关系。具体的转换位姿是由 geometry_msgs/Transform 消息类型来定义的，该消息类型用三维向量表示平移，用四元组表示旋转。

（2）TF 消息：TF 树的消息类型

/tf 话题表示的内容是整个机器人的 TF 树，而非仅仅是某两个坐标系的变换关系，这样的话，/tf 话题需要很多的节点来维护，每一个节点维护两个父子 frame 之间的关系。即一个/tf 话题可能会有很多个节点向其发送消息。这样就相当于 TF Tree 是由很多的 frame 之间的 TF 拼接而成。上文提到的 TransformStampded.msg 消息类型表示的是两个 frame 之间的 TF 关系，接下来要介绍真正在/tf 话题上进行传输的 TF Tree 的消息类型。

在 TF2 中的 TF 树对应的消息类型是 tf2_msgs/TFMessage.msg。可见该消息位于 tf2_msgs 程序包内。tf2_msgs/TFMessage 消息的具体格式：

```
geometry_msgs/TransformStamped[] transforms
        std_msgs/Header header
                uint32 seq
                time stamp
                string frame_id
        string child_frame_id
        geometry_msgs/Transform transform
                geometry_msgs/Vector3 translation
                        float64 x
                        float64 y
                        float64 z
                geometry_msgs/Quaternion rotation
                        float64 x
                        float64 y
                        flaot64 z
                        float64 w
```

由此可以看出 TF 树的消息类型实际上就是一个 TransformStamped 类型定义的可变长度数组。也就是说，本质就是由很多对 frame 之间的 TF 消息 TransformStamped 形成描述整个机器人的 TF 树的消息类型 tf2_msgs/TFMessage.msg。

5.3 TF 编程基础

5.3.1 TF 功能包及官方实例

那么我们该怎么应用 TF 呢？这里先以 ROS 官方给出的实例作为演示。首先我们先输入以下命令安装 TF 功能包。

```
$ sudo apt-get install ros-kinetic-turtle-tf
```

执行以下命令：

```
$ roslaunch turtle_tf turtle_tf_demo.launch
$ rosrun turtlesim turtle_teleop_key
```

通过键盘控制初始化在中心的海龟进行运动，可以看到另一只海龟自动跟随，如图 5.7 所示。

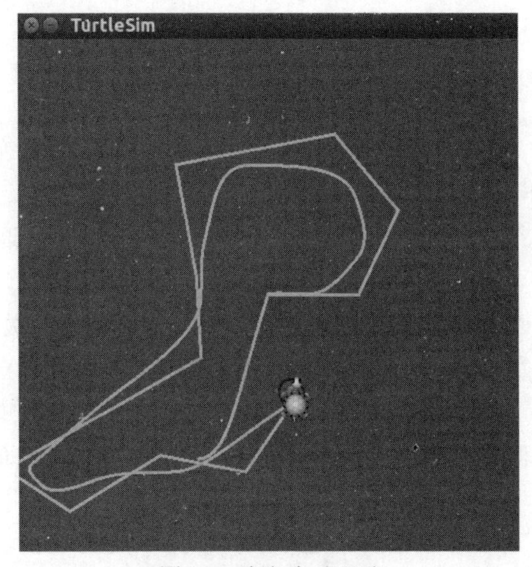

图 5.7 海龟自动跟随

该过程主要通过 turtle1 和 turtle2 之间的坐标变换实现。我们可以通过下列命令得到系统中所运行的所有坐标系的结构关系图以及节点信息图，如图 5.8 和图 5.9 所示。

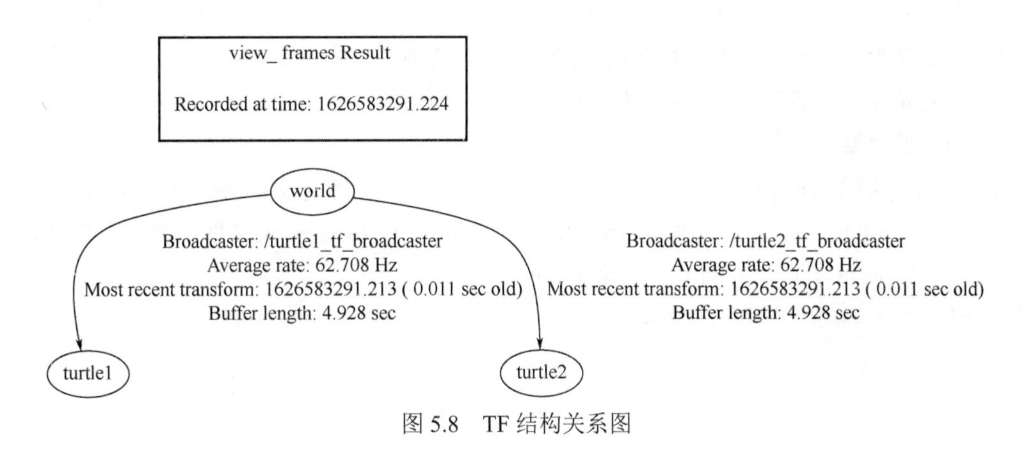

图 5.8 TF 结构关系图

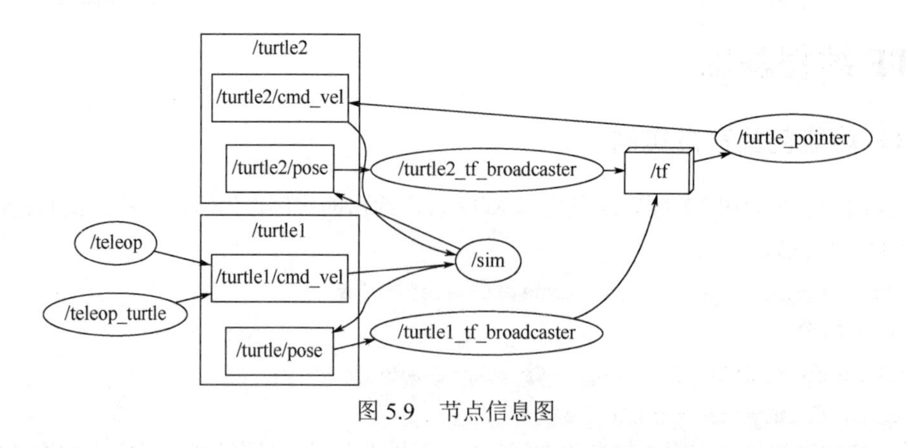

图 5.9 节点信息图

```
$ rosrun tf view_frames    #创建一个 TF 监听器监听 5s，得到 TF 结构关系图
$ rqt_graph    #查看节点信息
```

5.3.2 TF 编程基础

当我们使用 TF 包时，需要编写两个程序，分别用来执行监听 TF 变换和广播 TF 变换的功能，我们称它们为 TF 监听器和 TF 广播器。

TF 监听器：监听 TF 变换，接收并缓存系统中发布的所有参考系变换关系，并从中查询所需要的参考系变换关系。

TF 广播器：广播 TF 变换，向系统中广播参考系之间的坐标变换关系。系统中可能会存在多个不同部分的 TF 变换广播，但每个广播都可以直接将参考系变换关系直接插入 TF 树中，不需要再进行同步。

下面我们以官方的教程为例，该程序实现了前文如图 5.7 所示的海龟自动跟随的效果。

（1）TF 广播器

实现功能：创建 TF 广播器，创建坐标变换值并实时发布坐标变换。实现代码见 turtle_tf 包中的 turtle_tf_broadcaster.py 文件，编程思路如下：

① 初始化 ROS 节点，并订阅 turtle 的位置消息。

② 循环等待话题消息，接收到消息之后进入回调函数，该回调函数用以处理并发布坐标变换。

③ 在该回调函数内部定义一个广播器。

④ 根据接收到的小海龟的位置消息，创建坐标变换值。

⑤ 通过定义的广播器发布坐标变换。

（2）TF 监听器

实现功能：创建 TF 监听器，创建第二只海龟，监听坐标变换并发布运动控制指令，使第二只海龟向第一只海龟运动。实现代码见 turtle_tf 包中的 turtle_tf_listener.py 文件，编程思路如下：

① 初始化 ROS 节点，并向节点管理器注册节点信息。

② 通过服务调用产生第二只海龟。

③ 创建 turtle2 的速度控制发布器。

④ 创建 TF 监听器并监听 turtle2 相对于 turtle1 的坐标变换。

⑤ 根据坐标变换发布速度控制指令。

（3）启动文件

配置 turtle_tf_demo.launch 文件启动官方例程。该文件编程思路如下：

① 启动小海龟节点。

② 启动小海龟控制节点，用于控制小海龟运动。

③ 分别启动 turtle1 和 turtle2 的 TF 广播器。

④ 启动 TF 监听器。

5.4 TF in C++

5.4.1 简介

前面我们介绍了 TF 的基本的概念、TF 树消息的格式类型和 TF 编程的基本方法，我们知道，TF 不仅仅是一个标准、话题，它还是一个接口。下面我们就介绍 C++中 TF 的一些函数和写法。

5.4.2 数据类型

C++中给我们提供了很多 TF 的数据类型，如表 5.2 所示。

表 5.2 TF 的数据类型

名称	数据类型
向量	tf::Vector3
点	tf::Point
四元数	tf::Quaternion
3×3 矩阵（旋转矩阵）	tf::Matrix3x3
位姿	tf::pose
变换	tf::Transform
带时间戳的以上类型	tf::Stamped
带时间戳的变换	tf::StampedTransform

易混注意：虽然此表的最后带时间戳的变换数据类型为 tf::StampedTransform，和上节我们所讲的 geometry_msgs/TransformStamped.msg 看起来很相似，但是其实数据类型完全不一样，tf::StampedTransform 只能用在 C++里，只是 C++的一个类、一种数据格式，并不是一个消息；而 geometry_msgs/TransformStamped.msg 是一个 message，它依赖于 ROS，与语言无关，也即是无论何种语言，C++、Python、Java 等，都可以发送该消息。

5.4.3 数据转换

在 TF 里可能会遇到各种各样数据的转换，例如常见的四元数、旋转矩阵、欧拉角这三种数据之间的转换，如图 5.10 所示。

TF in roscpp 给了我们解决该问题的函数，详细源码在我们提供的代码包中。TF 中与数据转换相关的函数都包含在#include<tf/tf.h>头文件中，我们将与数据转换相关的 API 都存在 tf_demo 的 coordinate_transformation.cpp 中，其中列表如下。

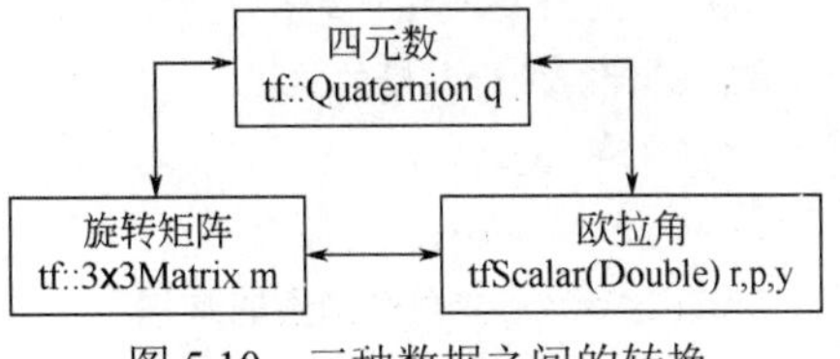

图 5.10 三种数据之间的转换

（1）定义空间点和空间向量

空间点和空间向量计算的相关函数如表 5.3 所示。

表 5.3　空间点和空间向量计算的相关函数表

函数名称	函数功能
tfScalar::tfDot(const Vector3 &v1, const Vector3 &v2)	计算两个向量的点积
tfScalar length( )	计算向量的模
Vector3 &normalize( )	求与已知向量同方向的单位向量
tfScalar::tfAngle(const Vector3 &v1, const Vector3 &v2)	计算两个向量的夹角
tfScale::tfDistance(const Vector3 &v1, const Vector3 &v2)	计算两个向量的距离
tfScale::tfCross(const Vector3 &v1,const Vector3 &v2)	计算两个向量的乘积

示例代码如下：

```
#include<ros/ros.h> #include <tf/tf.h>
//退出用：ctrl+z
int main(int argc, char** argv){
    //初始化
    ros::init(argc, argv, "coordinate_transformation");
    ros::NodeHandle node;
    tf::Vector3 v1(1,1,1);
    tf::Vector3 v2(1,0,1);
    //第 1 部分，定义空间点和空间向量
    std::cout<<"第 1 部分，定义空间点和空间向量"<<std::endl;
    //1.1 计算两个向量的点积
    std::cout<<"向量 v1:"<<"("<<v1[0]<<","<<v1[1]<<","<<v1[2]<<"),";
    std::cout<<"向量 v2:"<<"("<<v2[0]<<","<<v2[1]<<","<<v2[2]<<")"<<std::endl;
    std::cout<<"两个向量的点积："<<tfDot(v1,v2)<<std::endl;
    //1.2 计算向量的模
    std::cout<<"向量 v2 的模值:"<<v2.length()<<std::endl;
    //1.3 求与已知向量同方向的单位向量
    tf::Vector3 v3;
    v3=v2.normalize();
    std::cout<<"与向量 v2 同方向的单位向量
    v3:"<<"("<<v3[0]<<","<<v3[1]<<","<<v3[2]<<")"<<std::endl;
    //1.4 计算两个向量的夹角
    std::cout<<"两个向量的夹角(弧度):"<<tfAngle(v1,v2)<<std::endl;
    //1.5 计算两个向量的距离
    std::cout<<"两个向量的距离:"<<tfDistance2(v1,v2)<<std::endl;
    //1.6 计算两个向量的乘积
    tf::Vector3 v4;
    v4=tfCross(v1,v2);
    std::cout<<"两个向量的乘积
    v4:"<<"("<<v4[0]<<","<<v4[1]<<","<<v4[2]<<")"<<std::endl;
```

```
    return 0;
};
```

（2）定义四元数

四元数相关的函数如表 5.4 所示。

表 5.4 四元数相关的函数表

函数名称	函数功能
setRPY(const tfScalar& yaw, const stScalar &pitch, const tfScalar &roll)	由欧拉角计算四元数
Vector3 getAxis( )	由四元数得到旋转轴
setRotation(const Vector3 &axis, const tfScalar& angle)	已知旋转轴和旋转角，估计四元数

示例代码如下：

```
#include <ros/ros.h>
#include <tf/tf.h>
//退出用: ctrl+z
int main(int argc, char** argv){
    //初始化
    ros::init(argc, argv, "coordinate_transformation"); ros::NodeHandle node;
    std::cout<<"第 2 部分, 定义四元数"<<std::endl;
    //2.1 由欧拉角计算四元数
    tfScalar yaw,pitch,roll; yaw=0;pitch=0;roll=0;
    std::cout<<"欧拉角 rpy("<<roll<<","<<pitch<<","<<yaw<<")";
    tf::Quaternion q; q.setRPY(yaw,pitch,roll);
    std::cout<<", 转换到四元数
    q:"<<"("<<q[3]<<","<<q[0]<<","<<q[1]<<","<<q[2]<<")"<<std::endl;
    //2.2 由四元数得到旋转轴 tf::Vector3 v5; v5=q.getAxis()
    std::cout<<"四元数 q 的旋转轴
    v5"<<"("<<v5[0]<<","<<v5[1]<<","<<v5[2]<<")"<<std::endl;
    //2.3 由旋转轴和旋转角来估计四元数
    tf::Quaternion q2; q2.setRotation(v5,1.570796);
    std::cout<<"旋转轴 v5 和旋转角度 90°, 转换到四元数 q2:"<<"("<<q2[3]<<","<<q2[0]<<","
    <<q2[1]<<","<<q2[2]<<")"<<std::endl; return 0;
};
```

（3）定义旋转矩阵

旋转矩阵相关函数如表 5.5 所示。

表 5.5 旋转矩阵相关函数

函数名称	函数功能
setRotation(const Quaternion &q)	通过四元数得到旋转矩阵
getEulerYPR(tfScalar &yaw, tfScalar &pitch, tfScalar &roll)	由旋转矩阵求欧拉角

示例代码如下：

```
#include <ros/ros.h> #include <tf/tf.h>
```

```
//退出用: ctrl+z
int main(int argc, char** argv){
    //初始化
    ros::init(argc, argv, "coordinate_transformation"); ros::NodeHandle node;
    //第 3 部分, 定义旋转矩阵
    std::cout<<"第 3 部分, 定义旋转矩阵"<<std::endl;
    //3.1 通过四元数得到旋转矩阵
    tf::Quaternion q2(1,0, 0,0) ;
    tf::Matrix3x3 Matrix; tf::Vector3 v6,v7,v8; Matrix.setRotation(q2);v6=Matrix
    [0]; v7=Matrix[1]; v8=Matrix[2];
    std::cout<<"四元数q2对应的旋转矩阵M:"<<v6[0]<<","<<v6[1]<<","<<v6[2]<<std::endl;
    std::cout<<"    "<<v7[0]<<","<<v7[1]<<","<<v7[2]<<std::endl;
    std::cout<<"    "<<v8[0]<<","<<v8[1]<<","<<v8[2]<<std::endl;
    //3.2 通过旋转矩阵求欧拉角
    tfScalar m_yaw,m_pitch,m_roll; Matrix.getEulerYPR(m_yaw,m_pitch,m_roll);
    std::cout<<"由旋转矩阵 M,得到欧拉角
    rpy("<<m_roll<<","<<m_pitch<<","<<m_yaw<<")"<<std::endl;
    return 0;
};
```

此外，在 tf_demo 的教学包中，我们还提供了常见的欧拉角与四元数的互换，详见 Euler2Quaternion.cpp 与 Quaternion2Euler.cpp。

5.4.4 TF 类

（1）tf::TransformBroadcaster 类

这个类在前面讲 TF 树的时候提到过，这个 broadcaster 就是一个 Publisher，而 sendTransform 的作用是封装 publish 的函数。在实际使用中，我们需要在某个 Node 中构建 tf::TransformBroadcaster 类，然后调用 sendTransform( ) 函数，将 transform 发布到/tf 的一段 transform 上。/tf 里的 transform 为我们重载了多种不同的函数类型。我们的 tf_demo 教学包中提供了相关的示例代码 tf.broadcaster.cpp：

```
transformBroadcaster()
void sendTransform(const StampedTransform &transform)
void sendTransform(const std::vector<StampedTransform> &transforms)
void sendTransform(const geometry_msgs::TransformStamped &transform)
void sendTransform(const std::vector<geometry_msgs::TransformStamped>
&transforms)
```

（2）tf::TransformListener 类

上一个类是向/tf 发送的类，那么这一个就是/tf 接收的类。首先看 lookuptransform( ) 函数，第一个参数是目标坐标系，第二个参数为源坐标系，也即得到从源坐标系到目标坐标系之间的变换关系，第三个参数为查询时刻，第四个参数为存储变换关系的位置。值得注意，第三个参数通常

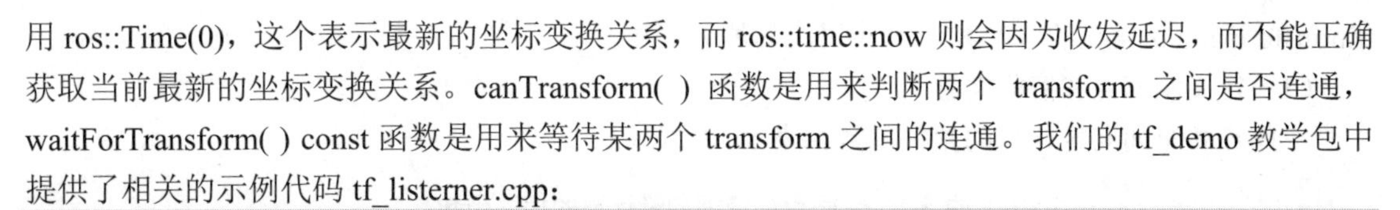

用 ros::Time(0)，这个表示最新的坐标变换关系，而 ros::time::now 则会因为收发延迟，而不能正确获取当前最新的坐标变换关系。canTransform( ) 函数是用来判断两个 transform 之间是否连通，waitForTransform( ) const 函数是用来等待某两个 transform 之间的连通。我们的 tf_demo 教学包中提供了相关的示例代码 tf_listerner.cpp：

```
transformListener()
void lookupTranform(const std::string &target_frame,const std::string &source_frame,const ros::Time &time,StampedTransform &transform)const
bool canTransform()
bool waitForTransform()const
```

5.5 TF in Python

5.5.1 简介

我们知道 TF 中不仅有 C++的接口，也有 Python 的接口。相比 C++，TF 在 Python 中的具体实现相对简单好用。

5.5.2 数据类型

TF 的相关数据类型，向量、点、四元数、矩阵都可以表示成类似数组的形式，就是它们都可以用 Tuple、List、Numpy Array 来表示。例如：

```
t = (1.0,1.5,0) #平移
q = [1,0,0,0] #四元数
m = numpy.identity(3) #旋转矩阵
```

第一个平移数据是使用 Tuple 来表示的，同时也可以用 List 表示成 t=[1.0, 1.5, 0]，也能用 Numpy Array 表示成 numpy.array(1.0, 1.5, 0)。这些数据类型没有特殊对应，全部是通用的，所以这里也就没有了各种数据类型的转换的麻烦。

5.5.3 TF 库

tf.transformations 函数库的基本数学运算函数如表 5.6 所示。

表 5.6 tf.transformations 函数库的基本数学运算函数

函数	注释
euler_matrix(ai, aj, ak, axes='sxyz')	欧拉角到矩阵
euler_form_matrix(matrix, axes='sxyz')	矩阵到欧拉角
euler_from_quaternion(quaternion, axes='sxyz')	四元数到欧拉角
quaternion_form_euler(ai, aj, ak, axes='sxyz')	欧拉角到四元数
quaternion_matrix(quaternion)	四元数到矩阵
quaternion_form_matrix(matrix)	矩阵到四元数

使用该函数库时，首先需要使用 import 调用 TF 库，tf.transformations 给我们提供了一些基本的数学运算函数，如表 5.6 所示，使用起来非常方便。在 tf_demo 教学包中，我们列举了一些

tf.transformations 常见的 API 和示例代码，具体见下文。

（1）定义空间点和空间向量

空间点和空间向量计算的相关函数如表 5.7 所示。

表 5.7　空间点和空间向量计算的相关函数

函数名称	函数功能
tf.transformations.random_quaternion(rand=None)	返回均匀随机单位四元数
tf.transformations.random_rotation_matrix(rand=None)	返回均匀随机单位旋转矩阵
tf.transformations.random_vector(size)	返回均匀随机单位向量
tf.transformations.translation_matrix(v)	通过向量来求旋转矩阵
tf.transformations.translation_from_matrix(m)	通过旋转矩阵来求向量

（2）定义四元数

四元数相关的函数如表 5.8 所示。

表 5.8　四元数相关的函数

函数名称	函数功能
tf.transformations.quaternion_about_axis(angle,axis)	通过旋转轴和旋转角返回四元数
tf.transformations.quaternion_conjugate(quaternion)	返回四元数的共轭
tf.transformations.quaternion_from_euler(ai, aj, ak, axes'ryxz')	从欧拉角和旋转轴，求四元数
tf.transformations.quaternion_from_matrix(matrix)	从旋转矩阵中，返回四元数
tf.transformations.quaternion_multiply(quaternion1, quaternion2)	两个四元数相乘

（3）定义旋转矩阵

旋转矩阵的相关函数如表 5.9 所示。

表 5.9　旋转矩阵的相关函数

函数名称	函数功能
tf.transformations.euler_matrix(ai, aj, ak, axes='xyz')	由欧拉角和旋转轴返回旋转矩阵
tf.transformations.euler_from_matrix(matrix)	由旋转矩阵和特定的旋转轴返回欧拉角
tf.transformations.euler_from_quaternion(quaternion)	由四元数和特定的旋转轴得到欧拉角

5.5.4　TF 类

（1）tf.TransformListener 类

tf.TransformListener 类中主要包含三种方法，如表 5.10 所示。它的构造函数不需要填值。注意：这里的 time 参数，依然是使用 rospy.Time(0)，而不是 rospy.Time.now( )。具体原因 5.4 节已经介绍，这里不再赘述。

表 5.10　tf.TransformListener 类的方法

方法	作用
canTransform(self, target_frame, source_frame, time)	frame 是否相通
waitForTransform(self, target_frame, source_frame, time, timeout)	阻塞直到 frame 相通
lookupTransform(self, target_frame, source_frame, time)	查看相对的 TF，返回（trans，quat）

除了上述三种主要方法，这个类中还有一些辅助方法，如表 5.11 所示。

表 5.11 tf.TransformListener 类的辅助方法

方法	作用
chain(target_frame, target_time, source_frame, source_time, fixed_frame)	frame 的连接关系
frameExists(self, frame_id)	frame 是否存在
getFrameStrings(self)	返回所有 TF 的名称
fromTranslationRotation(translation, rotation)	根据平移和旋转返回 4×4 矩阵
transformPoint(target_frame, point_msg)	将 PointStamped 消息转换到新 frame 下
transformPose(target_frame, pose_msg)	将 PoseStamped 消息转换到新 frame 下
transformQuaternion(target_frame, quat_msg)	将 QuaternionStamped 消息转换到新 frame 下

tf_demo 教学包中的 scripts/py_tf_listerner.py 给出了示例程序。

（2）tf.TransformBroadcaster 类

类似地，我们介绍的是发布方 tf.TransformBroadcaster 类。该类的构造函数也是不需要填值，成员函数有两个，如下：

```
sendTransform(translation, rotation, time, child, parent)  #向/tf 发布消息
sendTransformMessage(transform)  #向/tf 发布消息
```

第一个 sendTransform( ) 是把 transform 的平移和旋转填好，打上时间戳，然后表示从父到子的 frame 流，然后发送给/tf 的 topic。第二个是发送 transform 已经封装好的 message 给/tf。这两种不同的发送方式，功能是一致的。tf_demo 教学包中的 scripts/py_tf_broadcaster.py 和 scripts/py_tf_broadcaster02.py 给出了示例程序。

5.6 TF 相关工具命令

（1）根据当前的 TF 树创建一个 pdf 图

```
$ rosrun tf view_frames
```

这个工具首先订阅/tf，订阅 5 秒，根据这段时间内接收到的 TF 信息，绘制成一张 TF Tree，然后创建成一个 pdf 图。

（2）查看当前的 TF 树

```
$ rosrun rqt_tf_tree rqt_tf_tree
```

该命令同样是查询 TF Tree，但是与第一个命令的区别是该命令是动态地查询当前的 TF Tree，当前的任何变化都能当即看到，例如何时断开、何时连接，捕捉到这些，然后通过 rqt 工具显示出来。

（3）查看两个 frame 之间的变换关系

```
$ rosrun tf tf_echo[reference_frame][target_frame]
```

（4）用命令行显示当前所有 frame

```
$ rosrun tf tf_monitor  #显示当前坐标变换树的信息，主要是名称和实时的时间延时
$ rostopic echo /tf  #以 TransformStamped 消息类型的数组显示所有父子 frame 的位姿变换关系
```

5.7 本章小结

通过对本章的学习，我们对机器人的坐标变换有了更深入的了解，明白了机器人是怎样通过相对的坐标变换来做出动作的。学完本章，你应该对TF基本原理和TF的通信方式已经了如指掌了，对TF在C++和Python接口中的实现原理以及相关用法也已经掌握了。对于本课程的学习，不仅要将理论知识熟记于心，还需要在实践上多下功夫，TF编程则是我们很好的实践项目。通过TF编程实践，使用TF包实现了监听TF变换和广播TF变换的功能。

在接下来的第6章，我们将会学习到机器人的仿真环境，创建机器人的URDF模型并使机器人模型在仿真环境里动起来。

习题五

1. TF的全称是什么？TF有什么作用？
2. TF是怎样描述任意两个坐标系的位姿变换关系的？
3. 两个坐标系的关系是怎样来表示的？它们的类型是什么样的？
4. TF广播器和TF监听器的实现流程是什么样的？试着通过代码展示出来。

第6章 机器人建模与仿真

在项目实践中，机器人的外形和尺寸差异很大，如果开发和调试都在真实的物理设备上进行，无疑会造成非常大的工作量、成本负担和潜在的项目延期风险，而且也不是每个人都有机会接触到真正的机器人。基于这些原因，我们需要对机器人及其所处环境进行建模与仿真。

在本章中我们将会学习：创建机器人的 3D 模型；为机器人提供运动、物理限制、惯性和其他物理响应；为机器人 3D 模型添加仿真传感器；在仿真环境中使用该模型。

6.1 机器人 URDF 模型

URDF（Unified Robot Description Format，统一机器人描述格式）是 ROS 中一个非常重要的机器人模型描述格式，URDF 能够描述机器人的运动学和动力学特征、视觉表示、碰撞模型等。在 URDF 中，机器人模型由连接件（link）、连接连接件的关节（joint）、传感器（sensor）、传动件（transmission）等部件组成。ROS 同时也提供 urdf 文件的 C++解析器，可以解析 urdf 文件中使用 XML 格式描述的机器人模型。

在使用 urdf 文件构建机器人模型之前，有必要先梳理一下 urdf 文件中常用的 XML 标签，对 URDF 有一个大概的了解。

（1）<link>标签

<link>标签用于描述机器人某个刚体部分的外观和物理属性，包括尺寸（size）、颜色（color）、形状（shape）、惯性矩阵（inertial matrix）、碰撞参数（collision properties）等。机器人的 link 结构一般如图 6.1 所示。

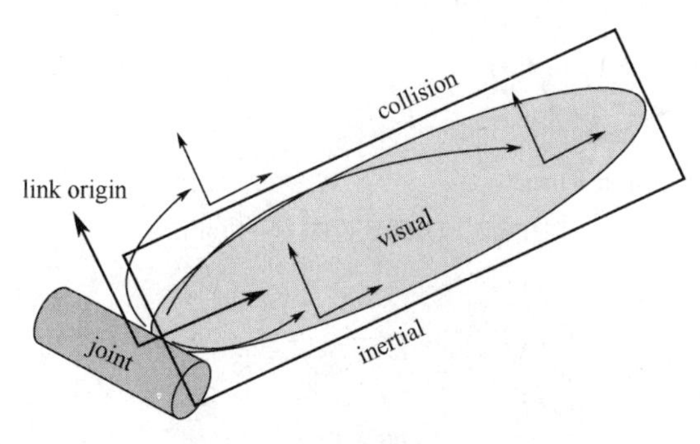

图 6.1 URDF 模型中的 link

其基本的 URDF 描述语法如下：

```
<link name="<link name>">
<inertial> … </inertial>
    <visual> …</visual>
    <collision>  … </collision>
</link>
```

<visual>标签用于描述机器人 link 的外观参数，<inertial>标签用于描述 link 的惯性参数，而<collision>标签用于描述 link 的碰撞属性。从图 6.1 可以看到，检测碰撞的 link 区域大于外观可视的区域，这就意味着只要有其他物体与 collision 区域相交，就认为 link 会发生碰撞。

（2）<joint>标签

<joint>标签用于描述机器人关节的运动学和动力学属性，包括关节运动的位置和速度限制。根据机器人的关节运动形式，可以将其分为六种类型，如表 6.1 所示。

表 6.1　URDF 模型中的 joint 类型

关节类型	描述
continuous	旋转关节，可以围绕单轴无限旋转
revolute	旋转关节，类似于 continuous，但是有旋转的角度极限
prismatic	滑动关节，沿某一轴线移动的关节，带有位置极限
planar	平面关节，允许在平面正交方向上平移或者旋转
floating	浮动关节，允许进行平移、旋转运动
fixed	固定关节，不允许运动的特殊关节

与人的关节一样，机器人关节的主要作用是连接两个刚体的 link，这两个 link 分别称为 parent link 和 child link，如图 6.2 所示。

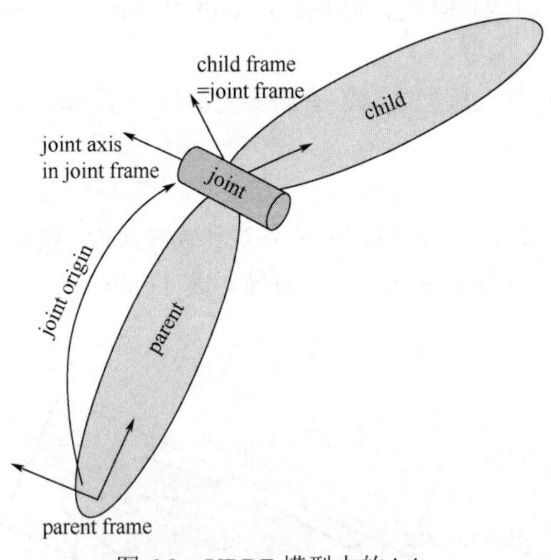

图 6.2　URDF 模型中的 joint

<joint>标签的描述语法如下：

```
<joint name="<name of the joint>">
    <parent link="parent_link"/>
    <child link="child_link"/>
```

```
    <calibration … />
    <dynamics damping …/>
    <limit effort … />
    …
</joint>
```

其中必须指定 joint 的 parent link 和 child link，还可以设置关节的其它属性如下：

<calibration>：关节的参考位置，用于校准关节的绝对位置。

<dynamics>：用于描述关节的物理属性，例如阻尼值、物理静摩擦力等，经常在动力学仿真中用到。

<limit>：用于描述运动的一些极限值，包括关节运动的上下限位置、速度限制、力矩限制等。

<mimic>：用于描述该关节与已有关节的关系。

<safety_controller>：用于描述安全控制器参数。

（3）<robot>标签

<robot>是完整机器人模型的最顶层标签，<link>和<joint>标签都必须包含在<robot>标签内。如图 6.3 所示，一个完整的机器人模型由一系列<link>和<joint>标签组成。

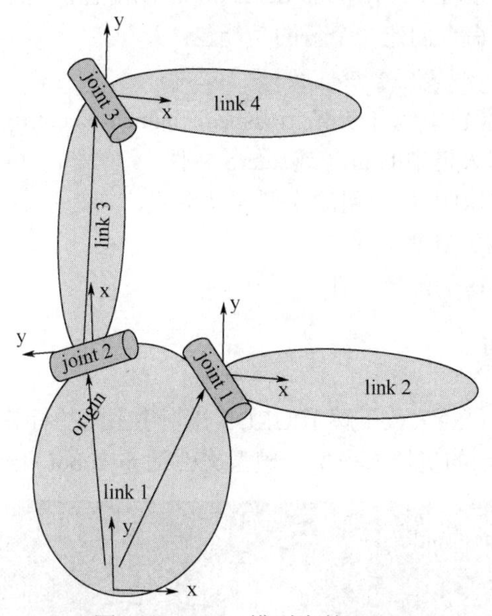

图 6.3 URDF 模型中的 robot

<robot>标签内可以设置机器人的名称，其基本的描述语法如下：

```
<robot name="<name of the robot>">
    <link> …</link>
    <link> …</link>
    <joint> …</joint>
    <joint> …</joint>
</robot>
```

（4）<gazebo>标签

<gazebo>标签用于描述机器人模型在 Gazebo 中仿真所需要的参数，包括机器人材料的属性、

Gazebo 插件等。该标签不是机器人模型必需的部分，只有在 Gazebo 仿真时才需要加入。该标签基本的描述语法如下：

```
<gazebo reference="link_1">
    <material>Gazebo/Black</material>
</gazebo>
```

6.2 创建与显示 URDF 模型

在 ROS 中，机器人的模型一般放在 RobotName_description 功能包下。下面尝试仿照案例 myrobot 机器人从零开始创建一个移动机器人的 URDF 模型。建议读者一定要动手从无到有尝试写一个机器人的 urdf 文件，才能在实践中更加深刻理解 URDF 中坐标、旋转轴、关节类型等关键参数的意义和设置方法。

6.2.1 机器人描述功能包

本书配套源码包中已经包含了 myrobot_description 功能包，其中有创建好的机器人模型和配置文件。你也可以使用如下命令创建一个新的功能包：

```
$ catkin_create_pkg myrobot_description urdf xacro
```

myrobot_description 功能包中包含 urdf、meshes、launch 和 config 四个文件夹。

① urdf：用于存放机器人模型的 urdf 或 xacro 文件。

② meshes：用于放置 URDF 中引用的模型渲染文件。

③ launch：用于保存相关启动文件。

④ config：用于保存 rviz 的配置文件。

6.2.2 创建 URDF 模型

在之前的学习中，我们已经大致了解了 URDF 模型中常用的标签和语法，接下来使用这些基本语法创建一个如图 6.4 所示的机器人模型，模型文件是 myrobot_description/urdf/myrobot.urdf。

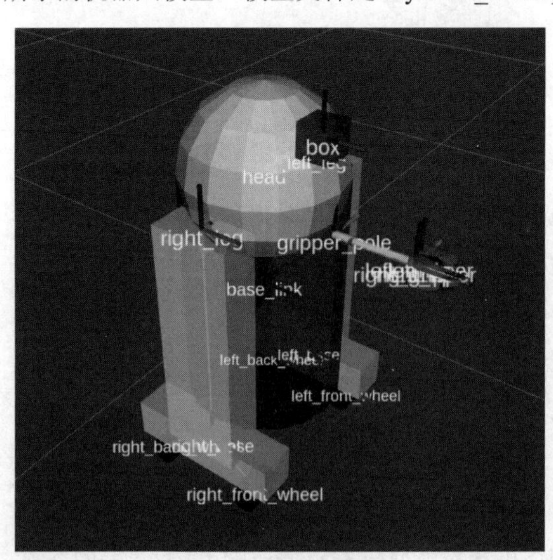

图 6.4 机器人模型

URDF 提供了一些命令行工具，可以帮助我们检查、梳理模型文件，需要在终端中独立安装：

```
$ sudo apt-get install liburdfdom-tools
```

然后使用 check_urdf 命令对 myobot_chassis.urdf 文件进行检查：

```
$ check_urdf myobot_chassis.urdf
```

check_urdf 命令会解析 urdf 文件，并且显示解析过程中发现的错误。如果一切正常，在终端中会输出如图 6.5 所示的信息。

```
cription/urdf$ check_urdf myrobot.urdf
robot name is: myrobot
---------- Successfully Parsed XML ---------------
root Link: base_link has 4 child(ren)
    child(1):  left_leg
        child(1):  left_base
            child(1):  left_back_wheel
            child(2):  left_front_wheel
    child(2):  right_leg
        child(1):  right_base
            child(1):  right_back_wheel
            child(2):  right_front_wheel
    child(3):  gripper_pole
        child(1):  left_gripper
            child(1):  left_tip
        child(2):  right_gripper
            child(1):  right_tip
    child(4):  head
        child(1):  box
```

图 6.5　使用 check_urdf 解析 urdf 文件

还可以使用 urdf_to_graphiz 命令查看 URDF 模型的整体结构：

```
$ urdf_to_graphiz myrobot.urdf
```

执行 urdf_to_graphiz 命令后，会在当前目录下生成一个 pdf 文件，打开该文件，可以看到模型的整体结构图，如图 6.6 所示。这个机器人底盘模型有 16 个 link（如图 6.6 中方框表示）和 15 个 joint（如图 6.6 中椭圆表示）。

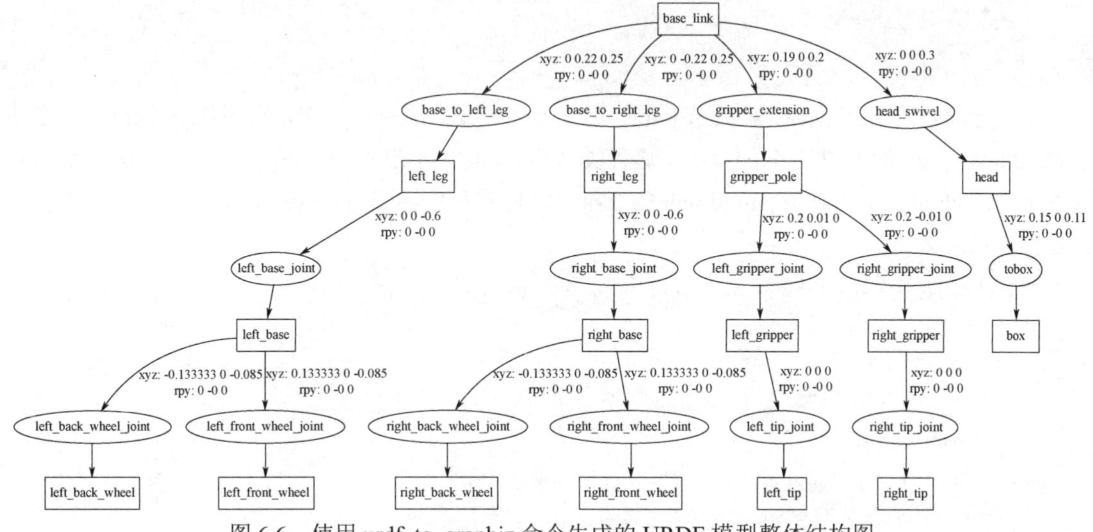

图 6.6　使用 urdf_to_graphiz 命令生成的 URDF 模型整体结构图

6.2.3　解析 URDF 模型

针对上面创建的 URDF 模型，下面将对其关键部分进行解析。

```
<?xml version="1.0" ?>
<robot name="myrobot">
```

首先需要声明该文件使用 XML 描述，然后使用<robot>根标签定义一个机器人模型，并定义该机器人模型的名称是“myrobot”，根标签内的内容即对机器人模型的详细定义。

```
<material name="blue">
   <color rgba="0 0 0.8 1"/>
</material>

<link name="base_link">
   <visual>
      <geometry>
         <cylinder length="0.6" radius="0.2" />
      </geometry>
         <material name="blue"/>
   </visual>
</link>
```

上面这一段代码用来描述机器人的底座 link，<visual>标签用来定义底盘的外观属性，在显示和仿真中，Rviz 或 Gazebo 会按照这里的描述将机器人模型呈现出来。我们将机器人底座抽象成一个圆柱结构，使用<cylinder>标签定义这个圆柱的半径和高。此外，使用<material>标签设置机器人底座的颜色——蓝色，在前面单独的<material>标签中设置蓝色的 RGBA 值。

```
<joint name="base_to_right_leg" type="fixed">
     <parent link="base_link"/>
     <child link="right_leg"/>
     <origin xyz="0 -0.22 0.25"/>
</joint>
```

以上这段代码定义了第一个关节 joint，用来连接机器人底座和右腿，底座是 parent link，右腿是 child link。joint 的类型是 fixed 类型，这种类型的 joint 是固定的，不允许关节发生运动。<origin>标签定义了 child link 相对于 parent link 的三维坐标位置和旋转姿态，xyz 表示在 x 轴、y 轴和 z 轴的坐标位置。

```
<link name="right_leg">
   <visual>
      <geometry>
         <box size="0.6 0.1 0.2" />
      </geometry>
      <origin rpy="0 1.57075 0" xyz="0 0 -0.3"/>
      <material name="white"/>
   </visual>
</link>
```

上面这一段代码描述了右腿的模型。右腿的外形抽象成立方体，立方体的长、宽、高分别为

0.6、0.1 和 0.2；然后使用<origin>标签定义这个右腿立方体在空间内的三维坐标位置和旋转姿态，rpy 表示围绕 *x* 轴、*y* 轴和 *z* 轴的旋转弧度，1.57075 表示围绕 *y* 轴旋转 90°，xyz 表示在 *x* 轴、*y* 轴和 *z* 轴的坐标。下边的描述和机器人底座的类似，定义了右腿的外观颜色。

```
<link name="left_gripper">
    <visual>
        <origin rpy="0.0 0 0" xyz="0 0 0"/>
        <geometry>
            <mesh filename="package://urdf_tutorial/meshes/l_finger.dae"/>
        </geometry>
    </visual>
</link>
```

以上这一段代码中的<mesh>文件来自 PR2，注意明确文件的位置。meshes 可以以多种不同格式导入，STL 非常常见，但引擎也支持 DAE，DAE 可以有自己的颜色数据，这意味着你不必指定颜色/材质。meshes 文件通常位于单独的文件夹中，也会引用文件夹中的.tif 文件。可以使用相对缩放参数或边界框大小调整 mesh 模型大小。

6.2.4 在 Rviz 中显示模型

完成 URDF 模型的设计后，可以使用 Rviz 将该模型可视化显示出来，检查是否符合设计目标。

在 myrobot_description 功能包的 launch 文件夹中已经创建了用于显示 myrobot 模型的 launch 文件 myrobot_description/launch/display_myrobot_urdf.launch，详细内容如下：

```
<launch>
    <arg name="model" default="$(find myrobot_description)/urdf/myrobot.urdf"/>
    <arg name="rvizconfig" default="$(find myrobot_description)/rviz/urdf.rviz" />
    <param name="robot_description" command="$(find xacro)/xacro $(arg model)" />
    <node name="joint_state_publisher" pkg="joint_state_publisher_gui" type=
"joint_state_publisher_gui" />
    <node name="robot_state_publisher" pkg="robot_state_publisher" type=
"robot_state_publisher" />
    <node name="rviz" pkg="rviz" type="rviz" args="-d $(arg rvizconfig)"
required="true" />
</launch>
```

打开终端输入以下命令运行该 launch 文件，如果一切正常，可以在打开的 Rviz 中看到如图 6.7 所示的机器人模型。

```
$ roslaunch myrobot_description display_myrobot_urdf.launch
```

运行成功后，不仅启动了 Rviz，而且出现了一个名为“joint_state_publisher”的 GUI。这是因为我们在启动文件中启动了 joint_state_publisher 节点，该节点可以发布每个 joint（除了 fixed 类型）的状态，而且可以通过 GUI 对 joint 进行控制。

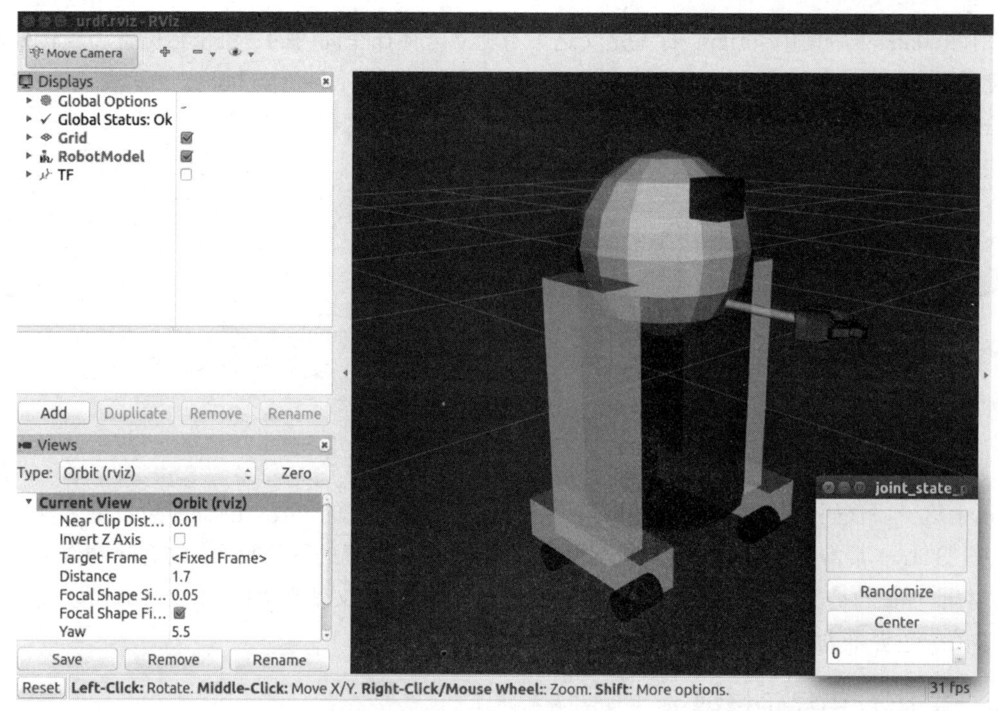

图 6.7　在 Rviz 中显示机器人模型

除了 joint_state_publisher，launch 文件还会启动一个名为“robot_state_publisher”的节点，这两个节点的名称相似，所以很多开发者会混淆两者，分不清楚它们各自的功能。与 joint_state_publisher 节点不同，robot_state_publisher 节点的功能是将机器人各个 link、joint 之间的关系，通过 TF 的形式整理成三维姿态信息发布出去。在 Rviz 中，可以选择添加 TF 插件来显示各部分的坐标系（见图 6.4）。

6.2.5　让机器人动起来

前面机器人的关节 joint 类型都是 fixed，故机器人是不能动的。如表 6.1 所示，让机器人动起来最关键的是改变关节 joint 类型。下面我们来探索另外几种重要的机器人关节类型以及它们的实现方法。

（1）the head 的 continuous 关节

机器人的身体和头部之间的连接是一个连续的关节，这意味着它可以从负无穷大到正无穷大呈任意角度。车轮也是这样建模的，因此它们可以永远在两个方向上滚动。我们需要添加的唯一附加信息是旋转轴<axis>，这里由 *xyz* 三元组指定，它指定头部围绕其旋转的向量。因为我们希望它绕 *z* 轴旋转，所以我们指定了向量“0 0 1”。

```
<joint name="head_swivel" type="continuous">
   <parent link="base_link"/>
   <child link="head"/>
   <axis xyz="0 0 1"/>
   <origin xyz="0 0 0.3"/>
</joint>
```

（2）gripper 的 revolute 关节

左右夹持器关节均建模为旋转关节。这意味着它们的旋转方式与连续运动类型相同，但有严格的限制。因此，我们必须指定关节上限和下限（以弧度为单位）的限制标记，还必须指定此关节的最大速度和作用力，但实际值与我们的目的无关。

```
<joint name="left_gripper_joint" type="revolute">
   <axis xyz="0 0 1"/>
   <limit effort="1000.0" lower="0.0" upper="0.548" velocity="0.5"/>
   <origin rpy="0 0 0" xyz="0.2 0.01 0"/>
   <parent link="gripper_pole"/>
   <child link="left_gripper"/>
</joint>
```

（3）gripper ARM 的 prismatic 标签

夹持臂是一种不同类型的关节，即棱柱关节。这意味着它沿着轴移动，而不是围绕轴移动。这种平移运动使我们的机器人模型能够伸展和缩回其夹持臂。夹持臂的限制以与旋转关节相同的方式指定，但单位为米，而不是弧度。

```
<joint name="gripper_extension" type="prismatic">
   <parent link="base_link"/>
   <child link="gripper_pole"/>
   <limit effort="1000.0" lower="-0.38" upper="0" velocity="0.5"/>
   <origin rpy="0 0 0" xyz="0.19 0 0.2"/>
</joint>
```

修改 myrobot.urdf 文件的对应关节类型，保存为另一个文件 myrobot_move.urdf，并新建启动文件 display_myrobot_move_urdf.launch，正常启动后如图 6.8 所示。在“joint_state_publisher”的 GUI 控制界面中用鼠标滑动控制条，Rviz 中对应的关节就会开始动作。

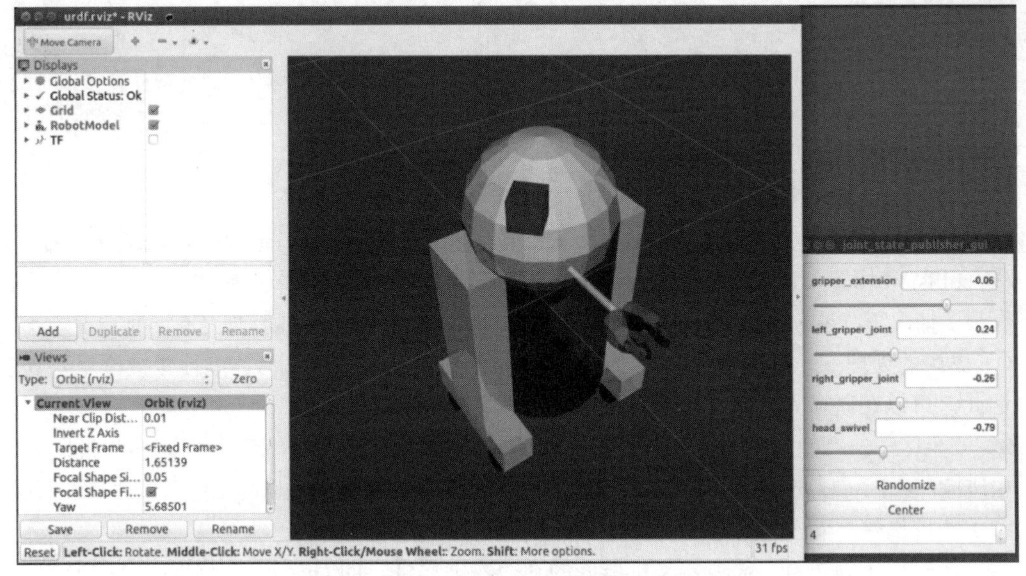

图 6.8 在 Rviz 中控制机器人模型关节运动

在 GUI 中移动滑块时，模型将在 Rviz 中移动。这是怎么做到的呢？首先，GUI 解析 urdf 文件并找到所有非固定关节及其限制。然后，它使用滑块的值发布 sensor_msgs/JointState 消息。再然后，robot_state_publisher 使用这些数据计算不同部件之间的所有变换。最后，生成的变换树用于显示 Rviz 中的所有形状。

6.3 添加碰撞和物理属性

在之前的模型中，我们仅创建了模型外观的可视化属性，除此之外，还需要添加碰撞属性和物理属性。

（1）碰撞属性

到目前为止，我们只设置了 link 的 visual 标签，定义了机器人的外观。然而，为了在机器人工作或者仿真中实现碰撞检测，我们还需要定义碰撞标签<collision>。下面是具有碰撞标签的新 URDF 模型，以 base_link 为例。

```
<link name="base_link">
    <visual>
      <geometry>
        <cylinder length="0.6" radius="0.2"/>
      </geometry>
      <material name="blue">
        <color rgba="0 0 0.8 1"/>
      </material>
    </visual>
    <collision>
      <geometry>
        <cylinder length="0.6" radius="0.2"/>
      </geometry>
    </collision>
</link>
```

注意以下几点：

① collision 标签直接放在 link 下，与 visual 标签同等级。

② collision 标签定义其形状的方式与 visual 标签相同，带有几何图形标签<geometry>。

③ collision 标签可以设置子标签<origin>，与 visual 标签相同。

在很多情况下，collision 标签和 visual 标签定义的 visual 和 origin 相同，但是有两种情况会不同：

① 更快的处理——对两个 meshes 进行碰撞检测比对两个简单几何体进行碰撞检测要复杂得多。因此，可以在碰撞元素中使用更简单的几何体替换 meshes。

② 安全区——希望限制靠近敏感设备的移动。例如，如果我们不希望任何东西与机器人的头部发生碰撞，我们可以将碰撞几何体定义为一个包围其头部的圆柱体，以防止任何东西靠近其头部。

（2）物理属性

为了让模型正确仿真，需要定义机器人的几个物理属性，即 Gazebo 等物理引擎需要的属性。

① 惯性（inertia） 每个被仿真的 link 都需要一个惯性标签。同样以 base_link 为例。

```
<link name="base_link">
…
   <inertial>
     <mass value="10"/>
     <inertia ixx="0.4" ixy="0.0" ixz="0.0" iyy="0.4" iyz="0.0" izz="0.2"/>
   </inertial>
</link>
```

说明如下：

A. 此标签与 visual 标签同等级。

B. 质量以千克为单位。

C. 3×3 转动惯量矩阵由惯性元素指定。由于这是对称的，因此只能用 6 个元素来表示，如式（6.1）所示。具体的物理含义是惯性张量，对角元素是分别对 *X*、*Y*、*Z* 三轴的转动惯量，非对角元素称为惯量积。矩阵用于物体对其旋转运动的惯性大小的度量。

$$\begin{bmatrix} ixx & ixy & ixz \\ ixy & iyy & iyz \\ ixz & iyz & izz \end{bmatrix} \tag{6.1}$$

D. 可以指定<origin>子标签，以指定重心和惯性参照系（相对于 link 的参照系）。

E. 使用实时控制器时，零（或几乎为零）的惯性标签可能会导致机器人模型在没有警告的情况下崩溃，并且所有 link 都将显示其原点与世界原点重合。

② 接触系数（contact_coefficients） 还可以定义 link 彼此接触时的行为方式。这是通过名为 contact_coefficients 的碰撞标签的子标签完成的，有三个属性需要指定：mu——摩擦系数，kp——刚体系数，kd——阻尼系数。

③ 关节动力学（Joint Dynamics） 关节的移动方式由关节的动力学标记定义。这里有两个属性，如果未指定，这些系数默认为零。

A. 摩擦（friction）：物理静态摩擦。对于棱柱关节，单位为 N。对于旋转关节，单位为 N •m。

B. 阻尼（damping）：物理阻尼值。对于棱柱关节，单位为 N • s/m。对于旋转关节，单位为 N • m • s/rad。

6.4 xacro 文件简化 URDF 模型

回顾现在的机器人模型，我们似乎创建了一个十分冗长的模型文件，其中有很多内容，除了参数，几乎都是重复的。但是 urdf 文件并不支持代码复用的特性，如果为一个复杂的机器人建模，那么它的 urdf 文件会很复杂。

ROS 当然不会容忍这种冗长、重复的情况，因为它的设计目标就是提高代码的复用率。于是，针对 URDF 模型产生了另外一种精简化、可复用、模块化的描述形式——xacro，它具备以下几点突出的优势。

精简模型代码：xacro 是一个精简版本的 urdf 文件，在 xacro 文件中，可以通过创建宏定义的方式定义常量或者复用代码，不仅可以减少代码量，还可以让模型代码更加模块化，更具可读性。

提供可编程接口：xacro 的语法支持一些可编程接口，如常量、变量、数学公式、条件语句等，可以让建模过程更加智能、有效。

xacro是urdf的升级版，模型文件的后缀名由.urdf变为.xacro，而且在模型<robot>标签中需要加入xacro的声明：

```
<?xml version="1.0"?>
<robot name="macroed" xmlns:xacro="http://ros.org/wiki/xacro">
```

（1）使用常量定义

在之前的URDF模型中有很多尺寸、坐标等常量的使用，但是这些常量分布在整个文件中，不仅可读性差，而且后期修改时十分困难。xacro提供了一种常量属性的定义方式：

```
<xacro:property name="M_PI" value="3.14159"/>
```

当需要使用该常量时，使用如下语法调用即可：

```
<origin xyz="0 0 0" rpy="${M_PI/2} 0 0" />
```

现在，各种参数的定义都可以使用常量定义的方式进行声明：

```
<xacro:property name="width" value="0.2" />
<xacro:property name="leglen" value="0.6" />
<xacro:property name="polelen" value="0.2" />
<xacro:property name="bodylen" value="0.6" />
<xacro:property name="baselen" value="0.4" />
<xacro:property name="wheeldiam" value="0.07" />
<xacro:property name="pi" value="3.1415" />
```

如果改动机器人模型，只需要修改这些参数即可，十分方便。

（2）调用数学公式

在“${}”语句中，不仅可以调用常量，还可以使用一些常用的数学运算，包括加、减、乘、除以及负号和括号等，例如：

```
<cylinder radius="${wheeldiam/2}" length="0.1"/>
```

所有数学运算都会转换成浮点数进行，以保证运算的精度。

（3）使用宏定义

xacro文件可以使用宏定义来声明重复使用的代码模块，还可以包含输入参数，类似编程中的函数概念。比如一辆车有四个轮子，我们写一个轮子的定义就够了，其他只是参数的不同。我们看一下，利用前文中机器人的两条腿，来实现代码复用，代码如下：

```
<xacro:macro name="leg" params="prefix reflect">
   <link name="${prefix}_leg">
       <visual>
           <geometry>
               <box size="${leglen} 0.1 0.2"/>
           </geometry>
           <origin xyz="0 0 -${leglen/2}" rpy="0 ${pi/2} 0"/>
           <material name="white"/>
       </visual>
       <collision>
```

```
        <geometry>
            <box size="${leglen} 0.1 0.2"/>
        </geometry>
        <origin xyz="0 0 -${leglen/2}" rpy="0 ${pi/2} 0"/>
    </collision>
    <xacro:default_inertial mass="10"/>
</link>
<joint name="base_to_${prefix}_leg" type="fixed">
    <parent link="base_link"/>
    <child link="${prefix}_leg"/>
    <origin xyz="0 ${reflect*(width+.02)} 0.25" />
</joint>
<!-- A bunch of stuff cut -->
</xacro:macro>
```

以上宏定义中包含2个输入参数：prefix 和 reflect。使用名称前缀 prefix 命名两个相似的物体，使用镜像参数 reflect，用1和-1实现两条腿对称。需要该宏定义模块时，使用如下语句调用，设置输入参数即可：

```
<xacro:leg prefix="right" reflect="1" />
<xacro:leg prefix="left" reflect="-1" />
```

如果传入的参数为属性块，需要在参数栏对应参数名称前添加“*”号。在对应的宏定义模块中，插入属性块部分需要使用 insert_block 命令。

```
<xacro:macro name="blue_shape" params="name *shape">
    <link name="${name}">
        <visual>
            <geometry>
                <xacro:insert_block name="shape" />
            </geometry>
            <material name="blue"/>
        </visual>
        <collision>
            <geometry>
                <xacro:insert_block name="shape" />
            </geometry>
        </collision>
    </link>
</xacro:macro>
```

在定义 blue_shape 的时候，由于传入的参数为属性块，需要在参数栏对应参数名字 shape 前添加“*”号。同样插入属性块部分时需要使用 insert_block 命令：

```
<xacro:insert_block name="shape" />
```

在使用 blue_shape 宏定义的时候，需要传入两个参数，一个是 name，一个是属性块*shape。

如下所示：

```
<xacro:blue_shape name="base_link">
    <cylinder radius=".42" length=".01" />
</xacro:blue_shape>
```

（4）xacro 文件引用

xacro 文件引用时，需要首先包含被引用文件，类似于 C 语言中的 include 文件。声明包含关系后，该文件就可以使用被包含文件中的模块了。如下所示：

```
<xacro:include filename="$(find myrobot_description)/urdf/myrobot.urdf.xacro" />
```

（5）显示 xacro 模型

使用命令行可以直接将 xacro 文件解析为 urdf 文件。

```
$ rosrun xacro xacro --inorder myrobot.urdf.xacro > myrobot.urdf
```

当前目录下会生成一个转换后的 urdf 文件，然后使用上面介绍的 launch 文件可将该 URDF 模型显示在 Rviz 中。

也可以省略手动转换模型的过程，直接在 launch 文件中调用 xacro 解析器，自动将 xacro 转换成 urdf 文件。详见文件 display_myrobot_xacro.launch：

```
<param name="robot_description"
    command="$(find xacro)/xacro --inorder '$(find myrobot_description)/urdf/
myrobot.urdf.xacro'" />
# 或者
<arg name="model" default="$(find myrobot_description)/urdf/myrobot.urdf.xacro" />
<param name="robot_description"  command="$(find xacro)/xacro $(arg model)"/>
```

6.5 添加传感器模型

通常，室内移动机器人会装配彩色摄像头、RGB-D 摄像头、激光雷达等传感器，也许现实中我们无法拥有这些传感器，但是在虚拟的机器人模型世界里我们可以创造一切。

6.5.1 添加摄像头

首先尝试创建一个摄像头的模型。笔者仿照真实摄像头画了一个正方体，以此代表摄像头模型。对应的模型文件是 myrobot_description/urdf/camera.xacro：

```
<?xml version="1.0"?>
<robot xmlns:xacro="http://www.ros.org/wiki/xacro" name="camera">
<xacro:macro name="usb_camera" params="prefix:=camera">
  <link name="${prefix}_link">
    <visual>
      <geometry>
        <box size="0.08 0.08 0.08"/>
      </geometry>
      <material name="blue"/>
```

```
    </visual>
  </link>
</xacro:macro>
</robot>
```

以上代码中使用了一个名为 usb_camera 的宏来描述摄像头，输入参数是摄像头的名称，宏中包含了表示摄像头长方体 link 的参数。

然后还需要创建一个顶层 xacro 文件，把机器人和摄像头这两个模块拼装在一起。顶层 xacro 文件 myrobot_description/urdf/myrobot_with_camera.xacro 的内容如下：

```
<?xml version="1.0"?>
<robot xmlns:xacro="http://www.ros.org/wiki/xacro" name="myrobot">
<xacro:include filename="$(find myrobot_description)/urdf/myrobot_body.xacro"/>
<xacro:include filename="$(find myrobot_description)/urdf/camera.xacro" />
<xacro:myrobot_body/>
<joint name="camera_joint" type="fixed">
    <origin xyz="0.15 0 0.11" />
    <parent link="head"/>
    <child link="camera_link"/>
</joint>
<xacro:usb_camera prefix="camera"/>
</robot>
```

在这个顶层 xacro 文件中，包含了描述摄像头的模型文件，然后使用一个 fixed 类型的 joint 把摄像头固定在机器人顶部靠前的位置。

运行如下命令，在 Rviz 中查看安装有摄像头的机器人模型，如图 6.9 所示。

```
$ roslaunch myrobot_description display_myrobot_with_camera.launch
```

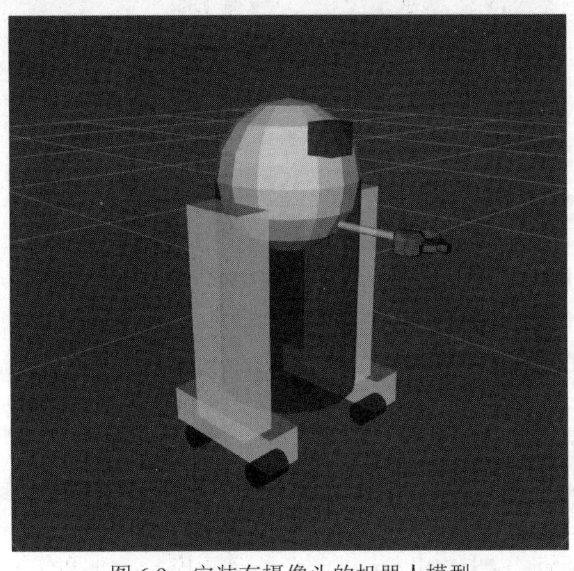

图 6.9　安装有摄像头的机器人模型

此时，你可能会想：这样的摄像头模型，会不会太简单了！不要着急，一会儿在 Gazebo 中仿真时，你就会发现这个黑方块是“简约而不简单”。另外，也可以在SolidWorks等软件中创建更加形象、具体的传感器模型，然后转换成URDF模型格式装配到机器人上。

6.5.2 添加Kinect

Kinect是一种常用的RGB-D摄像头，三维模型文件kinect.dae可以在TurtleBot功能包中找到。Kinect模型描述文件myrobot_description/urdf/kinect.xacro的内容如下：

```
<?xml version="1.0"?>
<robot xmlns:xacro="http://www.ros.org/wiki/xacro" name="kinect_camera">
  <xacro:macro name="kinect_camera" params="prefix:=camera">
  <link name="${prefix}_link">
    <origin xyz="0 0 0" rpy="0 0 0"/>
    <visual>
      <origin xyz="0 0 0" rpy="0 0 ${M_PI/2}"/>
      <geometry>
        <mesh filename="package://myrobot_description/meshes/kinect.dae" />
      </geometry>
    </visual>
    <collision>
      <geometry>
        <box size="0.07 0.3 0.09"/>
      </geometry>
    </collision>
  </link>
  <joint name="${prefix}_optical_joint" type="fixed">
    <origin xyz="0 0 0" rpy="-1.5708 0 -1.5708"/>
    <parent link="${prefix}_link"/>
    <child link="${prefix}_frame_optical"/>
  </joint>
  <link name="${prefix}_frame_optical"/>
  </xacro:macro>
</robot>
```

在可视化设置中使用<mesh>标签可以导入该模型的mesh文件，使用<collision>标签可将模型简化为一个长方体，精简碰撞检测的数学计算。

然后将Kinect和机器人拼装到一起，顶层xacro文件myrobot_description/launch/myrobot_with_kinect.xacro的内容如下：

```
<?xml version="1.0"?>
<robot xmlns:xacro="http://www.ros.org/wiki/xacro" name="myrobot">
<xacro:include filename="$(find myrobot_description)/urdf/myrobot_body.xacro"/>
<xacro:include filename="$(find myrobot_description)/urdf/kinect.xacro" />
<xacro:myrobot_body/>
```

```
<joint name="camera_joint" type="fixed">
  <origin xyz="0 0 0.21" />
  <parent link="head"/>
  <child link="camera_link"/>
</joint>
<xacro:kinect_camera prefix="camera"/>
</robot>
```

运行如下命令，即可在 Rviz 中看到安装有 Kinect 的机器人模型，如图 6.10 所示。

```
$ roslaunch myrobot_description display_myrobot_with_kinect.launch
```

6.5.3 添加激光雷达

使用类似的方式还可以为机器人添加一个激光雷达模型，这里不再赘述，你可以参考本书配套源码中激光雷达的模型文件 myrobot_description/urdf/rplidar.xacro，顶层 xacro 文件为 myrobot_description/launch/myrobot_with_rplidar.xacro。

运行以下命令，即可看到安装有激光雷达的机器人模型，如图 6.11 所示。

```
$ roslaunch myrobot_description display_myrobot_with_rplidar.launch
```

图 6.10 安装有 Kinect 的机器人模型

图 6.11 安装有激光雷达的机器人模型

现在机器人模型已经创建完成，为了实现机器人仿真，还需要想办法控制机器人在仿真环境中的运动。另外，如果仿真环境中的传感器可以像真实设备一样获取周围的信息就更好了。别着急，这些功能本章都会实现，我们先来学习如何在 Rviz 中搭建一个简单的运动仿真环境。

6.6 ArbotiX+Rviz 机器人运动仿真

ArbotiX 是一款控制电机、舵机的控制板，并提供相应的 ROS 功能包，但是这个功能包不仅可以驱动真实的 ArbotiX 控制板，它还提供一个差速控制器，通过接收速度控制指令更新机器人的 joint 状态，从而帮助我们实现机器人在 Rviz 中的运动。

本节将为机器人模型配置 ArbotiX 差速控制器，配合 Rviz 创建一个简单的仿真环境。

6.6.1 安装 ArbotiX

在 Kinetic 版本的 ROS 软件源中已经集成了 ArbotiX 功能包的二进制安装文件，可以使用如下命令进行安装：

```
$ sudo apt-get install ros-kinetic-arbotix-*
```

6.6.2 配置 ArbotiX 控制器

ArbotiX 功能包安装完成后，就可以针对机器人模型进行配置了。配置步骤较为简单，不需要修改机器人的模型文件，只需要创建一个启动 ArbotiX 节点的 launch 文件，再创建一个与控制器相关的配置文件即可。

（1）创建 launch 文件

以装配了 Kinect 的机器人模型为例，创建启动 ArbotiX 节点的 launch 文件 myrobot_description/launch/arbotix_myrobot_with_kinect.launch，代码如下：

```
<launch>
    <param name="/use_sim_time" value="false" />
    <!-- 加载机器人 URDF/xacro 模型 -->
    <arg name="urdf_file" default="$(find xacro)/xacro --inorder '$(find
myrobot_description)/urdf/myrobot_with_kinect.xacro'" />
    <arg name="gui" default="false" />
    <param name="robot_description" command="$(arg urdf_file)" />
    <param name="use_gui" value="$(arg gui)"/>
    <node name="arbotix" pkg="arbotix_python" type="arbotix_driver" output="
screen">
        <rosparam file="$(find myrobot_description)/config/fake_myrobot_arbotix.
yaml" command="load" />
        <param name="sim" value="true"/>
    </node>
    <node name="joint_state_publisher" pkg="joint_state_publisher"
type="joint_state_publisher" />
    <node name="robot_state_publisher" pkg="robot_state_publisher"
type="robot_state_publisher">
        <param name="publish_frequency" type="double" value="20.0" />
    </node>
    <node name="rviz" pkg="rviz" type="rviz" args="-d $(find
myrobot_description)/config/myrobot_arbotix.rviz" required="true" />
</launch>
```

这个 launch 文件和之前显示机器人模型的 launch 文件几乎一致，只是添加了启动 arbotix_driver 节点的相关内容：

```
<node name="arbotix" pkg="arbotix_python" type="arbotix_driver" output="screen">
```

```
    <rosparam file="$(find myrobot_description)/config/fake_myrobot_arbotix.yaml"
command="load" />
    <param name="sim" value="true"/>
</node>
```

arbotix_driver 可以针对真实控制板进行控制，也可以在仿真环境中使用，需要配置“sim”参数为 true。另外，该节点的启动还需要加载与控制器相关的配置文件，该配置文件在功能包的 config 路径下。

（2）创建配置文件

配置文件 myrobot_description/config/fake_myrobot_arbotix.yaml 的内容如下：

```
controllers: {
   base_controller: {type: diff_controller, base_frame_id: base_link, base_width:
0.4, ticks_meter: 4100, Kp: 12, Kd: 12, Ki: 0, Ko: 50, accel_limit: 1.0 }
}
```

控制器命名为 base_controller，类型是 diff_controller，也就是差速控制器，刚好可以控制机器人模型的双轮差速运动。此外，还需要配置参考坐标系、底盘尺寸、PID 控制等参数。

6.6.3 运行仿真环境

完成上述配置后，ArbotiX+Rviz 的仿真环境就搭建完成了，通过以下命令即可启动该仿真环境：

```
$ roslaunch myrobot_description arbotix_myrobot_with_kinect.launch
```

启动成功后，可以看到机器人模型已经在 Rviz 中准备就绪，如图 6.12 所示。

图 6.12　基于 Rviz 和 ArbotiX 的仿真环境

查看当前 ROS 系统中的话题列表（见图 6.13），cmd_vel 话题赫然在列，如果你还记得小海龟例程，当时使用的就是该 topic 控制小海龟运动的。类似地，arbotix_driver 节点订阅 cmd_vel 话题，然后驱动模型运动。

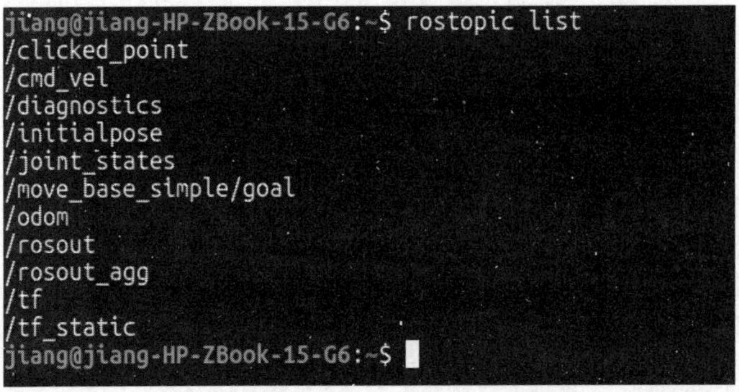

```
jiang@jiang-HP-ZBook-15-G6:~$ rostopic list
/clicked_point
/cmd_vel
/diagnostics
/initialpose
/joint_states
/move_base_simple/goal
/odom
/rosout
/rosout_agg
/tf
/tf_static
jiang@jiang-HP-ZBook-15-G6:~$
```

图 6.13　查看 ROS 系统中的话题列表

输入以下命令运行键盘控制程序，然后在终端中根据提示信息点击键盘，就可以控制 Rviz 中的机器人模型运动了。

```
$ roslaunch myrobot_teleop myrobot_teleop.launch
```

如图 6.14 所示，Rviz 中的机器人模型已经按照速度控制指令开始运动，箭头代表机器人运动过程中的姿态。

此时，Rviz 中设置的“Fixed Frame”是 odom，也就是机器人的里程计坐标系。这是一个全局坐标系，通过里程计记录机器人当前的运动位姿，从而更新 Rviz 中的模型状态。ArbotiX 的机器人仿真只是模拟了机器人的 base_link 相对于 odom 的 TF 变换，并没有实际控制轮子转动。用 rqt_graph 命令查看此时的节点结构图，如图 6.15 所示。

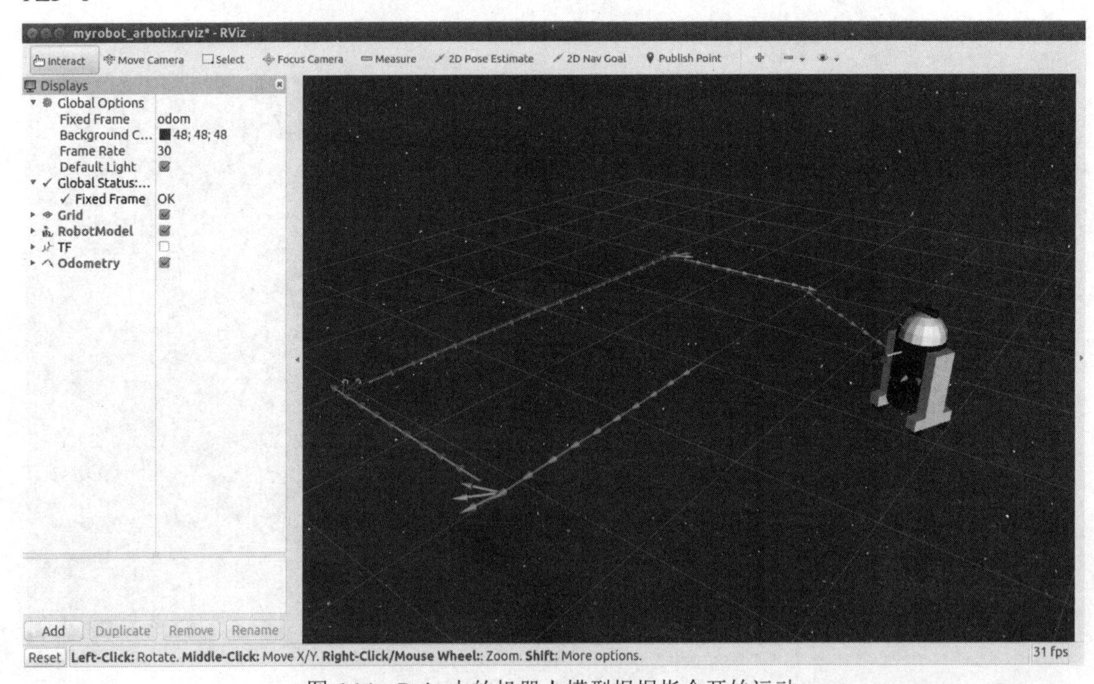

图 6.14　Rviz 中的机器人模型根据指令开始运动

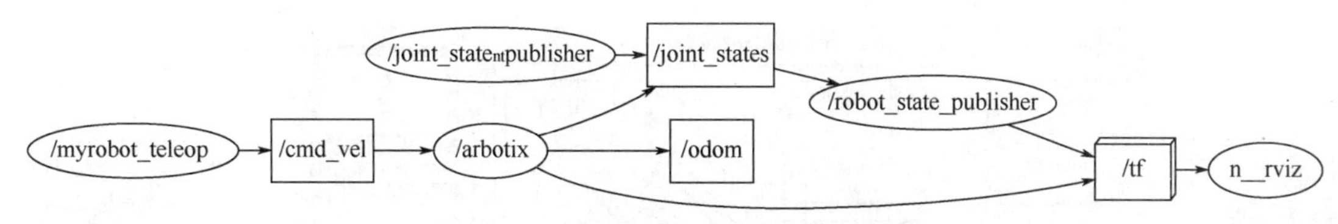

图 6.15 ArbotiX+Rviz 仿真节点结构图

ArbotiX+Rviz 可以构建一个较为简单的运动仿真器，在本书后续内容中还会多次使用这个仿真器实现导航等功能。除此之外，我们在第 3 章介绍过的物理仿真平台——Gazebo，可以做到类似真实机器人的高度仿真状态，包括物理属性、传感器数据、环境模型等。

在真正学习、使用 Gazebo 之前，首先要对这里使用的 ArbotiX 差速控制器做一个升级，为 Gazebo 仿真做好准备。

6.7 ros_control

上一节 ArbotiX+Rviz 实现的机器人运动仿真中所用到的 ArbotiX 差速控制器有很大的局限性，无法在 ROS 丰富的机器人应用中通用。如图 6.16 所示，如果要将 SLAM、导航、MoveIt！等功能包应用到机器人模型甚至真实机器人之上时，应该如何实现这其中的控制环节呢？

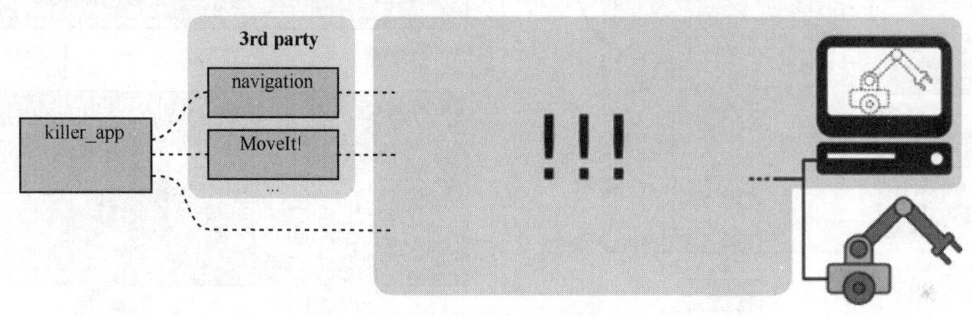

图 6.16 真实机器人/仿真模型与应用功能包之间缺少控制环节

ros_control 就是 ROS 为开发者提供的机器人控制的中间件，包含一系列控制器接口、传动装置接口、硬件接口、控制器工具箱等，可以帮助机器人应用功能包快速应用到真实机器人上，提高开发效率。ros_control 起源于 PR2 机器人控制器，对其进行重写后使之适用于所有机器人。由支持 ros_control 的移动底座和机械臂组成的机器人不需要编写任何附加代码，只要设置好几个控制器的配置文件，就可以自主导航并为机械臂进行路径规划。ros_control 还提供多个库以支持编写自定义控制器。

6.7.1 ros_control 框架

如图 6.17 所示是 ros_control 的总体框架，针对不同类型的机器人（移动机器人、机械臂等），ros_control 可以提供多种类型的控制器（controller），但是这些控制器的接口各不相同。

图 6.18 是 ros_control 的数据流图，ros_control 功能包将来自机器人执行器、编码器和输入设置点的联合状态数据作为输入。它使用通用的控制回路反馈机制（通常是 PID 控制器）来控制发送到执行器的输出（通常是作用力）。对于没有一对一映射关系的关节位置、作用力等的物理机制而言，ros_control 变得更加复杂，但这些场景可以使用传动系统（transmissions）进行考虑。

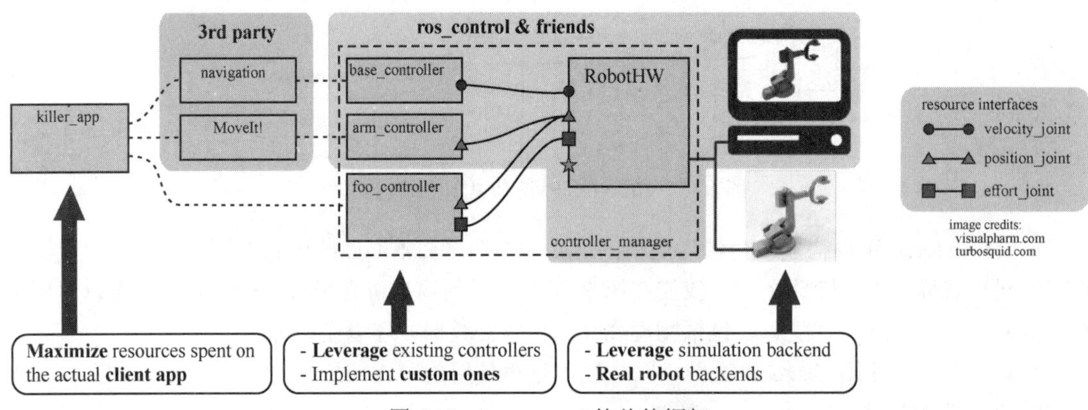

图 6.17 ros_control 的总体框架

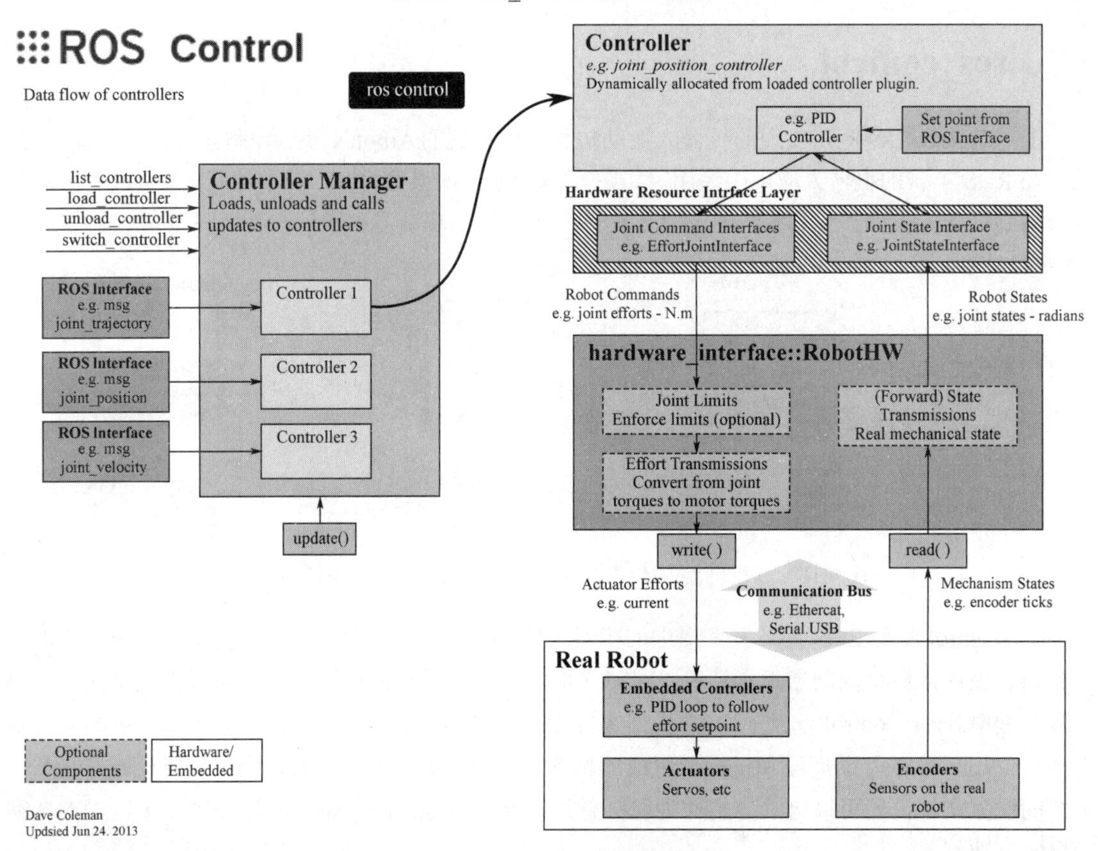

图 6.18 ros_control 的数据流图

（1）控制器管理器（Controller Manager）

每个机器人可能有多个控制器，所以这里有一个控制器管理器的概念，提供一种通用的接口来管理不同的控制器。控制器管理器的输入就是 ROS 上层应用功能包的输出。

（2）控制器（Controller）

控制器可以完成每个 joint 的控制，读取硬件资源接口中的状态，再发布控制命令，并且提供 PID 控制器。

（3）硬件资源（Hardware Resource）

为上下两层提供硬件资源的接口。

（4）机器人硬件抽象（RobotHW）

为了提高代码的复用率，ros_control 提供一个硬件抽象层，负责机器人硬件资源的管理，而 controller 从硬件抽象层请求资源即可，并不直接接触硬件。机器人硬件抽象层通过 write 和 read 方法完成硬件操作，这一层也包含关节约束、力矩转换、状态转换等功能。

（5）真实机器人（Real Robot）

真实机器人上也需要有自己的嵌入式控制器，将接收到的命令反映到执行器上，比如接收到旋转 90° 的命令后，就需要让执行器快速、稳定地旋转 90°。

6.7.2 ros_control 安装

在 Ubuntu 系统中，可以通过以下命令安装 ros_control：

```
$ sudo apt-get install ros-kinetic-ros-control ros-kinetic-ros-controllers
```

6.7.3 控制器

目前 ros_controllers 功能包提供了以下类型的控制器，你也可以创建自己的控制器，并且不限于下面列出的控制器。所有控制器都使用 forward_command_controller 向硬件接口发送命令。

① effort_controllers：发送期望的作用力/转矩给关节。

A. joint_effort_controller。

B. joint_position_controller。

C. joint_velocity_controller。

② joint_state_controller：发布注册到 hardware_interface::JointStateInterface 的所有资源状态到一个话题（topic），消息类型为 sensor_msgs/JointState。

③ position_controllers：同时设置一个或多个关节位置。

A. joint_position_controller。

B. Joint_group_position_controller。

④ velocity_controllers：同时设置一个或多个关节速度。

A. joint_velocity_controller。

B. joint_group_velocity_controller。

⑤ joint_trajectory_controllers：用于拼接整个轨迹的额外功能。

A. position_controller。

B. velocity_controller。

C. effort_controller。

D. position_velocity_controller。

E. position_velocity_acceleration_controller。

当然，我们也可以根据自己的需求创建需要的控制器，然后通过控制器管理器来管理自己创建的控制器。创建控制器的具体方法可以参考 WIKI：https://github.com/ros-controls/ros_control/wiki/controller_interface。

6.7.4 硬件接口

硬件接口是控制器和硬件进行沟通的接口，用来发送和接收硬件命令，同样可以自己创建需要的硬件接口，具体实现方法可以参考 WIKI：https://github.com/ros-controls/ros_control/wiki/hardware_interface。目前可用的硬件接口（通过硬件资源管理器）如下。

① 关节命令接口：硬件接口支持控制一组关节，注意到这些命令可以有任何语义，只要它们每个可以表示为单对，它们就不一定是作用力命令。要明确命令的含义，参阅以下派生类：

A. 作用力关节接口：控制作用力型关节。

B. 速度关节接口：控制速度型关节。

C. 位置关节接口：控制位置型关节。

② 关节状态接口：支持读取一组指定关节状态的硬件接口，状态包括位置、速度、作用力（力或力矩）。

③ 执行器状态接口：支持读取一组指定执行器状态的硬件接口，状态包括位置、速度、作用力（力或力矩）。

④ 执行器命令接口。

A. 作用力执行器接口。

B. 速度执行器接口。

C. 位置执行器接口。

⑤ 力转矩传感器接口。

⑥ IMU 传感器接口。

6.7.5 传动装置

传动装置（Transmission）是 URDF 机器人描述模型的扩展，用于描述执行器和关节之间的关系。传动装置传输作用力/流量，使产出/功率保持不变。多个执行器可能通过复杂的传动装置与多个关节相连。

（1）传动装置 URDF 格式

下面是传动装置的 URDF 格式示例：

```
<transmission name="simple_trans">
    <type>transmission_interface/SimpleTransmission</type>
    <joint name="foo_joint">
        <hardwareInterface>EffortJointInterface</hardwareInterface>
    </joint>
    <actuator name="foo_motor">
        <mechanicalReduction>50</mechanicalReduction>
        <hardwareInterface>EffortJointInterface</hardwareInterface>
    </actuator>
</transmission>
```

其中，标签<joint>（一个或多个）指定传动装置连接的关节，子标签<hardwareInterface>（一个或多个）指定一个支持的关节硬件接口，注意：当这个标签的值是 EffortJointInterface 时传动装置加载到 Gazebo，或者是 hardware_interface/EffortJointInterface 时传动装置加载到 RobotHW。标签<actuator>（一个或多个）指定传动装置连接的执行器，子标签<mechanicalReduction>（可选）指定关节/执行器传输时的机械减速，子标签<hardwareInterface>（可选）（一个或多个）指定一个支持的关节硬件接口。

（2）传动装置接口

传动装置特定代码在一个统一接口下实现双向的（执行器和关节）作用力和流量图，且是与硬件接口无关的。目前可用的传动装置类型如下：

① Simple Reduction Transmission——简单减速传动装置。

② Differential Transmission——差速传动装置。

③ Four Bar Linkage Transmission——四连杆传动装置。

用法：

① transmission_interface::ActuatorToJointStateInterface——从执行器变量中获得关节状态。

② hardware_interface::JointStateInterface——输出关节状态到控制器。

6.7.6 关节约束

关节约束接口（joint_limits_interface）包括描述关节约束的数据结构，从通用格式如 URDF 和 rosparam 中获取关节约束的方法，以及在各种关节命令中执行关节约束的方法。关节约束接口不是由控制器本身使用，而是在控制器用 write( ) 函数更新机器人抽象后执行。关节约束不仅包含关节速度、位置、加速度、加加速度、力矩等方面的约束，还包含起安全作用的位置软限位、速度边界（k_v）和位置边界（k_p）等。

可以使用如下方式在 URDF 中设置 Joint Limits 参数：

```
<joint name="$foo_joint" type="revolute">
  <!-- other joint description elements -->
  <!-- Joint limits -->
  <limit lower="0.0" upper="1.0" effort="10.0" velocity="5.0" />
  <!-- Soft limits -->
  <safety_controller k_position="100" k_velocity="10"
    soft_lower_limit="0.1" soft_upper_limit="0.9" />
</joint>
```

还有一些参数需要通过 yaml 配置文件事先加载到参数服务器中，yaml 文件的格式如下：

```
joint_limits:
  foo_joint:
    has_position_limits: true
    min_position: 0.0
    max_position: 1.0
    has_velocity_limits: true
    max_velocity: 2.0
    has_acceleration_limits: true
    max_acceleration: 5.0
    has_jerk_limits: true
    max_jerk: 100.0
    has_effort_limits: true
    max_effort: 5.0
  bar_joint:
    has_position_limits: false # Continuous joint
```

```
has_velocity_limits: true
max_velocity: 4.0
```

6.7.7 控制器管理器

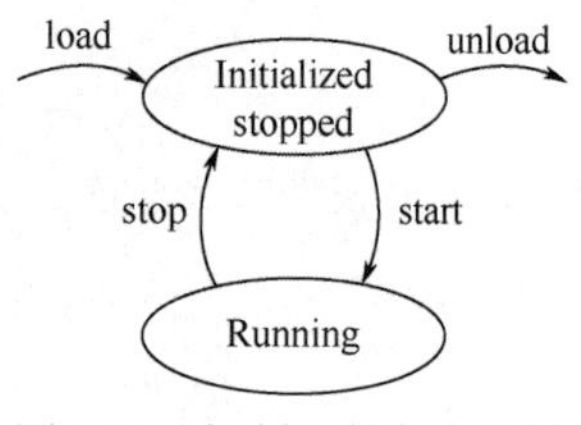

图 6.19 控制器的状态跳转

controller_manager 提供了一种多控制器控制的机制，可以实现控制器的加载、开始运行、停止运行、卸载等多种操作。

如图 6.19 所示的就是 controller_manager 控制控制器实现的状态跳转。

controller_manager 还提供多种工具来辅助完成这些操作。

（1）命令行工具

controller_manager 命令的格式为：

```
$ rosrun controller_manager controller_manager <command> <controller_name>
```

支持的<command>如下：

① load：加载一个控制器。

② unload：卸载一个控制器。

③ start：启动控制器。

④ stop：停止控制器。

⑤ spawn：加载并启动一个控制器。

⑥ kill：停止并卸载一个控制器。

如果希望查看某个控制器的状态，可以使用如下命令：

```
$ rosrun controller_manager controller_manager <command>
```

支持的<command>如下：

① list：根据执行顺序列出所有控制器，并显示每个控制器的状态。

② list-types：显示所有控制器的类型。

③ reload-libraries：以插件的形式重载所有控制器的库，不需要重新启动，方便对控制器进行开发和测试。

④ reload-libraries——restore：以插件的形式重载所有控制器的库，并恢复到初始状态。

但是，很多时候我们需要控制的控制器有很多，比如六轴机器人至少有六个控制器，这时也可以使用 spawner 命令一次控制多个控制器：

```
$ rosrun controller_manager spawner [--stopped] name1 name2 name3
```

上面的命令可以自动加载、启动控制器，如果加上--stopped 参数，那么控制器则只会被加载，但是并不会开始运行。如果想要停止控制一系列控制器，但是不需要卸载，可以使用如下命令：

```
$ rosrun controller_manager unspawner name1 name2 name3
```

（2）launch 工具

在 launch 文件中，同样可以通过运行 controller_manager 命令，加载和启动一系列控制器：

```
<launch>
  <node pkg="controller_manager" type="spawner"
  args="—stopped controller_name1 controller_name2" />
</launch>
```

以上 launch 文件会加载并启动 controller，如果只需加载不必启动，可以使用以下配置：

```
<launch>
  <node pkg="controller_manager" type="spawner"
  args="controller_name1 controller_name2" />
</launch>
```

（3）可视化工具 rqt_controller_manager

controller_manager 还提供了可视化工具 rqt_controller_manager，安装成功后，直接使用以下命令即可打开界面：

```
$ rosrun rqt_controller_manager rqt_controller_manager
```

（4）控制器管理器服务

为了与 ROS 其他节点交互，控制器管理器提供 6 个服务响应：

① controller_manager/load_controller (controller_manager_msgs/LoadController)。

② controller_manager/unload_controller (controller_manager_msgs/UnloadController)。

③ controller_manager/switch_controller (controller_manager_msgs/SwitchController)。

④ controller_manager/list_controllers (controller_manager_msgs/ListControllers)。

⑤ controller_manager/list_controller_types(controller_manager_msgs/ListControllerTypes)。

⑥ controller_manager/reload_controller_libraries(controller_manager_msgs/ReloadControllerLibraries)。

6.8 机器人 Gazebo 仿真

6.8.1 在 Gazebo 中显示机器人模型

使用 xacro 设计的机器人 URDF 模型已经描述了机器人的外观特征和物理特性，虽然已经具备在 Gazebo 中仿真的基本条件，但是由于没有在模型中加入 Gazebo 的相关属性，还是无法让模型在 Gazebo 仿真环境中动起来。那么如何开始仿真呢？

首先我们需要确保每个 link 的<inertia>元素已经进行了合理的设置，然后要为每个必要的<link>、<joint>、<robot>设置<gazebo>标签。<gazebo>标签是 URDF 模型中描述 Gazebo 仿真时所需要的扩展属性。添加 Gazebo 属性之后的模型文件放置在本书配套源码 myrobot_gazebo 功能包的 urdf 文件夹下，以区别于 myrobot_description 中的 URDF 模型。

（1）为 link 添加<gazebo>标签

针对机器人模型，需要对每一个 link 添加<gazebo>标签，包含的属性仅有 material。material 属性的作用与 link 里<visual>中 material 属性的作用相同，Gazebo 无法通过<visual>中的 material 参数设置外观颜色，所以需要单独设置，否则默认情况下 Gazebo 中显示的模型全是灰白色。其中颜色可以直接命名，首字母大写，不需要提前设定 RGBA。

以 base_link 为例，<gazebo>标签的内容如下：

```
<gazebo reference="base_link">
  <material>Gazebo/Blue</material>
</gazebo>
```

（2）在 Gazebo 中显示机器人模型

文件 view_myrobot_gazebo.launch 将机器人模型 myrobot.urdf.xacro 导入到 Gazebo 中显示：

```
<launch>
  <arg name="paused" default="false"/>
  <arg name="use_sim_time" default="true"/>
  <arg name="gui" default="true"/>
  <arg name="headless" default="false"/>
  <arg name="debug" default="false"/>
  <arg name="model" default="$(find myrobot_gazebo)/urdf/myrobot.urdf.xacro"/>
  <include file="$(find gazebo_ros)/launch/empty_world.launch">
    <arg name="debug" value="$(arg debug)" />
    <arg name="gui" value="$(arg gui)" />
    <arg name="paused" value="$(arg paused)"/>
    <arg name="use_sim_time" value="$(arg use_sim_time)"/>
    <arg name="headless" value="$(arg headless)"/>
  </include>
  <param name="robot_description" command="$(find xacro)/xacro --inorder $(arg
model)" />
  <node name="urdf_spawner" pkg="gazebo_ros" type="spawn_model"
    args="-z 1.0 -unpause -urdf -model robot -param robot_description"
respawn="false" output="screen" />
  <node pkg="robot_state_publisher" type="robot_state_publisher"
name="robot_state_publisher">
    <param name="publish_frequency" type="double" value="30.0" />
  </node>
</launch>
```

launch 文件虽然长，但关键地方没多少，都是一些参数的配置。其中主要有：

① 启动一个 Gazebo 的空白世界环境。

② 使用 urdf_spawner 节点将 robot_description 载入到 Gazebo 的空白世界中。

③ 启动 robot_state_publisher 发布机器人相关的 TF。

运行该 launch 文件的效果如图 6.20 所示。

但是，现在 Gazebo 中的机器人，就是一个静态摆设。无论在真实世界或者在 Gazebo 仿真中，机器人都应该有自己的动力来源，使之能够移动。而不是像之前 ArbotiX+Rviz 仿真那样，通过外力来手动调节 joint_state_publisher 节点实现对机器人的运动控制。为了使机器人能够交互，在 Gazebo 仿真中，我们需要指定两部分：插件和传动装置。

6.8.2 Gazebo 插件

Gazebo 插件赋予了 URDF 模型更加强大的功能，可以帮助模型绑定 ROS 消息，从而完成传感器的仿真输出以及对电机的控制，让机器人模型更加真实。Gazebo 插件可以根据插件的作用范围应用到 URDF 模型的<robot>、<link>、<joint>上，需要使用<gazebo>标签作为封装。

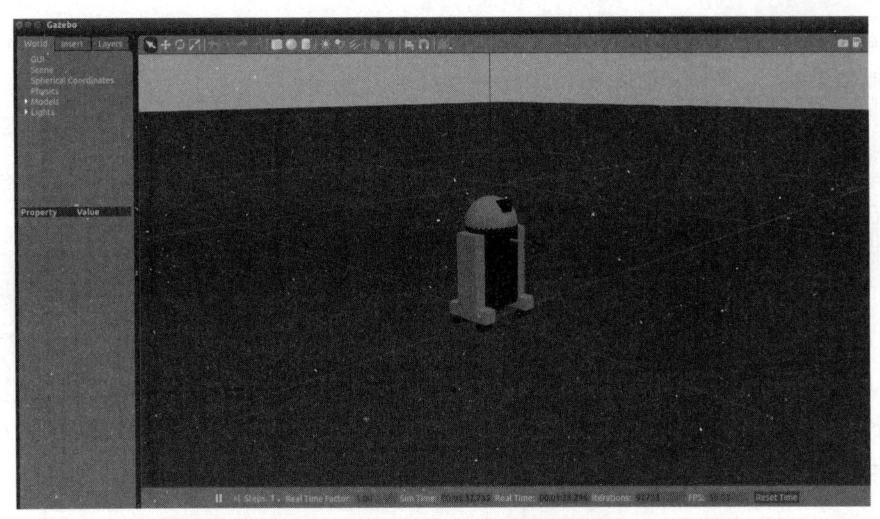

图 6.20　Gazebo 中显示机器人模型

（1）为<robot>元素添加插件

为<robot>元素添加 Gazebo 插件的方式如下：

```
<gazebo>
  <plugin name="unique_name" filename="plugin_name.so">
    ... plugin parameters ...
  </plugin>
</gazebo>
```

与其他的<gazebo>元素相同，如果<gazebo>元素中没有设置 reference="×"属性，则默认应用于<robot>标签。

（2）为<link>、<joint>标签添加插件

如果需要为<link>、<joint>标签添加插件，则需要设置<gazebo>标签中的 reference="×"属性：

```
<gazebo reference="your_link_name">
  <plugin name=" unique_name " filename="plugin_name.so">
    ... plugin parameters ...
  </plugin>
</gazebo>
```

至于 Gazebo 目前支持的插件种类，可以查看 ROS 默认安装路径下的/opt/ros/kinetic/lib 文件夹，所有插件都是以 libgazebo×××.so 的形式命名的。

本书配套案例中，在 publishjoints.urdf.xacro 文件中的<robot>标签内，插入如下代码，来搭建 Gazebo 和 ROS 之间的桥梁。

```
<gazebo>
  <plugin name="gazebo_ros_control" filename="libgazebo_ros_control.so">
    <robotNamespace>/</robotNamespace>
  </plugin>
</gazebo>
```

上述标签内容使得机器人模型在与 Gazebo 交互的时候，使用 ros_control 提供的动态链接库文件。ros_control 只是一个接口，其中包括很多种具体的控制器。所以还需要 joints.yaml 文件指定具体的控制器：

```
type:"joint_state_controller/JointStateController"
publish_rate:50
```

然后在 joints.launch 文件中将参数加载到对应的节点 control_manager 上。

```
<rosparam command="load" file="$(find learn_model)/config/joints.yaml"
ns="r2d2_joint_state_controller" />
<node name="r2d2_controller_spawner" pkg="controller_manager" type="spawner"
args="r2d2_joint_state_controller --shutdown-timeout 3"/>
```

加载控制器之后，机器人还是无法运动关节，因为它不知道到底是哪个关节来执行命令。这时候就需要指定传动装置了。

6.8.3 Gazebo 传动装置

为了使用 ROS 控制器驱动机器人，需要在模型中加入<transmission>元素，将传动装置与 joint 绑定。对于每一个不是 fixed 类型的关节 joint，我们都需要指定它们的 transmission。

（1）head 运动

```
 <transmission name="head_swivel_trans">
   <type>transmission_interface/SimpleTransmission</type>
   <actuator name="$head_swivel_motor">
     <mechanicalReduction>1</mechanicalReduction>
   </actuator>
   <joint name="head_swivel">
   <hardwareInterface>hardware_interface/PositionJointInterface
   </hardwareInterface>
   </joint>
 </transmission>
```

head-firsttransmission.urdf.xacro 文件中的上述代码块将 head_swivel 关节与执行机构连接，joint 标签需要与之前定义的保持一致，<joint name="">定义了将要绑定驱动器的 joint，<type>标签声明了所使用的传动装置类型，<hardwareInterface>定义了硬件接口的类型，这里使用的是位置控制接口，<mechanicalReduction>指定关节和驱动器之间的减速比。

然后在 config 目录下新建文件 head.yaml。

```
type: "position_controllers/JointPositionController"
joint: head_swivel
```

在这里设置 position_controllers 参数。在 urdf 文件中的 hardware interface 就与控制器类型配套了。对应的启动文件为 head.launch 文件，加入 r2d2_head_controller 控制器：

```
<rosparam command="load"
        file="$(find myrobot_gazebo)/config/joints.yaml"
        ns="r2d2_joint_state_controller" />
<rosparam command="load"
```

```
        file="$(find myrobot_gazebo)/config/head.yaml"
        ns="r2d2_head_controller" />
<node name="r2d2_controller_spawner" pkg="controller_manager" type="spawner"
args="r2d2_joint_state_controller
       r2d2_head_controller
       --shutdown-timeout 3"/>
```

启动 launch 文件，发布如下命令查看机器人头部转动的效果：

```
$ rostopic pub /r2d2_head_controller/command std_msgs/Float64 "data:  -0.707"
```

可以看到在 Rviz 和 Gazebo 中，头部非常快地摆动到对应位置。如果按照真实环境，机器人实现缓慢转动，需要在 head-firsttransmission.urdf.xacro 文件中对<joint> head_swivel 加入<limit effort="30" velocity="1.0"/>力和速度的限制。

（2）gripper 运动

与 gripper 相关的关节有三个：gripper_extension、left_gripper_joint 和 right_gripper_joint。为了实现 gripper 运动，这三个关节同样需要添加如上类似内容。但是对每个关节分别进行控制十分麻烦，因此可以用配置文件 gripper.yaml 实现批量控制。

```
type: "position_controllers/JointGroupPositionController"
joints:
 - gripper_extension
 - left_gripper_joint
 - right_gripper_joint
```

同样修改 launch 文件为 gripper.launch，添加对上述 yaml 文件的解析。在 gripper.urdf.xacro 文件中添加对应的 transmission 标签。最后启动 launch 文件，终端 pub 显示对应数据：

```
rostopic pub /r2d2_gripper_controller/command std_msgs/Float64MultiArray "layout:
  dim:
  - label: ''
    size: 3
    stride: 1
  data_offset: 0
  data: [0, 0.5, 0.5]"
```

（3）四个轮子的驱动

轮子的驱动步骤与上述关节驱动类似，但控制器类型不同。上述的所有 joint 控制方式都是 PositionController 位置控制器，而轮子是 DiffDriveController 差速控制器。

第一步，添加 transmission。在 myrobot_move.urdf.xacro 文件中添加如下内容：

```
<transmission name="${prefix}_${suffix}_wheel_trans">
  <type>transmission_interface/SimpleTransmission</type>
  <actuator name="${prefix}_${suffix}_wheel_motor">
    <mechanicalReduction>1</mechanicalReduction>
  </actuator>
  <joint name="${prefix}_${suffix}_wheel_joint">
```

```
    <hardwareInterface>VelocityJointInterface</hardwareInterface>
  </joint>
 </transmission>
```

第二步，编写 yaml 参数文件。轮子和上述其他的控制方式不一样，对应的 diffdrive.yaml 也就显得比较复杂。

第三步，修改 launch 文件。详见 view_myrobot_move_gazebo.launch 文件。

启动 view_myrobot_move_gazebo.launch 文件，如果一切正常，应该可以看到如图 6.21 所示的界面，此时机器人模型已经加载进入仿真环境中。

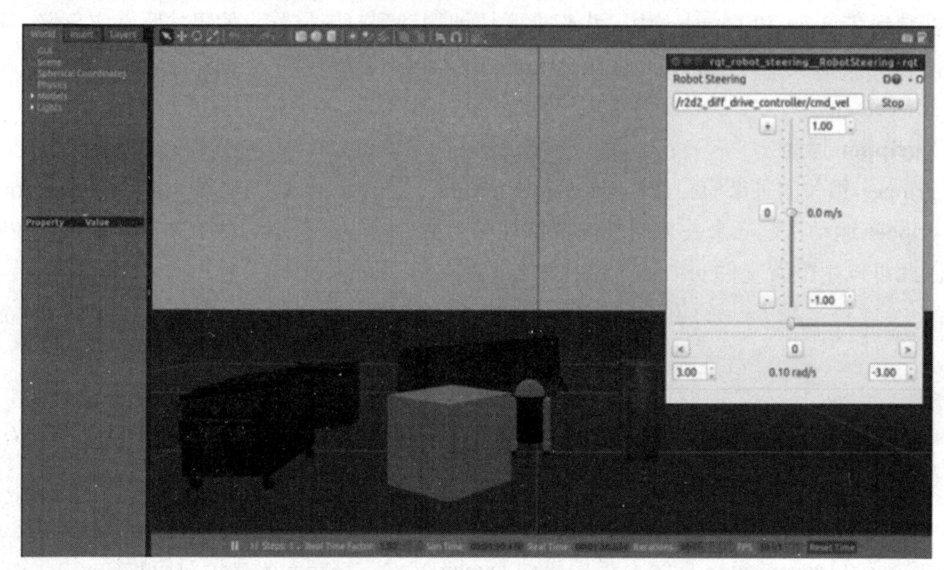

图 6.21 Gazebo 中的机器人仿真环境

可以通过如图 6.21 所示的 rqt_robot_steering 控制机器人在仿真环境中运动，或者发布/订阅 cmd_vel 话题，运行键盘控制节点 myrobot_teleop 来控制机器人运动。当机器人在仿真环境中撞到障碍物时，会根据两者的物理属性决定机器人是否反弹，或者障碍物是否会被推动，这也证明了 Gazebo 是一种贴近真实环境的物理仿真平台。

6.8.4 摄像头仿真

在之前用 ArbotiX+Rviz 搭建的机器人仿真环境中，机器人装配了多种传感器模型，但是这些模型并无法获取任何环境的数据。Gazebo 的强大之处还在于提供了一系列传感器插件，可以帮助我们仿真传感器数据，获取 Gazebo 仿真环境中的传感器信息。

首先为机器人模型添加一个摄像头插件，让机器人看到 Gazebo 中的虚拟世界。

（1）为摄像头模型添加 Gazebo 插件

类似于机器人模型中的差速控制器插件，传感器的 Gazebo 插件也需要在 URDF 模型中进行配置。复制 myrobot_description 中的传感器模型到 myrobot_gazebo 包中，然后在摄像头的模型文件 myrobot_gazebo/urdf/camera.xacro 中添加<gazebo>的相关标签，代码如下：

```
<gazebo reference="${prefix}_link">
  <material>Gazebo/Black</material>
```

```
</gazebo>
<gazebo reference="${prefix}_link">
  <sensor type="camera" name="camera_node">
    <update_rate>30.0</update_rate>
    <camera name="head">
      <horizontal_fov>1.3962634</horizontal_fov>
      <image>
        <width>1280</width>
        <height>720</height>
        <format>R8G8B8</format>
      </image>
      <clip>
        <near>0.02</near>
        <far>300</far>
      </clip>
      <noise>
        <type>gaussian</type>
        <mean>0.0</mean>
        <stddev>0.007</stddev>
      </noise>
    </camera>
    <plugin name="gazebo_camera" filename="libgazebo_ros_camera.so">
      <alwaysOn>true</alwaysOn>
      <updateRate>0.0</updateRate>
      <cameraName>/camera</cameraName>
      <imageTopicName>image_raw</imageTopicName>
      <cameraInfoTopicName>camera_info</cameraInfoTopicName>
      <frameName>camera_link</frameName>
      <hackBaseline>0.07</hackBaseline>
      <distortionK1>0.0</distortionK1>
      <distortionK2>0.0</distortionK2>
      <distortionK3>0.0</distortionK3>
      <distortionT1>0.0</distortionT1>
      <distortionT2>0.0</distortionT2>
    </plugin>
  </sensor>
</gazebo>
```

新的摄像头模型文件在模型描述部分没有变化，只需要加入两个<gazebo>标签。

第一个<gazebo>标签用来设置摄像头模型在Gazebo中的material，与机器人模型的配置相似，只需要设置颜色参数。

重点是第二个设置摄像头插件的<gazebo>标签。在加载传感器插件时，需要使用<sensor>标签来包含传感器的各种属性。例如现在使用的是摄像头传感器，需要设置type为camera，传感器的命名（name）可以自由设置；然后使用<camera>标签具体描述摄像头的参数，包括分辨率、编码格式、图像范围、噪声参数等；最后需要使用<plugin>标签加载摄像头的插件libgazebo_ros_camera.so，同时设置插件的参数，包括命名空间、发布图像的话题、参考坐标系等。

（2）运行仿真环境

现在摄像头插件已经配置完成，使用如下命令启动仿真环境，并加载装配了摄像头的机器人模型：

```
$ roslaunch myrobot_gazebo view_myrobot_with_camera_gazebo.launch
```

启动成功后，可以看到机器人已经在仿真环境中了，查看当前系统中的话题列表，如图 6.22 所示。从图 6.22 发布的话题中可以看到摄像头已经开始发布图像消息了，使用 rqt 工具查看当前机器人眼前的世界：

```
$ rqt_image_view
```

```
→ ~ rostopic list
/camera/camera_info
/camera/image_raw
/camera/image_raw/compressed
/camera/image_raw/compressed/parameter_descriptions
/camera/image_raw/compressed/parameter_updates
/camera/image_raw/compressedDepth
/camera/image_raw/compressedDepth/parameter_descriptions
/camera/image_raw/compressedDepth/parameter_updates
/camera/image_raw/theora
/camera/image_raw/theora/parameter_descriptions
/camera/image_raw/theora/parameter_updates
/camera/parameter_descriptions
/camera/parameter_updates
/clock
/cmd_vel
/gazebo/link_states
/gazebo/model_states
/gazebo/parameter_descriptions
/gazebo/parameter_updates
/gazebo/set_link_state
/gazebo/set_model_state
/joint_states
/odom
/rosout
/rosout_agg
/tf
/tf_static
```

图 6.22　查看 ROS 系统中的话题列表

选择仿真摄像头发布的图像话题/camera/image_raw，即可看到如图 6.23 所示的图像信息。

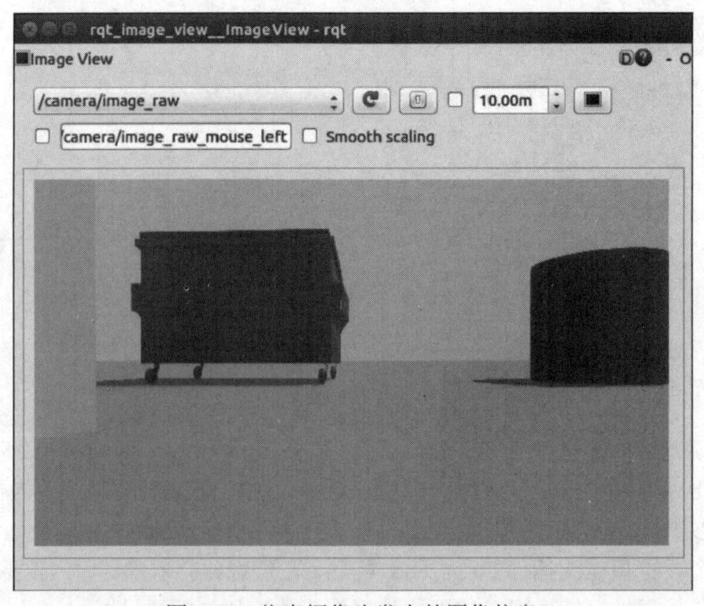

图 6.23　仿真摄像头发布的图像信息

现在就感觉Gazebo仿真环境中的机器人就像真实的机器人一样，不仅可以进行运动控制，还可以获取传感器的反馈信息。

6.8.5　Kinect仿真

很多应用还会使用Kinect等RGB-D传感器，接下来就为Gazebo中的机器人装配一个Kinect，让它可以获取更加丰富的三维信息。

（1）为Kinect模型添加Gazebo插件

在Kinect模型文件myrobot_gazebo/urdf/kinect.xacro中添加以下<gazebo>标签：

```
<gazebo reference="${prefix}_link">
  <sensor type="depth" name="${prefix}">
    <always_on>true</always_on>
    <update_rate>20.0</update_rate>
    <camera>
      <horizontal_fov>${60.0*M_PI/180.0}</horizontal_fov>
      <image>
        <format>R8G8B8</format>
        <width>640</width>
        <height>480</height>
      </image>
      <clip>
        <near>0.05</near>
        <far>8.0</far>
      </clip>
    </camera>
    <plugin name="kinect_${prefix}_controller"   filename="libgazebo_ros_openni_
kinect.so">
      <cameraName>${prefix}</cameraName>
      <alwaysOn>true</alwaysOn>
      <updateRate>10</updateRate>
      <imageTopicName>rgb/image_raw</imageTopicName>
      <depthImageTopicName>depth/image_raw</depthImageTopicName>
      <pointCloudTopicName>depth/points</pointCloudTopicName>
      <cameraInfoTopicName>rgb/camera_info</cameraInfoTopicName>
      <depthImageCameraInfoTopicName>depth/camera_info</depthImageCameraInfo-
      TopicName>
      <frameName>${prefix}_frame_optical</frameName>
      <baseline>0.1</baseline>
      <distortion_k1>0.0</distortion_k1>
      <distortion_k2>0.0</distortion_k2>
      <distortion_k3>0.0</distortion_k3>
      <distortion_t1>0.0</distortion_t1>
```

```
      <distortion_t2>0.0</distortion_t2>
      <pointCloudCutoff>0.4</pointCloudCutoff>
    </plugin>
  </sensor>
</gazebo>
```

这里需要选择的传感器类型是 depth，<camera>标签中的参数与摄像头的类似，分辨率和检测距离都可以在 Kinect 的说明手册中找到，<plugin>标签中加载的 Kinect 插件是 libgazebo_ros_openni_kinect.so，同时需要设置发布的各种数据话题名称以及参考坐标系等参数。

（2）运行仿真环境

使用如下命令启动仿真环境，并加载装配了 Kinect 的机器人模型：

```
$ roslaunch myrobot_gazebo view_myrobot_with_kinect_gazebo.launch
```

查看当前系统的话题列表，确保 Kinect 插件已经启动成功，如图 6.24 所示。

```
→ ~ rostopic list
/camera/depth/camera_info
/camera/depth/image_raw
/camera/depth/points
/camera/parameter_descriptions
/camera/parameter_updates
/camera/rgb/camera_info
/camera/rgb/image_raw
/camera/rgb/image_raw/compressed
/camera/rgb/image_raw/compressed/parameter_descriptions
/camera/rgb/image_raw/compressed/parameter_updates
/camera/rgb/image_raw/compressedDepth
/camera/rgb/image_raw/compressedDepth/parameter_descriptions
/camera/rgb/image_raw/compressedDepth/parameter_updates
/camera/rgb/image_raw/theora
/camera/rgb/image_raw/theora/parameter_descriptions
/camera/rgb/image_raw/theora/parameter_updates
/clock
/cmd_vel
/gazebo/link_states
/gazebo/model_states
/gazebo/parameter_descriptions
/gazebo/parameter_updates
/gazebo/set_link_state
/gazebo/set_model_state
/joint_states
/odom
/rosout
/rosout_agg
/tf
/tf_static
```

图 6.24 查看 ROS 系统中的话题列表

然后使用如下命令打开 Rviz，查看 Kinect 的点云数据：

```
$ rosrun rviz rviz
```

在 Rviz 中需要设置“Fixed Frame”为“camera_frame_optical”，然后添加一个 PointCloud2 类型的插件，修改插件订阅的话题为/camera/depth/points，此时就可以在主界面中看到如图 6.25 所示的点云信息。

6.8.6 激光雷达仿真

在 SLAM 和导航等机器人应用中，为了获取更精确的环境信息，往往会使用激光雷达作为主要传感器。同样我们可以在 Gazebo 中为仿真机器人装载一款激光雷达。

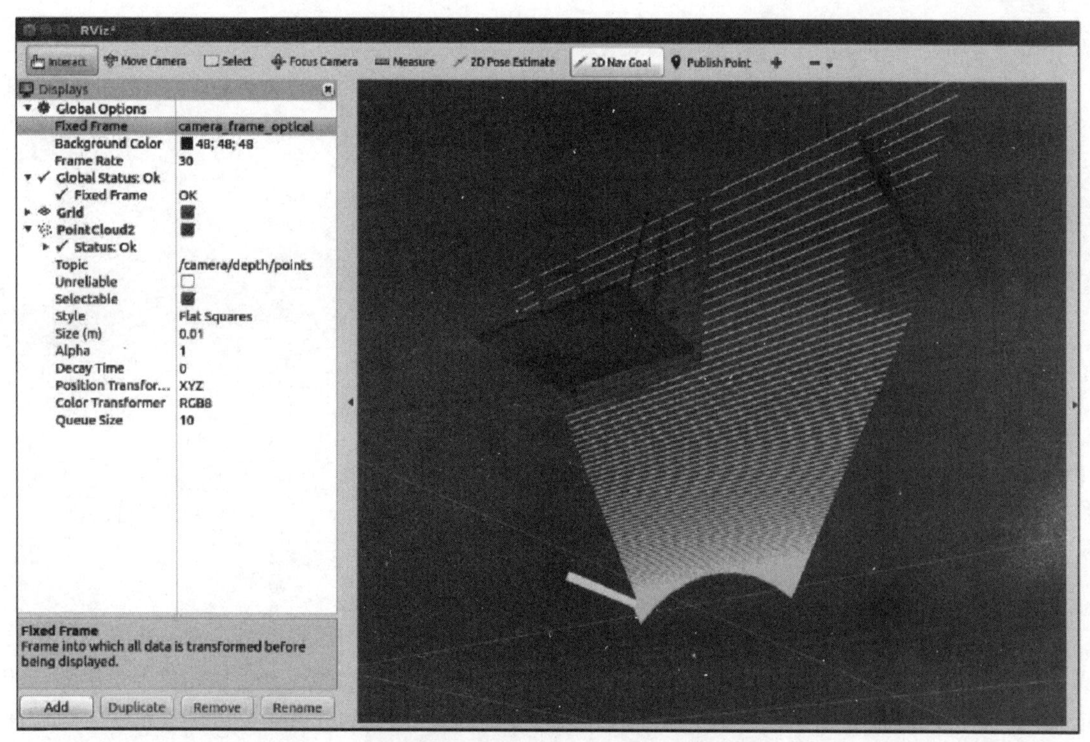

图 6.25 仿真 Kinect 发布的点云信息

（1）为 rplidar 模型添加 Gazebo 插件

我们使用的激光雷达是 rplidar，在 rplidar 的模型文件 myrobot_gazebo/urdf/rplidar.xacro 中添加以下<gazebo>标签：

```
<gazebo reference="${prefix}_link">
  <material>Gazebo/Black</material>
</gazebo>
<gazebo reference="${prefix}_link">
  <sensor type="ray" name="rplidar">
    <pose>0 0 0 0 0 0</pose>
    <visualize>false</visualize>
    <update_rate>5.5</update_rate>
    <ray>
      <scan>
        <horizontal>
          <samples>360</samples>
          <resolution>1</resolution>
          <min_angle>-3</min_angle>
          <max_angle>3</max_angle>
        </horizontal>
      </scan>
      <range>
        <min>0.10</min>
```

```
        <max>6.0</max>
        <resolution>0.01</resolution>
      </range>
      <noise>
        <type>gaussian</type>
        <mean>0.0</mean>
        <stddev>0.01</stddev>
      </noise>
    </ray>
      <plugin name="gazebo_rplidar" filename="libgazebo_ros_laser.so">
        <topicName>/scan</topicName>
        <frameName>laser_link</frameName>
      </plugin>
    </sensor>
</gazebo>
```

激光雷达的传感器类型是 ray，rplidar 的相关参数在产品手册中可以找到。为了获取尽量贴近真实环境的仿真效果，需要根据实际参数配置<ray>标签中的雷达参数：360°检测范围、单圈 360 个采样点、5.5Hz 采样频率、最远 6m 检测范围等。最后使用<plugin>标签加载激光雷达的插件 libgazebo_ros_laser.so，所发布的激光雷达话题是“/scan”。

（2）运行仿真环境

使用如下命令启动仿真环境，并加载装配了激光雷达的机器人：

```
$ roslaunch myrobot_gazebo view_myrobot_with_laser_gazebo.launch
```

查看当前系统中的话题列表，确保 laser 插件已经启动成功，如图 6.26 所示。

```
→  ~ rostopic list
/clock
/cmd_vel
/gazebo/link_states
/gazebo/model_states
/gazebo/parameter_descriptions
/gazebo/parameter_updates
/gazebo/set_link_state
/gazebo/set_model_state
/joint_states
/odom
/rosout
/rosout_agg
/scan
/tf
/tf_static
```

图 6.26 查看 ROS 系统中的话题列表

然后使用如下命令打开 Rviz，查看 rplidar 的激光数据：

```
$ rosrun rviz rviz
```

在 Rviz 中设置“Fixed Frame”为“base_footprint”，然后添加一个 LaserScan 类型的插件，修改插件订阅的话题为“/scan”，就可以看到界面中的激光数据了，如图 6.27 所示。

到目前为止，Gazebo 中的机器人模型已经比较完善了，接下来我们就可以在这个仿真环境的基础上实现丰富的机器人功能。

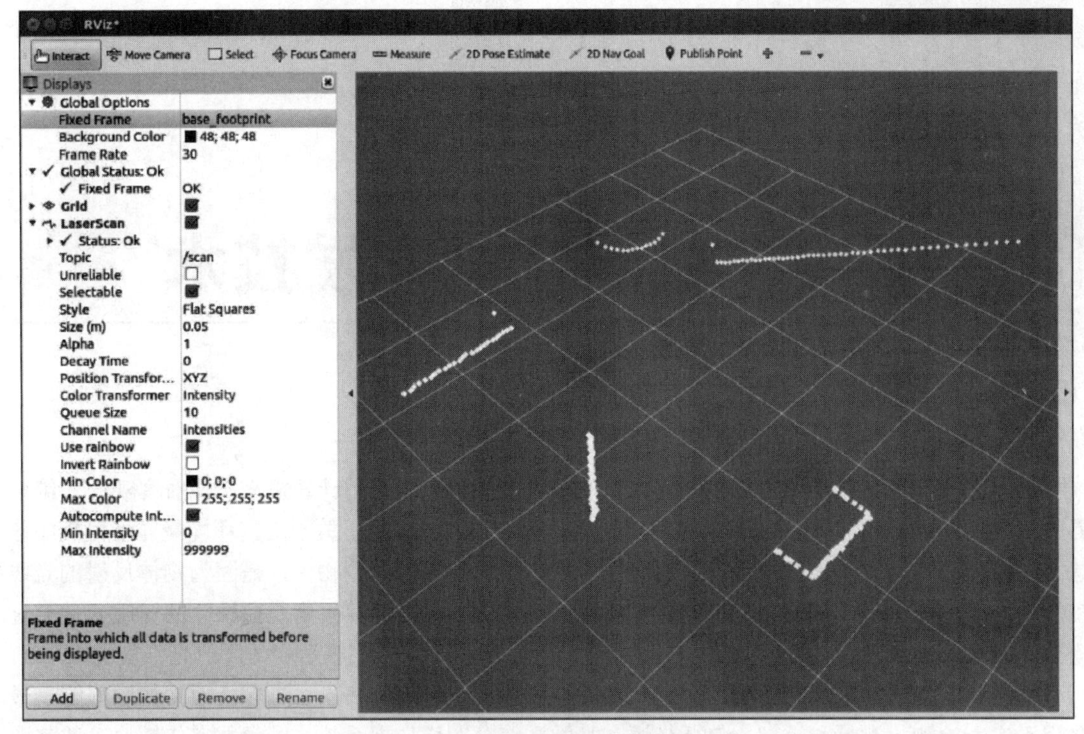

图 6.27　仿真激光雷达发布的激光信息

6.9　本章小结

仿真是机器人系统开发中的重要步骤，学习完本章内容后，你应该已经了解如何使用 urdf 文件创建一个机器人模型，然后使用 xacro 文件优化该模型，并且放置到 ArbotiX+Rviz 或 Gazebo 仿真环境中，以实现丰富的 ROS 功能。

到目前为止，我们学习了 ROS 基础知识，也了解了真实或仿真机器人系统的搭建方法。第 7 章将从机器视觉开始，带你走向机器人应用层面的开发实践。

习题六

1. 机器人模型描述的格式是什么？这种格式是用什么语言构成的？
2. URDF 模型的标签有几个？分别是什么？
3. URDF 模型和 xacro 模型的联系和区别是什么？
4. 在 Gazebo 中显示机器人模型需要在原机器人模型的描述格式上做哪些修改？

第7章 机器视觉开发技术

机器人视觉系统是指用计算机来实现人的视觉功能，也就是用计算机来实现对客观的三维世界的识别。人类接收的信息70%以上来自视觉，视觉为人类提供了关于周围环境最详细可靠的信息。机器人的眼睛与人类的眼睛有类似的地方，人眼之所以能看到物体，是因为物体反射的光线刺激人眼的感光细胞，然后视觉神经在大脑中形成物体的像。计算机则是摄像头的光敏元件通过模数转换将光信号转换成数字信号，并将其量化为数字矩阵，最终表示物体反射光强度的大小。

一个典型的工业机器视觉应用系统从客观事物的图像中提取信息，进行处理并加以理解，最终用于实际检测、测量和控制，包括光源、光学系统、图像捕捉系统、图像数字化模块、数字图像处理模块、智能判断决策模块和机械控制执行模块等。首先采用摄像机或其他图像拍摄装置将目标转换成图像信号，然后转变成数字信号传送给专用的图像处理系统，根据像素分布、亮度和颜色等信息，进行各种运算来提取目标的特征，根据预设的容许度和其他条件输出判断结果。

值得一提的是，广义的机器视觉的概念与计算机视觉没有多大区别，泛指使用计算机和数字图像处理技术达到对客观事物图像的识别、理解和控制。而工业应用中的机器视觉概念与普通计算机视觉、模式识别、数字图像处理有着明显区别，其特点是：

① 机器视觉是一项综合技术，其中包括数字图像处理技术、机械工程技术、控制技术、电光源照明技术、光学成像技术、传感器技术、模拟与数字视频技术、计算机软硬件技术、人机接口技术等。这些技术在机器视觉中是并列关系，相互协调应用才能构成一个成功的工业机器视觉应用系统。

② 机器视觉更强调实用性，要求能够适应工业生产中恶劣的环境；要有合理的性价比；要有通用的工业接口，能够由普通工人来操作；有较高的容错能力和安全性，不会破坏工业产品；必须有较强的通用性和可移植性。

③ 对机器视觉工程师来说，不仅要具有研究数学理论和编制计算机软件的能力，更需要的是光、机、电一体化的综合能力。

④ 机器视觉更强调实时性，要求高速度和高精度，因而计算机视觉和数字图像处理中的许多技术目前还难以应用于机器视觉，它们的发展速度远远超过其在工业生产中的实际应用速度。

本章我们将在图像数据的基础上，使用ROS中的功能包实现以下常用的机器视觉应用。主要包括以下五项内容：

① ROS中的图像数据：了解ROS中的二维图像和三维点云数据，通过Rviz来查看点云，并熟悉ROS-PCL点云应用开发接口。

② 摄像头标定：在图像测量过程以及机器视觉应用中，为了确定空间物体表面某点的三维几何位置与其在图像中对应点之间的相互关系，我们使用camera_calibration功能包实现摄像头的标定。

③ 人脸识别：OpenCV 是图像处理中的有力工具，ROS 中的 cv_bridge 功能包为两者提供了接口，cv_bridge 能够在 ROS 图像消息和 OpenCV 图像之间进行转换，而且可以使用对应的 API 对图像进行处理。

④ 二维码识别：利用 ROS 官方的 ar_track_alvar 功能包，生成分辨率和编码不同的 AR 标签，整合摄像头或 Kinect 深度摄像头实现二维码的识别和更好的姿态估计。通过 AprilTag 与 ROS 连接，从而可以估计物体的三维位置和姿态。

⑤ 物体检测：find_object_2d 功能包是 ROS 集成的物体检测库，利用 find_object_2d 功能包实现对物体特征点的检测，可以选择 SURF、SIFT、FAST 和 BRIEF 特征检测器得到物体的位姿信息，方便我们后续的开发。

7.1 ROS 图像数据

在 ROS 中有不同样式的摄像头，不管是单目摄像头、双目摄像头还是 RGB-D 深度摄像头，都有自己的图像数据格式，我们要熟悉 ROS 系统中的图像数据格式，这样才能在 ROS 视觉的开发中更加得心应手。

7.1.1 二维图像数据

ROS 中有通用 USB 摄像头的驱动功能包 usb_cam，在该功能包的 WIKI 上我们可以看到详细的接口说明，最终的图像将通过<camera_name>/image 发布出来，订阅后就可以看到图像了。

在使用 usb_cam 的功能包之前，我们首先要准备一个摄像头（笔记本电脑可以使用自带的摄像头），为了确保摄像头成功连接在电脑上，我们使用以下命令：

```
$ ls /dev/v*
```

笔记本自带的摄像头的设备号一般为/dev/video0，如果运行完 ls /dew/v*命令看到“/dev/video0”，则表示摄像头被成功驱动了。

其次下载 ROS Kinect 版本的摄像头驱动：

```
$ sudo apt-get install ros-kinect-usb-cam
```

连接 USB 摄像头到 PC 端的 USB 接口，通过以下命令启动摄像头：

```
$ roslaunch usb_cam usb_cam-test.launch
```

下面就是运行 launch 文件的内容，它做的事情有两件：

① 第一个节点是启动了一个在 usb_cam 功能包下的 usb_cam_node 节点，该节点的作用是驱动摄像头，配置摄像头的参数，驱动完成以后，通过话题将它发布出来。

② 第二个节点是启动了一个在 image_view 功能包下的 image_view 节点，这个是 ROS 提供的一个小的可视化界面的功能，就是执行 launch 文件之后看到的界面，启动之后它会订阅一个话题，并把话题中的图像显示出来，就是我们看到的图像页面，如图 7.1 所示。

出现图像画面后，使用以下命令可以查看 ROS 系统中的图像 topic 信息，如图 7.2 所示。

```
$ rostopic info /usb_cam/image_raw
```

如图 7.2 所示的终端信息，我们可以发现图像 topic 的消息类型是 sensor_msgs/Image，它的发布者是/usb_cam，订阅者是/image_view。其中 sensor_msgs/Image 是摄像头原始图像的消息类型，我们可以通过以下命令查看该图像数据的 msg 格式，如图 7.3 所示。

```
$ rosmsg show sensor_msgs/Image
```

图 7.1　image_view 节点显示

```
xbot@xbot-HP-ProBook-440-G5:~$ rostopic info /usb_cam/image_raw
Type: sensor_msgs/Image

Publishers:
 * /usb_cam (http://172.20.10.2:44353/)

Subscribers:
 * /image_view (http://172.20.10.2:43095/)
```

图 7.2　图像的话题信息

```
xbot@xbot-HP-ProBook-440-G5:~$ rosmsg show sensor_msgs/Image
std_msgs/Header header
  uint32 seq
  time stamp
  string frame_id
uint32 height
uint32 width
string encoding
uint8 is_bigendian
uint32 step
uint8[] data
```

图 7.3　图像消息类型 sensor_msgs/Image

下面我们来介绍一下图像数据消息每一行代表的具体内容。

① header：消息的头部，包含图像的序号、时间戳和绑定坐标系。

② height：图像长度。

③ width：图像宽度。

④ encoding：图像的像素编码，包含通道的含义、排序、大小。

⑤ is_bigendian：图像数据的大小端存储模式。

⑥ step：一行图像数据的字节长度。

⑦ data：图像数据。

图像产生的数据量在实际应用中是非常大的，非常占用空间和带宽，尤其是一些工业图像以30 帧每秒的速度录像的话会产生好几百 MB 大小的视频，所以图像在传输前会进行压缩处理，ROS

中压缩图像的消息类型为 sensor_msgs/CompressedImage，该消息类型的定义如图 7.4 所示。

```
xbot@xbot-HP-ProBook-440-G5:~$ rosmsg show sensor_msgs/CompressedImage
std_msgs/Header header
  uint32 seq
  time stamp
  string frame_id
string format
uint8[] data
```

图 7.4　压缩图像消息类型 sensor_msgs/CompressedImage

7.1.2　三维点云和深度图像

点云数据是指在空间中随机放置的3D点的集合。例如，Rviz 订阅 camera/depth_registered/points 话题后，终端会显示三维点云数据。我们可以使用如下命令查看三维点云数据消息类型，如图 7.5 所示。

```
$ rostopic info /camera/depth_registered/points
```

```
robot@robot-laptop:~$ rostopic info /camera/depth_registered/points
Type: sensor_msgs/PointCloud2

Publishers:
 * /camera/realsense2_camera_manager (http://robot-laptop:34625/)

Subscribers:
 * /rviz_1571490452793332727 (http://robot-laptop:44017/)
```

图 7.5　三维点云数据消息类型

三维点云数据消息类型对应于 Rviz 中添加可视化插件时所选择的插件类型，可以使用以下命令查看该消息的具体格式，如图 7.6 所示。

```
$ rosmsg show sensor_msgs/PointCloud2
```

```
robot@robot-laptop:~$ rosmsg show sensor_msgs/PointCloud2
std_msgs/Header header
  uint32 seq
  time stamp
  string frame_id
uint32 height
uint32 width
sensor_msgs/PointField[] fields
  uint8 INT8=1
  uint8 UINT8=2
  uint8 INT16=3
  uint8 UINT16=4
  uint8 INT32=5
  uint8 UINT32=6
  uint8 FLOAT32=7
  uint8 FLOAT64=8
  string name
  uint32 offset
  uint8 datatype
  uint32 count
bool is_bigendian
uint32 point_step
uint32 row_step
uint8[] data
bool is_dense
```

图 7.6　三维点云消息类型 sensor_msgs/PointCloud2

三维点云消息类型定义如下：

① header：消息的头部，包含图像的序号、时间戳和绑定坐标系。

② height：点云图像长度。

③ width：点云图像宽度。

④ fields：每个点的数据类型。

⑤ is_bigendian：数据的大小端存储模式。

⑥ point_step：单点的数据字节大小。

⑦ row_step：一列数据的字节大小。

⑧ data：点云数据。

ROS 所在设备若安装了 realsense2_camera 摄像头，可以打开终端，输入以下命令：

```
$ roslaunch realsense2_camera rs_camera.launch
```

新打开一个终端可以查看当前所有的 topic。如果我们输入 `rostopic list | grep "raw$"`，可以看到如图 7.7 所示的六种话题，利用 image_view 就可以通过这六种话题查看六种图像。如果是在笔记本上模拟，没有 RealSense2 深度摄像头，则无法显示深度信息。

```
robot@robot-laptop:~$ rostopic list | grep "raw$"
/camera/aligned_depth_to_color/image_raw
/camera/aligned_depth_to_infra1/image_raw
/camera/color/image_raw
/camera/depth/image_rect_raw
/camera/infra1/image_rect_raw
/camera/infra2/image_rect_raw
```

图 7.7　rostopic list 话题

另外，我们可以利用 image_view 查看相机的彩色图像、深度图像、红外图像、彩色流向深度流对齐的图像，如图 7.8 所示。

以下命令中，“/camera/color/image_raw”是话题名称，查看其他图像只需修改此话题即可。

```
$ rosrun image_view image_view image: =/camera/color/image_raw  #彩色图像
$ rosrun image_view image_view image: =/camera/depth/image_rect_raw  #深度图像
$ rosrun image_view image_view image: = /camera/infra1/image_rect_raw  #红外图像
$ rosrun image_view image_view image: = /camera/aligned_depth_to_color/image_raw  #彩色流向深度流对齐的图像
```

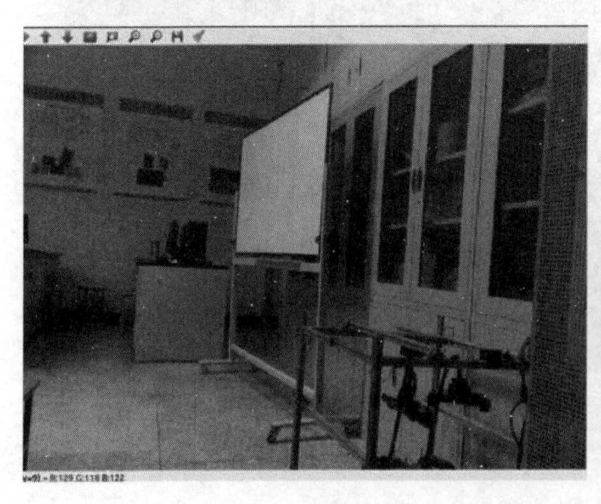

（a）彩色图像

（b）深度图像

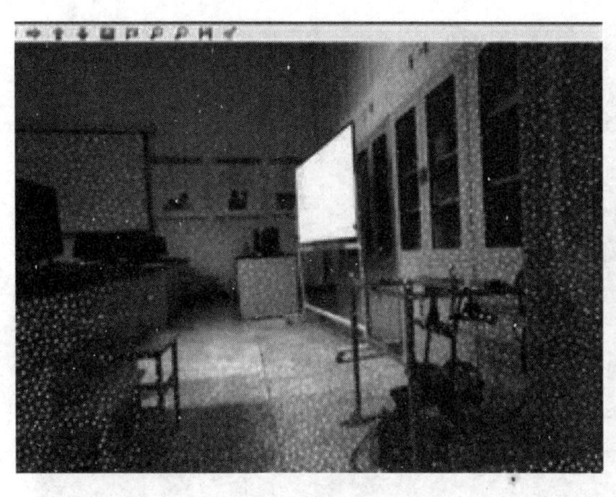

（c）红外图像

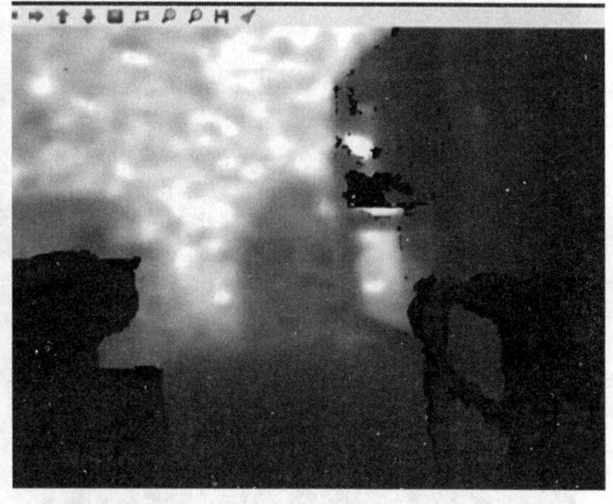

（d）彩色流向深度流对齐的图像

图 7.8 利用 image_view 查看图像

7.1.3 查看点云图像

通过以上学习，知道可以使用 image_view 来查看相机产生的各种图像，而要查看点云图像则需要使用 Rviz 或其他 GUI 程序。

运行 `roslaunch realsense2_camera rs_camera.launch`，用命令 `rosrun rviz rviz` 或 `rviz` 打开 Rviz，然后 Add 一个 visualization，选择“By topic”里面的/camera/depth_registered/points 节点，把里面的“PointCloud2”点云图像加入 Rviz 中，如图 7.9 所示。

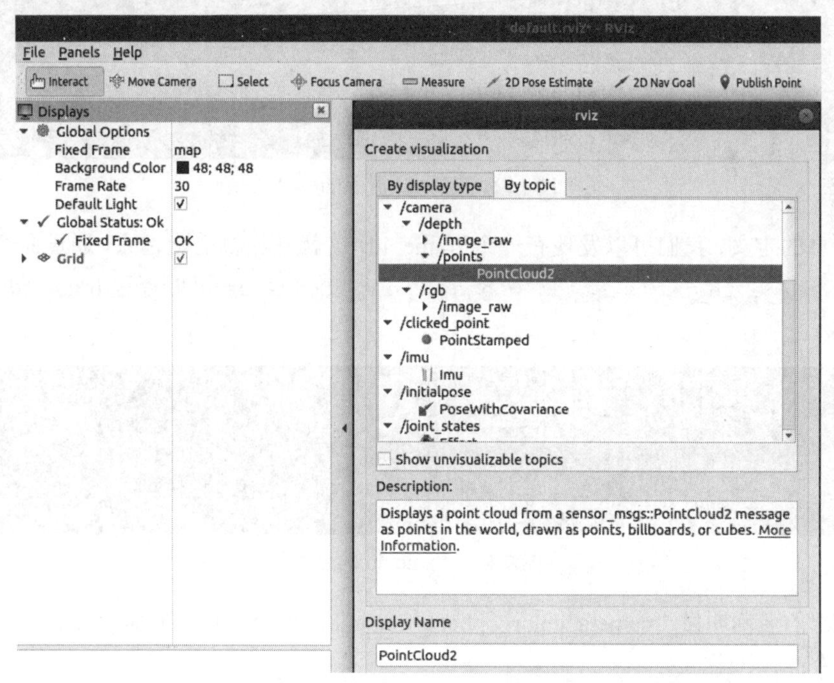

图 7.9 在 Rviz 中加入点云

此时在 Rviz 中并未发现有点云图像，原因是 Rviz 中的 map 为世界坐标系，而相机不知道自己的位姿，需要给相机一个位姿，告诉相机它与世界坐标的关系是什么。最简单的方法就是把 map 坐标直接设置为相机的坐标。先通过以下命令查看 topic 的信息，其消息类型如图 7.10 所示。

```
robot@robot-laptop:~$ rostopic info /camera/depth_registered/points
Type: sensor_msgs/PointCloud2

Publishers:
 * /camera/realsense2_camera_manager (http://robot-laptop:34625/)

Subscribers:
 * /rviz_1571490452793332727 (http://robot-laptop:44017/)
```

图 7.10　查看消息的类型

`$ rostopic info /camera/depth_registered/points`

再通过命令 `rosmsg show sensor_msgs/PointCloud2` 查看消息的定义，如图 7.11 所示。

```
robot@robot-laptop:~$ rosmsg show sensor_msgs/PointCloud2
std_msgs/Header header
  uint32 seq
  time stamp
  string frame_id
uint32 height
uint32 width
sensor_msgs/PointField[] fields
  uint8 INT8=1
  uint8 UINT8=2
  uint8 INT16=3
  uint8 UINT16=4
  uint8 INT32=5
  uint8 UINT32=6
  uint8 FLOAT32=7
  uint8 FLOAT64=8
  string name
  uint32 offset
  uint8 datatype
  uint32 count
bool is_bigendian
uint32 point_step
uint32 row_step
uint8[] data
bool is_dense
```

图 7.11　PointCloud2 消息的具体结果

通过消息的定义，我们可以发现有一个 frame_id，这就是相机的坐标系，通过命令 `rostopic echo /camera/depth_registered/points | grep frame_id` 可以查看 frame_id 的名称，如图 7.12 所示。

```
robot@robot-laptop:~$ rostopic echo /camera/depth_registered/points | grep frame_id
  frame_id: "camera_color_optical_frame"
  frame_id: "camera_color_optical_frame"
  frame_id: "camera_color_optical_frame"
  frame_id: "camera_color_optical_frame"
  frame_id: "camera_color_optical_frame"
  frame_id: "camera_color_optical_frame"
  frame_id: "camera_color_optical_frame"
```

图 7.12　frame_id 的名称

frame_id 的名称叫做“camera_color_optical_frame”，世界坐标系叫做“map”，之后就可以输入以下命令：

`$ rosrun tf static_transform_publisher 0.0 0.0 0.0 0.0 0.0 0.0 map camera_color_optical_frame 100`

通过以上命令可以将世界坐标系直接赋给相机坐标系，此命令中的 6 个 0.0 表示既没有平移，也没有旋转，然后通过 Rviz 显示点云图像，如图 7.13 所示。

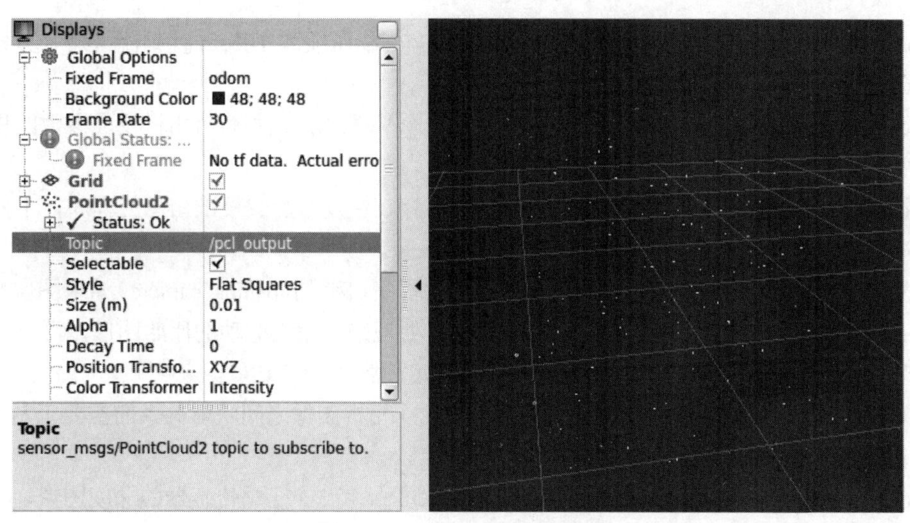

图 7.13 Rviz 中的点云图像

7.1.4 ROS-PCL 开发接口

之前我们介绍了点云数据定义为某一坐标系下的一组数据点。在 3D 环境中，点云数据有 *x*、*y*、*z* 三个坐标。PCL 是用于处理 2D/3D 图像和 3D 点云数据的开源项目，ROS 官方网站参考链接：http://wiki.ros.org/pcl/Tutorials。PCL 与 OpenCV（将在后面的小节介绍）一样，也是基于 BSD 许可协议，可以免费用于商业和学术研究，支持 Linux、Windows 和 macOS 等操作系统。

PCL 是由大量标准算法组成，如过滤、特征估计、表面重建、模型拟合和分割、定位搜索等，可用于实现不同类型的点云应用开发。点云数据可以通过 Kinect、华硕 Xtion Pro、英特尔 RealSense 等传感器获取。然后，我们就可以在机器人项目中使用这些数据，如机器人操控和抓取物体。PCL 和 ROS 是紧密集成的，用于处理来自各类传感器的点云数据。perception_pcl 软件包集是 PCL 的 ROS 接口，该软件包集可以将来自 ROS 的点云数据转换成 PCL 的数据类型，反之亦然。perception_pcl 软件包集包含以下软件包：

① pcl_conversions：该软件包提供了将 PCL 数据类型转换为 ROS 消息的 API。

② pcl_msgs：该软件包包含了在ROS中定义的PCL相关消息。PCL相关消息包含ModelCoefficients、PonitIndices、PolygonMesh、Vertices。

③ pcl_ros：该软件包是打通 ROS 与 PCL 之间的桥梁，包含将 ROS 消息与 PCL 数据类型桥接的工具和节点。

④ pointcloud_to_laserscan：该软件包的主要功能是将 3D 点云数据转换为 2D 激光扫描数据。该软件包有助于将 3D 视觉传感器（如 Kinect 和华硕 Xtion Pro）变成激光扫描仪。激光扫描数据主要用于 2D-SLAM，可应用于机器人导航。

下面我们将通过输入以下命令来安装 ROS perception 软件包集，它是 ROS 中的一个软件包集合，包含所有与视觉相关的软件包，包括 OpenCV、PCL 等。

```
$ sudo apt-get install ros-kinetic-perception
```

ROS perception 软件包集包含了以下各类 ROS 软件包：

① image_common：该软件包包含处理 ROS 图像的常用功能。这个软件包由下列软件包组成（http://wiki.ros.org/image_common）：

A. image_transport：该软件包可以在发布和订阅图像时压缩图像，这样可以节省带宽（http:

//wiki.ros.org/image transport）。压缩算法包括 JPFG/PNG 压缩和 Theora 视频流压缩。另外，还可以将自定义的压缩方法添加到 image_transport 中。

B. camera_calibration_parsers：该软件包包含一个从 XML 文件读/写相机校准参数的程序。该软件包主要用于相机驱动程序访问校准参数。

C. camera_info_manager：该软件包包含一个保存、恢复、加载校准信息的程序，主要由相机驱动程序调用。

D. polled_camera：该软件包包含从轮询相机驱动程序（例如 prosilica_camera）请求图像的接口。

E. image_pipeline：该软件包包含一组软件包，处理来自相机驱动的原始图像，可以实现各种图像处理，如校准、畸变消除、立体视觉处理、深度图像处理等功能。

② camera_calibration：校准是建立 3D 环境与 2D 相机图像之间映射关系的重要工具之一。该软件包中的工具为 ROS 提供了单目和立体相机校准。

A. depth_image_proc：该软件包用于处理来自 Kinect 和 3D 视觉传感器的深度图像，由若干个节点和小节点组成。深度图像可以被小节点处理，生成点云数据。

B. stereo_image_proc：该软件包的节点可以处理一对相机图像，如消除畸变。与 image_proc 软件包的不同之处在于 stereo_image_proc 可以处理两个相机的立体视觉，生成点云数据和视差图像。

C. image_rotate：该软件包包含可以旋转输入图像的节点。

D. image_view：这是 ROS 中查看消息话题的简单工具，还可以用于浏览立体图像和视差图像。

E. image_transport_plugins：该软件包包含 ROS 图像传输的插件，用于发布和订阅 ROS 图像，并将图像压缩至不同程度或将视频进行编码，从而减少传输带宽和传输时延。

F. laser_pipeline：这是一组可以处理激光数据的软件包集，例如滤波和转换 3D 笛卡儿数据并组装这些数据以形成点云。laser_pipeline 软件包集包含以下各种软件包：

（A）laser_filters：该软件包用于对原始激光数据进行去噪，去除机器人本体范围内的激光点，还可以去除激光数据中的虚假数值。

（B）laser_geometry：对激光数据进行去噪后，须将其距离值和角度值转换成笛卡儿坐标下的坐标值，同时还要考虑激光扫描仪的旋转和倾斜角。

（C）laser_assembler：该软件包可以将激光扫描数据融合成 3D 点云数据或 2.5D 扫描数据。

G. perception_pcl：PCL-ROS 接口的 ROS 软件包集。

H. vision_opencv：OpenCV-ROS 接口的 ROS 软件包集。

7.2 摄像头标定

与其他传感器一样，相机也需要校准以校正相机内部参数造成的图像失真，并根据相机坐标确定世界坐标。摄像头这种精密仪器对光学器件的要求较高，由于摄像头内部与外部的一些原因，生成的物体图像往往会发生畸变。为了避免数据源造成的误差，需要针对摄像头的参数进行标定，完成相机坐标到真实世界坐标的转换。可用经典的黑白棋盘、对称圆形图案、不对称圆形图案等方法对相机进行校准。根据不同的图案，我们用不同的方程求得校准参数。我们可以通过校准工具检测图案，并将检测到的每个图案视为一个新方程。当校准工具检测到足够多的图案时，就可以计算出相机的最终参数。ROS 官方提供了用于双目和单目摄像头标定的功能包 camera_calibration 来进行相机校准。

7.2.1 camera_calibration 功能包

在进行摄像头标定之前，我们要使用以下命令安装摄像头标定功能包 camera_calibration：

```
$ sudo apt-get install ros-kinetic-camera-calibration
```

然后下载 ROS WIKI 页面中提到的黑白格棋盘图案，然后打印出来并粘贴在一个纸板上。这将是我们用于校准的图案。如图 7.14 所示，8×8 黑白格棋盘图中有 7×7 个校准点。

图 7.14 黑白格棋盘校准图案

7.2.2 启动标定程序

首先使用以下命令启动 USB 摄像头程序，确保摄像头能够正常运转：

```
$ roslaunch robot_vision usb_cam.launch
```

然后使用以下命令进行标定：

```
$ rosrun camera_calibration cameracalibrator.py --size 7x7 square 0.024 image:=/usb_cam/image_raw camera:=/usb_cam
```

从上面的命令我们可以看出，使用 cameracalibrator.py 标定程序时，输入了 4 个参数，下面来介绍不同参数的具体意义：

① size：标定棋盘格内部角点的个数，如图 7.14 所示的棋盘一共有 8 行，每行有 7 个内部角点。

② square：这个参数对应每个棋盘格的边长，单位是米。

③ image 和 camera：设置摄像头发布的图像话题以及摄像头类别的选择。

根据使用的摄像头和标定靶棋盘格尺寸，相应修改以上参数，即可启动标定程序。

7.2.3 标定摄像头

标定程序启动成功后，将标定靶放置在摄像头视野范围内，可以看到如图 7.15 所示的图形界面。图像均为 640×480 的 8×8 黑白格棋盘图，有 7×7 个内部角点。

在没有标定成功前，需要等待几分钟，此时“display”界面右边的按钮都为灰色，不能进行标定。为了提高相机标定的准确性，应该尽量让标定靶出现在摄像头视野范围内的各个区域，界面右上角的进度条会提示标定进度。

① X：标定靶在摄像头视野中的左右移动。

② Y：标定靶在摄像头视野中的上下移动。

③ Size：标定靶在摄像头视野中的前后移动。

④ Skew：标定靶在摄像头视野中的倾斜转动。

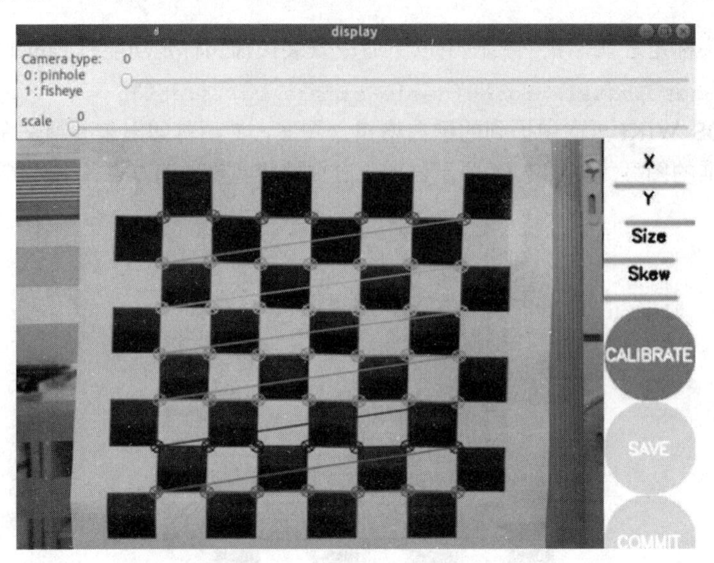

图 7.15　摄像头标定程序

在标定过程中不断移动、旋转标定靶直到“CALIBRATE”按钮变为绿色，标志着标定程序的参数采集完成。此时就可以点击“CALIBRATE”按钮，标定程序开始自动计算摄像头的标定参数。点击“SAVE”按钮就可以将标定参数保存在默认文件夹下。点击“COMMIT”按钮，提交数据并且退出。参数计算完成后界面恢复，而且在终端中摄像机的各个参数会出现在标定程序的终端窗口，如图 7.16 所示。

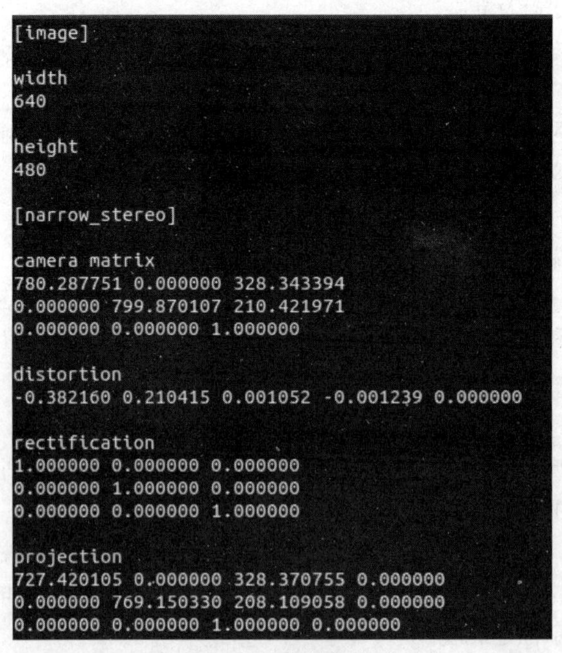

图 7.16　终端中的标定结果

点击界面中的“SAVE”按钮，标定参数将被保存到默认的文件夹下，并在终端中看到该路径，如图 7.17 所示。

```
[ INFO] [1560168890.535124123]: writing calibration data to /home/tho
mas/.ros/camera_info/head_camera.yaml
^C[image_view-3] killing on exit
[usb_cam-2] killing on exit
[rosout-1] killing on exit
[master] killing on exit
shutting down processing monitor...
... shutting down processing monitor complete
done
```

图 7.17　标定参数的保存路径

然后点击“COMMIT”，打开/tmp 文件夹，就可以看到标定结果的压缩文件 calibrationdata.tar.gz。解压该文件后从中可以找到以 head_camera.yaml 命名的标定结果文件，这样就可以通过标定文件来实现摄像头的标定了。

7.2.4　Kinect 相机的标定

Kinect 相机不仅有 RGB 摄像头，还有一个红外深度摄像头，两个摄像头需要分别标定，方法与 USB 摄像头的标定相同。安装好 Kinect 的驱动后，启动 Kinect 相机并分别使用以下命令，按照 7.2.3 节介绍的流程即可完成标定。

```
$ roslaunch robot_vision freenect.launch
$ rosrun camera_calibration cameracalibrator.py image: =/camera/rgb/image_raw camera: =/camera/rgb --size 7x7 --square 0.024
$ rosrun camera_calibration cameracalibrator.py image: =/camera/ir/image_raw camera: =/camera/ir --size 7x7 --square 0.024
```

与之前的相机标定方法不同之处在于，这里只需要将图像输出订阅的话题改为/camera/rgb/image_raw 并且将相机的类型改为/camera/rgb，即可完成对 Kinect 相机的标定。

7.2.5　加载标定参数的配置文件

标定摄像头生成的配置文件是 YAML 格式的，可以在启动摄像头的 launch 文件中进行加载，例如加载摄像头标定文件的 robot_vision/launch/usb_cam_with_calibration.launch：

```
<launch>
    <node name="usb_cam" pkg="usb_cam" type="usb_cam_node" output="screen" >
        <param name="video_device" value="/dev/video0" />
        <param name="image_width" value="1280" />
        <param name="image_height" value="720" />
        <param name="pixel_format" value="yuyv" />
        <param name="camera_frame_id" value="usb_cam" />
        <param name="io_method" value="mmap"/>
        <param name="camera_info_url" type="string" value="file://$(find robot_vision)/camera_calibration.yaml" />
    </node>
</launch>
```

Kinect 相机标定文件的加载方法相同，分别设置 RGB 摄像头和红外深度摄像头的标定文件即可，详见 robot_vision/launch/freenect_with_calibration.launch：

```
<launch>
    <!-- Launch the freenect driver -->
    <include file="$(find freenect_launch)/launch/freenect.launch">
        <arg name="publish_tf" value="false" />
        <!-- use device registration -->
        <arg name="depth_registration" value="true" />
        <arg name="rgb_processing" value="true" />
        <arg name="ir_processing" value="false" />
        <arg name="depth_processing" value="false" />
        <arg name="depth_registered_processing" value="true" />
        <arg name="disparity_processing" value="false" />
        <arg name="disparity_registered_processing" value="false" />
        <arg name="sw_registered_processing" value="false" />
        <arg name="hw_registered_processing" value="true" />
        <arg name="rgb_camera_info_url" value="file://$(find robot_vision)/kinec
        t_rgb_calibration.yaml" />
        <arg name="depth_camera_info_url" value="file://$(find robot_vision)/kin
        ect_depth_calibration.yaml" />
    </include>
</launch>
```

如果启动加载了标定文件的传感器后，终端出现警告信息，我们只需要把标定文件的camera_name改成我们实际的传感器的名称，并按照警告信息修改对应的传感器名称即可。

7.2.6 校正图像

通过相机的标定我们建立了相机成像几何模型并矫正透镜畸变，使成像后的图像与真实世界的景象保持一致。那我们可以直接使用功能包来对实时采集到的图像进行校正吗？image_proc软件包可以实现图像的矫正和色彩的处理，让我们来感受一下吧。

我们在终端输入以下命令来下载相应的功能包：

```
$ git clone https://github.com/ros-perception/image_pipeline.git
```

image_proc软件包应用于摄像机驱动程序和视觉处理节点之间。image_proc功能包可以消除原始图像流中的相机失真，而且可以将Bayer或YUV422格式的图像数据转换为彩色图像。如图7.18所示，我们展示了一个单目相机进行校正的前后对比图。如图7.18（a）所示是一张颜色失真的灰色图像，如图7.18（b）所示是校正颜色后的图像（黑色的边框会使图像畸变）。

为了确保相机驱动能够正常地运行，可以在终端输入以下命令：

```
$ rostopic list| grep image_raw
```

来查看兼容驱动程序中可用的原始图像主题。如果驱动程序发布话题/my_camera/image_raw和/my_camera/camera_info，则可以执行以下操作：

```
$ ROS_NAMESPACE=my_camera rosrun image_proc image_proc
```

请注意：在/my_camera命名空间下，其中订阅的是image_raw和camera_info话题。同样，所有输出话题都在/my_camera命名空间中发布。重新打开一个终端输入以下命令：

```
$ rosrun image_view image_view image: =my_camera/image_rect_color
```

这样就会显示来自/my_camera 的未失真的彩色图像。

（a）校正前

（b）校正后

图 7.18 单目相机图像校正实例

7.3 OpenCV 库和人脸识别

OpenCV 库是一个开源的基于 BSD 许可协议发行的跨平台计算机视觉和机器学习软件库，可以运行在 Linux、Windows、Android 和 macOS 操作系统上。它轻量而且高效，由一系列 C 函数和少量 C++类构成，同时提供了 Python、Ruby、MATLAB 等语言的接口，实现了图像处理和计算机视觉方面的很多通用算法。利用 OpenCV 库，我们可以通过人脸识别算法在输入的图像中确定人脸（如果存在）的位置、大小和姿态，可应用于生物特征识别、视频监听、人机交互等应用中。2001 年，Viola 和 Jones 提出了基于 Haar 特征的级联分类器对象检测算法，并由 Lienhart 和 Maydt 进行改进，为快速、可靠的人脸检测应用提供了一种有效方法。OpenCV 已经集成了该算法的开源实现，利用大量样本的 Haar 特征进行分类器训练，然后调用训练好的分类器 cascade 进行模式匹配。

7.3.1 安装 OpenCV 库

ROS 中集成了 OpenCV 库和相关的接口功能包，使用以下命令即可安装相关的依赖：

```
$ sudo apt-get install ros-kinetic-vision-opencv libopencv-dev python-opencv
```

读者也可以查阅 ROS 官方的 OpenCV 文档，查询网址为 http://wiki.ros.org/opencv_apps，选择自己 ROS 系统的发行版本即可找到对应文档的介绍。ROS 的 opencv_apps 包提供了各种在内部运行 OpenCV 功能并将其结果发布为 ROS 话题的节点，使用 opencv_apps 只需运行所需的 OpenCV 功能相对应的 launch 文件即可。

7.3.2 使用 OpenCV 库

ROS 是机器人领域中比较受关注的一种系统，它的应用比较方便而且有许多的工具，比如传感器驱动包就可以直接使用。但是 ROS 对于传感器数据有自己的格式和规范，而在 OpenCV 中，我们使用 OpenCV C++接口得到的图像是以 Mat 矩阵的形式存储的，这与 ROS 定义的图像消息的格式有一定的区别，所以我们需要利用 cv_bridge 将这两种不相同的格式联系起来，如图 7.19 所示。通过 cv_bridge 可以将 OpenCV 处理过后的数据转换成 ROS 图像，通过话题进行发布，实现各节点之间的图像传输。

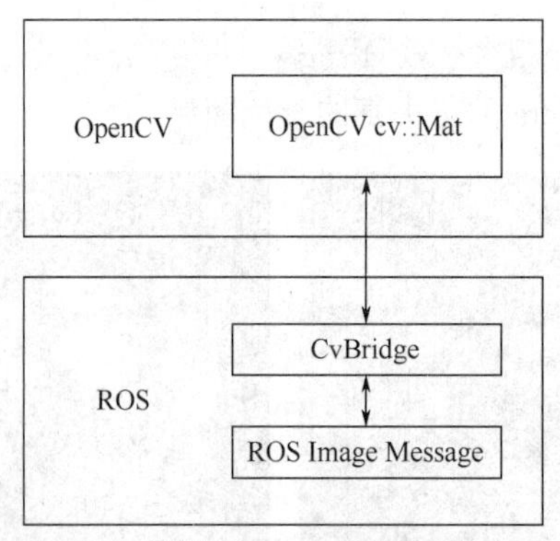

图 7.19　ROS 图像和 OpenCV 图像的相互转换

ROS 图像和 OpenCV 图像的相互转换不仅仅有 C++的接口也有 Python 的接口，下面我们先介绍 C++的 cv_bridge 接口，再通过 Python 接口进行演示。ROS 中图像的消息格式为 sensor_msgs/Image，考虑到 OpenCV 提供的丰富功能，许多开发者想结合 OpenCV 来显示并处理 ROS 发布的图像。

在本节中，我们可以学习到如何编写一个使用 cv_bridge 将 ROS 图像转换为 OpenCV 中 cv::Mat 格式的节点，通过使用 cv_bridge 完成 ROS 与 OpenCV 之间的图像转换。在该例程中，一个 ROS 节点订阅摄像头驱动发布的图像消息，然后将其转换成 OpenCV 的图像格式进行显示，最后再将该 OpenCV 格式的图像转换成 ROS 图像消息进行发布并显示。

cv_bridge 定义了 CvImage 类型，其中包含 OpenCV 源图像、图像的编码格式和 ROS 消息的头名称。CvImage 包含 sensor_msgs/Image 所需的信息，因此我们可以将 ROS sensor_msgs/Image 消息转换为 CvImage 类型格式。CvImage 类型格式为：

```
namespace cv_bridge {
class CvImage{
 public:
   std_msgs::Header header;
   std::string encoding;
   cv::Mat image;
  };
 typedef boost::shared_ptr<CvImage> CvImagePtr;
 typedef boost::shared_ptr<CvImage const> CvImageConstPtr;
}
```

cv_bridge 提供以下用于转换为 CvImage 的功能：

```
//第一种情况：总是复制，返回一个可变的 CvImage
CvImagePtr toCvCopy(const sensor_msgs::ImageConstPtr& source,
              const std::string& encoding = std::string());
CvImagePtr toCvCopy(const sensor_msgs::Image& source,
              const std::string& encoding = std::string());
// 第二种情况：尽可能共享，返回 const CvImage
CvImageConstPtr toCvShare(const sensor_msgs::ImageConstPtr& source,
                    const std::string& encoding = std::string());
CvImageConstPtr toCvShare(const sensor_msgs::Image& source,
```

```
                    const boost::shared_ptr<void const>& tracked_object,
                    const std::string& encoding = std::string());
```

下面我们介绍将 OpenCV 图像转换为 ROS 图像消息，先将 CvImage 转换为 ROS 图像消息，需要使用 toImageMsg( )成员函数：

```
class CvImage
{
  sensor_msgs::ImagePtr toImageMsg() const;

  // Overload mainly intended for aggregate messages that contain
  // a sensor_msgs::Image as a member
  void toImageMsg(sensor_msgs::Image& ros_image) const;
};
```

然后我们编写一个 ROS 图像消息的节点，将图像转换为 cv::Mat，在其上绘制一个圆并使用 OpenCV 显示该图像，并通过 ROS 重新发布该图像信息。在创建节点之前，我们需要在 package.xml 和 CMakeLists.xml 中添加以下依赖项：

```
sensor_msgs
cv_bridge
roscpp
std_msgs
image_transport
```

在/src 文件夹中创建 image_converter.cpp 文件，并添加以下内容：

```
#include <ros/ros.h>
#include <image_transport/image_transport.h>
#include <cv_bridge/cv_bridge.h>
#include <sensor_msgs/image_encodings.h>
#include <opencv2/imgproc/imgproc.hpp>
#include <opencv2/highgui/highgui.hpp>
static const std::string OPENCV_WINDOW = "Image window";

class ImageConverter
{
  ros::NodeHandle nh_;
  image_transport::ImageTransport it_;
  image_transport::Subscriber image_sub_;
  image_transport::Publisher image_pub_;

public:
  ImageConverter()
    : it_(nh_)
  {
    // Subscribe to input video feed and publish output video feed
    image_sub_ = it_.subscribe("/camera/image_raw", 1, &ImageConverter::imageCb,
this);
```

```
    image_pub_ = it_.advertise("/image_converter/output_video", 1);
    cv::namedWindow(OPENCV_WINDOW);
  }

  ~ImageConverter()
  {
    cv::destroyWindow(OPENCV_WINDOW);
  }

  void imageCb(const sensor_msgs::ImageConstPtr& msg)
  {
    cv_bridge::CvImagePtr cv_ptr;
    try
    {
      cv_ptr = cv_bridge::toCvCopy(msg, sensor_msgs::image_encodings::BGR8);
    }
    catch (cv_bridge::Exception& e)
    {
      ROS_ERROR("cv_bridge exception: %s", e.what());
      return;
    }

    // Draw an example circle on the video stream
    if (cv_ptr->image.rows > 60 && cv_ptr->image.cols > 60)
      cv::circle(cv_ptr->image, cv::Point(50, 50), 10, CV_RGB(255,0,0));

    // Update GUI Window
   cv::imshow(OPENCV_WINDOW, cv_ptr->image);
   cv::imshow(OPENCV_WINDOW, cv_ptr->image);
   cv::waitKey(3);

    // Output modified video stream
    image_pub_.publish(cv_ptr->toImageMsg());
  }
};

int main(int argc, char** argv)
{
  ros::init(argc, argv, "image_converter");
  ImageConverter ic;
  ros::spin();
  return 0;
}
```

我们可以将 CvImage 转换为 ROS 图像消息，然后将图像消息发布到“out”的话题上，也可以重映射到自己实际的图像主题，这样就完成了 ROS 图像与 OpenCV 图像信息的相互转换，在最后你将看到一个图像窗口并显示画的圆圈。我们还可以通过 rostopic 或使用 image_view 查看图像并查看节点是否通过 ROS 正确发布了图像，运行结果如图 7.20 所示。

（a）　（b）

图 7.20　cv_bridge 例程的运行效果

下面我们通过一个例程来演示 cv_bridge 的 Python 接口，来完成 ROS 图像和 OpenCV 图像信息的相互转换，输入如下命令：

```
$ roslaunch robot_vision usb_cam.launch
$ rosrun robot_vision cv_bridge_test.py
$ rqt_image_view
```

首先我们启动相机的 launch 文件，通过 ROS 来显示图像。例程运行的效果与 C++接口相同，如图 7.20 所示，其中图（a）是通过 cv_bridge 将 ROS 图像转换成 OpenCV 图像数据之后的显示效果；图（b）是将 OpenCV 图像数据再次通过 cv_bridge 转换成 ROS 图像后的显示效果，从而实现 OpenCV 和 ROS 图像信息的相互转换。

实现该例程的源码 robot_vision/scripts/cv_bridge_test.py 的内容如下：

```
import rospy
import cv2
from cv_bridge import CvBridge, CvBridgeError
from sensor_msgs.msg import Image

class image_converter:
   def __init__(self):
       # 创建 cv_bridge，声明图像的发布者和订阅者
       self.image_pub = rospy.Publisher("cv_bridge_image", Image, queue_size=1)
       self.bridge = CvBridge()
       self.image_sub = rospy.Subscriber("/usb_cam/image_raw", Image, self.
callback)

   def callback(self,data):
```

```
        # 使用cv_bridge将ROS的图像数据转换成OpenCV的图像格式
        try:
            cv_image = self.bridge.imgmsg_to_cv2(data, "bgr8")
        except CvBridgeError as e:
            print e
        # 在OpenCV的显示窗口中绘制一个圆作为标记
        (rows,cols,channels) = cv_image.shape
        if cols > 60 and rows > 60 :
            cv2.circle(cv_image, (60, 60), 30, (0,0,255), -1)
        # 显示OpenCV格式的图像
        cv2.imshow("Image window", cv_image)
        cv2.waitKey(3)
        # 再将OpenCV格式的数据转换成ROS 图像式的数据发布
        try:
            self.image_pub.publish(self.bridge.cv2_to_imgmsg(cv_image, "bgr8"))
        except CvBridgeError as e:
            print e

if __name__ == '__main__':
    try:
        # 初始化ROS节点
        rospy.init_node("cv_bridge_test")
        rospy.loginfo("Starting cv_bridge_test node")
        image_converter()
        rospy.spin()
    except KeyboardInterrupt:
        print "Shutting down cv_bridge_test node."
        cv2.destroyAllWindows()
```

分析以上例程代码的关键部分：

① 要调用OpenCV，必须先导入OpenCV模块，另外还应导入cv_bridge所需要的一些模块。

② 定义一个Subscriber接收原始的图像消息，再定义一个Publisher发布OpenCV处理后的图像消息，还要定义一个CvBridge的句柄，便于调用相关的转换接口。

③ imgmsg_to_cv2( )接口的功能是将ROS图像消息转换成OpenCV图像数据，该接口有两个输入参数：第一个参数指向图像消息流，第二个参数用来定义转换的图像数据格式。

④ cv2_to_imgmsg( )接口的功能是将OpenCV格式的图像数据转换成ROS图像消息，该接口同样要求输入图像数据流和数据格式这两个参数。

由于是python文件，我们需要给.py文件提供root权限，保证程序能够顺利地运行。我们可以通过重映射，修改程序映射到实际的图像主题，例如“/camera/rgb/image_color”。

7.3.3 使用OpenCV实现人脸识别

人脸识别是一种生物识别技术，描述人脸的整体特征和轮廓，是一种通过模式识别来对人的身份进行识别的技术。人脸识别流程主要是按照人脸检测、特征提取、人脸比对的顺序对人脸进行判断和分析。人脸检测就是对图像的轮廓进行特定算法的处理从而判断有无人脸；特征提取就是将人脸的特征通过向量表示出来；人脸比对主要是将要识别的面部与已有的面部进行比较来确定是否是同一个人。人脸识别技术应用非常广泛，而且目前该技术已经融入了我们的日常生活中，例如刑事侦查、身份核实、密码设置等，研究人脸识别具有重大的现实意义。

强大的 OpenCV 包集成了许多人脸识别的算法，所以我们不需要重新寻找人脸识别的源码，只需要调用 OpenCV 中相应的接口就可以实现人脸识别的功能。一般情况下我们在安装 ROS 系统过程中，会包含摄像头 usb_cam 驱动包，下面运行例程来展示人脸识别的过程和效果，分为三个步骤：人脸数据收集、模型训练和人脸识别。

（1）人脸数据收集

实现人脸识别的第一步是检测人脸，并保存人脸数据用以训练识别模型。人脸检测是指对采集到的图像进行搜索，找到所有可能是人脸的位置，并返回人脸位置和大小的过程。人脸识别中搜索部分的所有操作都是基于人脸检测的结果进行，所以人脸检测是人脸识别的一个关键环节，检测结果的好坏直接影响到人脸识别的效率和效果。下面我们利用 OpenCV 中的 Haar 特征分类器实现人脸检测，并保存人脸数据用以训练人脸识别模型。

使用以下命令启动摄像头，然后运行 face_detector.launch 文件启动人脸数据收集功能：

```
$ roslaunch robot_vision usb_cam.launch
$ rosrun robot_vision face_date-collect.py
```

代码文件 face_date-collect.py，内容如下：

```
import rospy
import cv2
import os
import sys
import easygui
from cv_bridge import CvBridge, CvBridgeError
from sensor_msgs.msg import Image
face_detector = cv2.CascadeClassifier('/usr/share/opencv/haarcascades/
haarcascade_frontalface_default.xml')
face_id = int(easygui.enterbox(msg="请输入当前人脸 ID.",title="Warning"))
print('\n 正在拍摄人脸数据,请等待 ...')
count = 0
class image_converter:
    def __init__(self):
        # 创建 cv_bridge，声明图像的发布者和订阅者
        self.image_pub = rospy.Publisher("cv_bridge_image", Image, queue_ size=1)
        self.bridge = CvBridge()
        self.image_sub = rospy.Subscriber("/usb_cam/image_raw", Image, self.
```

```
callback)
    def callback(self,data):
        # 使用cv_bridge将ROS的图像数据转换成OpenCV的图像格式
        try:
            cv_image = self.bridge.imgmsg_to_cv2(data, "bgr8")
        except CvBridgeError as e:
            print(str(e))
        global count
        gray = cv2.cvtColor(cv_image, cv2.COLOR_BGR2GRAY)
        faces = face_detector.detectMultiScale(gray, 1.3, 5)
        for (x, y, w, h) in faces:
            cv2.rectangle(cv_image, (x, y), (x+w, y+w), (255, 0, 0))
            count += 1
            cv2.imwrite('/home/jiang/FaceData/face_data/User.' + str(face_
id) + '.' + str(count) + '.jpg', gray[y: y + h, x: x + w])
        cv2.imshow('FaceDataCollect', cv_image)
        cv2.waitKey(1)
        if count >= 100:
            # cv2.destroyAllWindows()
            rospy.loginfo("More than 100 faces are collected!")
        # 再将opencv格式的数据转换成ros image格式的数据发布
        try:
            self.image_pub.publish(self.bridge.cv2_to_imgmsg(cv_image,"bgr8"))
        except CvBridgeError as e:
            print(str(e))
if __name__ == '__main__':
    try:
        # 初始化ros节点
        rospy.init_node("face_data_collect")
        rospy.loginfo("Starting face_data_collect node")
        image_converter()
        rospy.spin()
    except KeyboardInterrupt:
        print("Shutting down face_data_collect node.")
        cv2.destroyAllWindows()
```

程序中用到了EasyGUI对话框，用以输入人脸数据编号。识别到的人脸用矩形框标出，如图7.21所示。

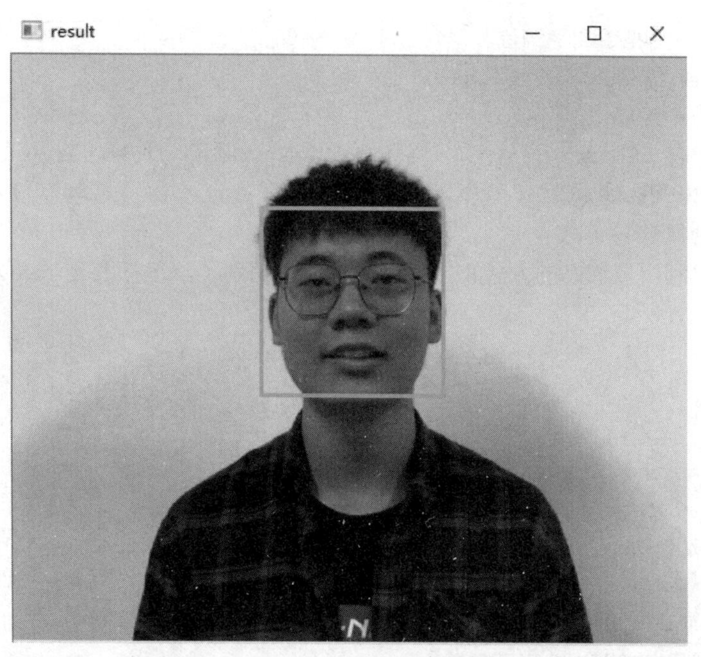

图 7.21　人脸检测结果

（2）模型训练

第二步是利用保存的人脸数据训练识别模型，运行程序 face_training.py，人脸模型训练完成后，所得的模型写入 trainer.yml 文件中。文件 face_training.py 内容如下：

```
import numpy as np
from PIL import Image
import os
import cv2
path = '/home/jiang/FaceData/face_data'
recognizer = cv2.face.LBPHFaceRecognizer_create()
detector = cv2.CascadeClassifier("/usr/share/opencv/haarcascades/haarcascade_
frontalface_default.xml")
def getImagesAndLabels(path):
   imagePaths = [os.path.join(path, f) for f in os.listdir(path)]
   faceSamples = []
   ids = []
   for imagePath in imagePaths:
      PIL_img = Image.open(imagePath).convert('L') # convert it to grayscale
      img_numpy = np.array(PIL_img, 'uint8')
      id = int(os.path.split(imagePath)[-1].split(".")[1])
      faces = detector.detectMultiScale(img_numpy)
      for (x, y, w, h) in faces:
         faceSamples.append(img_numpy[y:y + h, x: x + w])
         ids.append(id)
   return faceSamples, ids
```

```
print('正在训练人脸模型数据,请等待...')
faces, ids = getImagesAndLabels(path)
recognizer.train(faces, np.array(ids))
recognizer.write(r'/home/jiang/FaceData/face_trainer/trainer.yml')
print("{0}组人脸模型数据训练完成,程序退出".format(len(np.unique(ids))))
```

（3）人脸识别

第三步就可以利用训练好的人脸识别模型进行人脸识别了，运行 face_recognition.py，该文件内容如下：

```
import rospy
import cv2
from cv_bridge import CvBridge, CvBridgeError
from sensor_msgs.msg import Image
recognizer = cv2.face.LBPHFaceRecognizer_create()
recognizer.read('/home/jiang/FaceData/face_trainer/trainer.yml')
faceCascade = cv2.CascadeClassifier("/usr/share/opencv/haarcascades/haarcascade_
frontalface_default.xml")
font = cv2.FONT_HERSHEY_SIMPLEX
idnum = 0
names = ['tanli', 'Alex','Walt']
minW = 0.1*640
minH = 0.1*480
class image_converter:
  def __init__(self):
    # 创建cv_bridge，声明图像的发布者和订阅者
    self.image_pub = rospy.Publisher("cv_bridge_image", Image, queue_ size=1)
    self.bridge = CvBridge()
    self.image_sub = rospy.Subscriber("/usb_cam/image_raw", Image, self.callback)
  def callback(self,data):
    # 使用cv_bridge将ROS的图像数据转换成OpenCV的图像格式
    try:
      cv_image = self.bridge.imgmsg_to_cv2(data, "bgr8")
    except CvBridgeError as e:
      print(str(e))
    gray = cv2.cvtColor(cv_image, cv2.COLOR_BGR2GRAY)
    faces = faceCascade.detectMultiScale(
      gray,
      scaleFactor=1.2,
      minNeighbors=5,
      minSize=(int(minW), int(minH))
    )
    for (x, y, w, h) in faces:
      cv2.rectangle(cv_image, (x, y), (x+w, y+h), (0, 255, 0), 2)
      idnum, confidence = recognizer.predict(gray[y:y+h, x:x+w])
```

```
            if confidence < 100:
                idnum = names[idnum]
                confidence = "{0}%".format(round(100 - confidence))
            else:
                idnum = "unknown"
                confidence = "{0}%".format(round(100 - confidence))
            cv2.putText(cv_image, str(idnum), (x+5, y-5), font, 1,(0, 0, 255), 1)
            cv2.putText(cv_image, str(confidence), (x+5, y+h-5), font, 1, (0, 0, 0), 1)
        cv2.imshow('camera', cv_image)
        cv2.waitKey(1)
        # 再将 opencv 格式的数据转换成 ros image 格式的数据发布
        try:
            self.image_pub.publish(self.bridge.cv2_to_imgmsg(cv_image,"bgr8"))
        except CvBridgeError as e:
            print(str(e))
if __name__ == '__main__':
    try:
        # 初始化 ros 节点
        rospy.init_node("face_rocognition")
        rospy.loginfo("Starting face_rocognition node")
        image_converter()
        rospy.spin()
    except KeyboardInterrupt:
        print("Shutting down face_rocognition node.")
        cv2.destroyAllWindows()
```

运行得到的结果如图 7.22 所示，这样就完成了对人脸的识别。

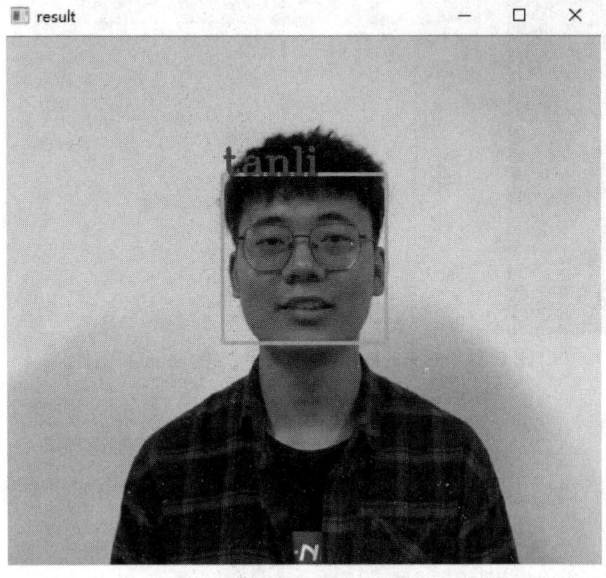

图 7.22　人脸识别结果图

7.4 二维码识别

二维码是用特定的几何图形按一定规律在平面（二维方向）上分布的黑白相间的矩形方阵记录数据符号信息的新一代条码技术，由一个二维码矩阵图形和一个二维码号，以及下方的说明文字组成，具有信息量大、纠错能力强、识读速度快、全方位识读等特点。平时我们生活中会在很多地方用到二维码，通过扫描二维码能够实现移动端的支付，也可以得到扫描后的信息，从而省去了一些在手机上输入统一资源定位器（URL）的繁琐过程。ROS 中提供了多种二维码识别的功能包，本节我们利用 ar_track_alvar 功能包和 AprilTag 功能包作为示例对二维码进行识别和相机的标定。

7.4.1 ar_track_alvar 功能包

ar_track_alvar 功能包是一个开源的 AR 标签跟踪库，目前已经在 ROS Kinetic 发行版中实现了封装。ar_track_alvar 功能包主要有以下四个功能：

① 生成不同大小、分辨率和数据/ID 编码的 AR 标签。

② 识别和跟踪单个 AR 标签的姿势，可选择集成 Kinect 相机的深度数据以获得更好的姿势估计。

③ 识别和跟踪由多个标签组成的姿势，实现更稳定的姿态估计、对遮挡的鲁棒性以及对多边对象的跟踪。

④ 使用相机图像自动计算捆绑中标签之间的空间关系，这样用户就不必手动测量并在 XML 文件中输入标签位置来使用捆绑功能。

ar_track_alvar 功能包的安装直接使用以下命令即可：

```
$ sudo apt-get install ros-kinetic-ar-track-alvar
```

ar_track_alvar 功能包默认安装目录在 opt/ros/kinetic/share/ar_track_alvar 下，打开该功能包下的 launch 文件夹，可以看到多个 launch 文件，如图 7.23 所示。这些都是针对 PR2 机器人和 Kinect 相机结合的示例，我们可以在这些文件的基础上进行修改，让自己的机器人能够实现对二维码的识别。

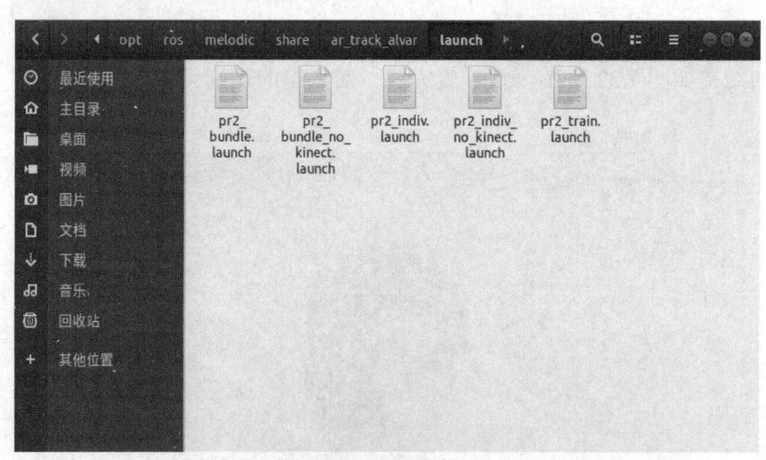

图 7.23 ar_track_alvar 功能包中的 launch 文件

7.4.2 创建二维码

ar_track_alvar 功能包提供了二维码标签的生成功能，可以使用如下命令创建相应标号的二维码标签：

```
$ rosrun ar_track_alvar createMarker AR_ID
```

其中 AR_ID 可以是从 0 到 65535 之间任意数字的标号，例如：

```
$ rosrun ar_track_alvar createMarker 0
```

可以创建一个标号为 0 的二维码标签图片，命名为 MarkerData_0.png，并放置到终端的当前路径下。createMarker 工具还有很多参数可以进行配置，使用以下命令即可看到如图 7.24 所示的使用帮助信息。

```
$ rosrun ar_track_alvar createMarker
```

从图 7.24 中可以看到，createMarker 不仅可以使用数字标号生成二维码标签，也可以使用字符串、文件名、网址等，还可以使用-s 参数设置生成二维码的尺寸。

```
SampleMarkerCreator
===================

Description:
  This is an example of how to use the 'MarkerData' and 'MarkerArtoolkit'
  classes to generate marker images. This application can be used to
  generate markers and multimarker setups that can be used with
  SampleMarkerDetector and SampleMultiMarker.

Usage:
  /opt/ros/kinetic/lib/ar_track_alvar/createMarker [options] argument

    65535             marker with number 65535
    -f 65535          force hamming(8,4) encoding
    -1 "hello world"  marker with string
    -2 catalog.xml    marker with file reference
    -3 www.vtt.fi     marker with URL
    -u 96             use units corresponding to 1.0 unit per 96 pixels
    -uin              use inches as units (assuming 96 dpi)
    -ucm              use cm's as units (assuming 96 dpi) <default>
    -s 5.0            use marker size 5.0x5.0 units (default 9.0x9.0)
    -r 5              marker content resolution -- 0 uses default
    -m 2.0            marker margin resolution -- 0 uses default
    -a                use ArToolkit style matrix markers
    -p                prompt marker placements interactively from the user
```

图 7.24　createMarker 工具的帮助信息

可以使用如下命令创建一系列二维码标签：

```
$ roscd robot_vision/config
$ rosrun ar_track_alvar createMarker -s 5 0
$ rosrun ar_track_alvar createMarker -s 5 1
$ rosrun ar_track_alvar createMarker -s 5 2
```

这样我们就创建了 3 个大小为 5×5 单位，ID 为 0、1、2 的二维码标签。

7.4.3　摄像头识别二维码

ar-track-alvar 功能包支持 USB 摄像头或 RGB-D 摄像头作为识别二维码的视觉传感器，分别对应于 individualMarkersNoKinect 和 individualMarkers 这两个不同的识别节点。

我们将 ar-track-alvar 功能包 launch 文件夹中的 pr2_indiv_no_kinect.launch 文件复制到自己的工作空间下，首先使用 USB 摄像头识别二维码进行修改、设置，重命名为 robot_vision/launch/ar_track_camera.launch，接下来我们去工作空间下看一下 launch 文件，如图 7.25 所示。

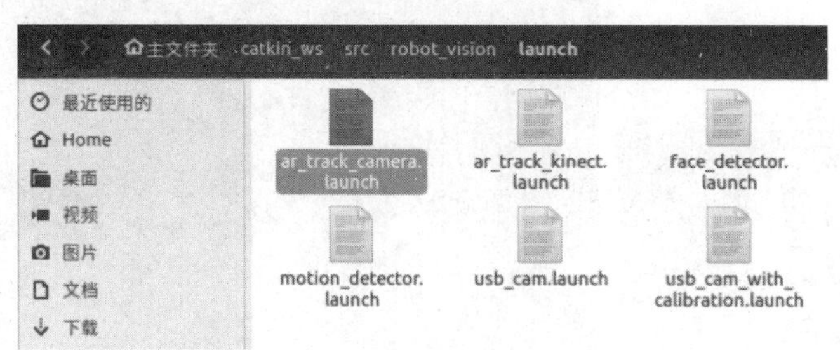

图 7.25　ar-track-alvar 的 launch 文件

launch 文件的具体代码如下，也针对重要的部分进行了注释：

```
<launch>
    <node pkg="tf" type="static_transform_publisher" name="world_to_cam"
        args="0 0 0.5 0 1.57 0 world usb_cam 10" />
    <arg name="marker_size" default="5" />
    <arg name="max_new_marker_error" default="0.08" />
    <arg name="max_track_error" default="0.2" />
    <arg name="cam_image_topic" default="/usb_cam/image_raw" /><!--修改为自己发布的图像话题-->
    <arg name="cam_info_topic" default="/usb_cam/camera_info" /><!--修改为自己发布的标定参数话题-->
    <arg name="output_frame" default="/usb_cam" /><!--修改为图片所在的坐标系，关系到后续的坐标系自动变换-->
    <node name="ar_track_alvar" pkg="ar_track_alvar" type="individualMarkersNoKinect" respawn="false" output="screen">
        <param name="marker_size" type="double" value="$(arg marker_size)" />
```

我们修改了 launch 文件的几个主要的部分，如下所示：

① 设置 world 与 camera 之间的坐标变换。

② 设置 individualMarkersNoKinect 节点所需要的参数，主要是订阅图像数据的话题名，还有所使用二维码的实际尺寸，单位是厘米。

③ 启动 Rviz 界面，将识别结果可视化。

运行 launch 文件启动二维码识别功能，在终端输入以下命令：

```
$ roslaunch robot_vision usb_cam_with_calibration.launch
$ roslaunch robot_vision ar_track_camera.launch
```

启动摄像头时，需要加载标定文件，可以改为自己的摄像头标定文件，这样才能知道摄像头在世界坐标系下的具体位姿，否则可能无法识别二维码。运行成功后可以在打开的 Rviz 界面中看到摄像头信息，主界面中还有 world 和 camera 两个坐标系的显示。现在将二维码标签打印出来放在摄像头的视野范围内，识别结果如图 7.26 所示。

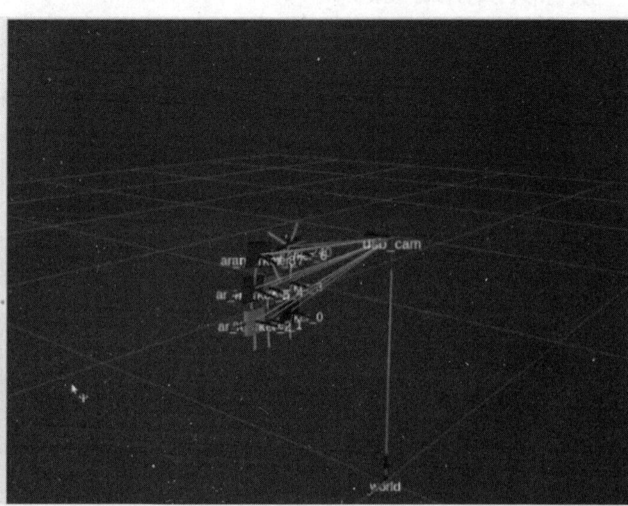

图 7.26　Rviz 中二维码的识别

其中，ar_pose_marker 列出了所有识别到的二维码信息，包括 ID 号和二维码的位姿状态，使用如下命令可以在终端显示该消息的数据，显示结果如图 7.27 所示。

```
$ rostopic echo /ar_pose_marker
```

```
markers:
  -
    header:
      seq: 0
      stamp:
        secs: 1506264295
        nsecs: 261290716
      frame_id: /usb_cam
    id: 5
    confidence: 0
    pose:
      header:
        seq: 0
        stamp:
          secs: 0
          nsecs:         0
        frame_id: ''
      pose:
        position:
          x: -0.050358386788
          y: -0.0286603534611
          z: 0.493313470257
```

图 7.27 二维码的位姿信息

得到二维码的位姿状态数据后，在后续的开发中就可以实现导航中的二维码定位、引导机器人跟随运动、实现目标物体的抓取和分类、通过识别二维码实现自动泊车等功能。

7.4.4 物体姿态估计与 AR 标记检测

本例中，我们将学习利用基准标记让机器人与周围环境进行交互。为了与环境中的任意物体进行交互，机器人需要依靠其视觉传感器来识别和定位这些物体。物体姿态估计是所有机器人和计算机视觉应用的一个重要功能。但是，能够在现实环境中实现高效的物体识别和姿态估计是很不容易的，而且在多数情况下，一台相机不足以确定物体的 3D 姿态。

确切地讲，仅使用一个固定相机不可能得到一个场景的空间深度信息。因此，通常会利用 AR（Augmented Reality，增强现实）标记来简化物体姿态估计。AR 标记通常由人工合成的方形图像表示，由宽的黑色外边框和内部黑白图案组成，也就是我们常说的二维码，从而可以确定唯一的标识符。黑色的外边框有助于图像的快速检测，而二进制表示的黑白编码则可以进行标识符的确认，同时应用于错误检测和错误纠正技术。

利用二维码标记的主要优势是，每个基准图像都可以被程序检测到，且都是唯一的标识。利用标记字典，机器人能够检测并识别大量的物体，并与之进行交互。另外，还可以通过检测标记的大小来估计给定对象相对于视觉传感器的距离。这些标记通常被称为 AR 标记，因为这种技术已被广泛应用于增强现实，允许在视频中呈现虚拟信息或虚拟对象。目前，使用 AR 标记技术已经开发出了不同形式的程序，很多已经提供了 ROS 的接口，如 ARToolKit 和 ArUco（一个微型的增强现实库）。下面我们将讨论如何使用 AprilTag 视觉基准系统来检测和定位标记，并将其与 ROS 连接，从而可以估计物体的三维位置和姿态。

AprilTag 是专门为机器人应用设计的基准系统。AprilTag 计算得到的 AR 标记姿态精度非常高，所以非常适合开发机器人应用。可以从下面的库中获取 AprilTag 的代码。

```
$ git clone https://github.com/RIVeR-Lab/apriltags_ros.git
```

现在你可以编译 ROS 工作区来构建 apriltags 软件包，及其在 ROS 下的移植版本 apriltags_ros。

使用 AprilTag 时，需要注意以下事项：

① 视频流：通过订阅 sensor_msgs/Image 话题来获取视频数据。

② 相机校准：如前文所述，通过订阅 sensor_msgs/CameraInfo 话题来获取校准数据。

③ 标记描述：配置要检测的标记，特别是它的 ID、标记的大小，以及与其姿态相关的坐标系，这些都必须设置好。

④ 标记：打印出用于检测的标记。AprilTag 已经提供了 5 种不同编码（16h5、25h7、25h9、36h9、36h11）的标记集，并提供了 png 文件供直接打印。这些标记都可以在 apriltags 软件包下的 apriltags/tags 文件夹中找到。

配置完 apriltags_ros 并启动后，它将发布在坐标系场景中检测到的所有标记的姿态。如图 7.28 所示的这些话题都是由 apriltags 节点发布的。

```
/tag_detections
/tag_detections_image
/tag_detections_image/compressed
/tag_detections_image/compressed/parameter_descriptions
/tag_detections_image/compressed/parameter_updates
/tag_detections_image/compressedDepth
/tag_detections_image/compressedDepth/parameter_descriptions
/tag_detections_image/compressedDepth/parameter_updates
/tag_detections_image/theora
/tag_detections_image/theora/parameter_descriptions
/tag_detections_image/theora/parameter_updates
/tag_detections_pose
/tf
```

图 7.28　由 AprilTag 发布的 ROS 话题列表

通过查看发布在/tag_detections_image 话题上的图像数据，可以以图形化的方式看到详细处理流程和检测到的标记，如图 7.29 所示，每个基准标记都被高亮显示，并给出了 ID 值。

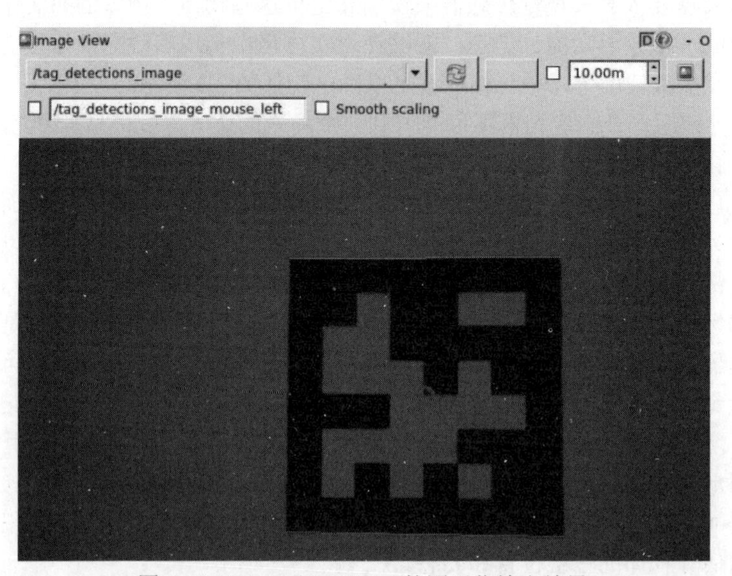

图 7.29　ROS 下 AprilTag 的图形化输出结果

检测到的标记的姿态被发布在/tag_detections 话题上，该话题包括 apriltags_ros/AprilTagDetectionArray 类型。所有检测到的标记的 ID 值和姿态都会发布到该话题中，与图 7.28 所示坐标系相对应的话题内容如图 7.30 所示。

```
detections:
  -
    id: 1
    size: 0.08
    pose:
      header:
        seq: 55709
        stamp:
          secs: 1510415864
          nsecs: 148304216
        frame_id: camera_rgb_optical_frame
      pose:
        position:
          x: 0.0201272971812
          y: -0.02393358631
          z: 0.383437954847
        orientation:
          x: 0.713140734773
          y: -0.681737860948
          z: 0.153311144456
          w: 0.0562092015923
---
```

图 7.30 ROS 下 AprilTag 检测到标记的位置和姿态

现在我们来讨论如何用 apriltags 得到三个物体的位置。校准过视觉系统后，如前文所述，我们可以配置并启动 apriltags_ros 节点。当然，也可以直接从下面的 Git 库中下载。

```
$ git clone https://github.com/jocacace/apriltags_ros_demo
```

该软件包中有配置好的启动文件，用于启动 apriltags。需要特别注意下面两个主要文件：

① bags：包含 object.bag 包文件，它可以通过 ROS 话题进行视频数据和相机校准信息的流式发布。

② launch：包含 apriltags_ros_objects.launch 启动文件，可以播放 objects.bag 包文件，还能启动 apriltags_ros 节点，用于识别三种不同的标记。

要配置 apriltags_ros 节点，我们必须按照下面的方式来修改启动文件：

```
<node pkg="apriltaas_ros" type="apriltag_detector_node" name="apriltag_detector"
output="screen" >
    <remap from="image_rect" to="/camera/rgb/image_raw"/>
    <remap from="camera_info" to="/camera/rgb/camera_info"/>
    <param name="image_transport" type="str" value="compressed"/>
    <param name="tag_family" type="str" value="36h11"/>
    <rosparam param="tag_descriptions">
        {id: 6, size: 0.035, frame_id: mastering_ros},
        {id: 1, size: 0.035, frame_id: laptop},
        {id: 7, size: 0.035, frame_id: smartphone}
    </rosparam>
</node>
```

在该启动文件中，我们可以用 remap 命令设置相机用到的话题，如视频流和图像话题；另外，我们需要告知 apriltags_ros 节点，哪些标记必须检测；我们需要指定编码类型；然后指定标记的 ID、标记的大小（米），以及每个标记所对应的坐标系名。

注意：标记的大小是由其黑色外边框的边长表示的。该参数可以让 AR 标记检测算法，估计标记与相机之间的距离。因此，当需要用这个方法获得精确的姿态估计时，需要特别留意该参数。

本例中，我们要检测三个不同的标记，ID 分别是 6、1、7，大小都是 3.5 厘米。每个标记都与一个坐标系关联，可以在 Rviz 中使用 TF 来查看。可以在 apriltags_ros_demo/launch 文件夹中找到本例完整的启动文件。

可以输入以下命令直接用提供的启动文件运行本示例。第一次运行时会生成一个 bagfile 日志文件，该日志文件包含一个场景视频流，场景中有三个物体、三个附加的标记，以及相机校准信息。

```
$ roslaunch apriltag_ros_demo apriltags_ros_objects.launch
```

现在，你可以通过 apriltags_ros 话题来输出这些物体的姿态信息，或者在 Rviz 中进行可视化，如图 7.31 所示。

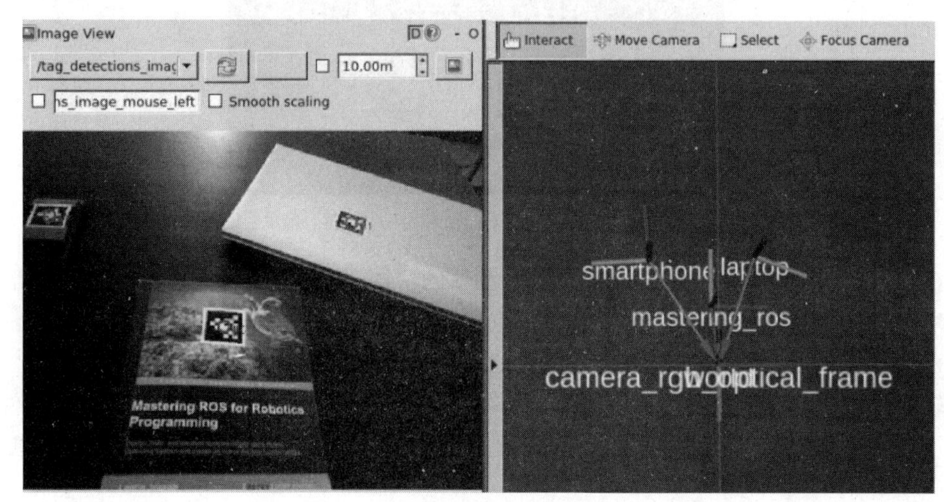

图 7.31　使用 AR 标记和 ROS 跟踪多个对象

7.5　物体检测

基于视觉的目标检测与跟踪是图像处理、计算机视觉、模式识别等众多学科的交叉研究课题，在视频监控、虚拟现实、人机交互、自主导航等领域，具有重要的理论研究意义和实际应用价值。

ROS 中集成了一个很强大的物体识别和检测的功能包——find_object_2d 功能包，它实现了 SURF、SIFT、FAST 和 BRIEF 特征检测器和用于物体检测的描述子。通过此包提供的 GUI，可以标记待检测的物体，保存后可用来进行特征检测。而此包提供的检测器节点可检测摄像头图像中的物体，并通过话题发布物体的具体信息。此包还能通过 3D 传感器估计物体的深度信息和朝向信息。

7.5.1　find_object_2d 功能包

首先需要安装 find_object_2d 的功能包，安装这个功能包很简单，如果在 Ubuntu16.04 和 ROS Kinetic 版本下，可以使用二进制包直接安装 find_object_2d 功能包和相关的依赖，在终端输入如下命令即可：

```
$ sudo apt-get install ros-kinetic-find-object-2d
```

当然根据不同的 ROS 系统版本，我们也可以通过源码进行安装。将源代码复制到工作空间的 src 文件夹中（假如你的工作空间名为 catkin_ws），然后完成编译即可：

```
$ git clone https://github.com/introlab/find-object.git src/find_object_2d
$ cd catkin_ws
$ catikin_make
```

如果编译成功，就可以顺利地使用 find_object_2d 功能包了。

7.5.2 物体检测实例

接下来是运行 find_object_2d 功能包启动检测器节点，检测摄像头图像中的物体，按此流程操作之前，首先需要安装 usb_cam 这个依赖包。由于之前我们已经安装过，就不再赘述 usb_cam 功能包的安装了。

将 USB 摄像头接入 ROS 设备，并启动 ROS usb_cam 驱动，打开摄像头节点接收摄像头图像信息。

```
$ roslaunch robot_vision usb_cam.launch
```

启动 usb_cam 驱动程序后，我们可以查看 ROS 中可用的图像节点，方便我们发布处理图像节点，使用如下命令，结果如图 7.32 所示。

```
$ rostopic list
```

```
/image_view/output
/image_view/parameter_descriptions
/image_view/parameter_updates
/objects
/rosout
/rosout_agg
/usb_cam/camera_info
/usb_cam/image_raw
/usb_cam/image_raw/compressed
/usb_cam/image_raw/compressed/parameter_descriptions
/usb_cam/image_raw/compressed/parameter_updates
/usb_cam/image_raw/compressedDepth
/usb_cam/image_raw/compressedDepth/parameter_descriptions
/usb_cam/image_raw/compressedDepth/parameter_updates
```

图 7.32　ROS 中发布的图像节点

我们使用摄像头的原始图像，该图像将被发布到/usb_cam/image_raw。下一步所要做的就是使用以下命令运行物体检测器节点：

```
$ rosrun find_object_2d find_object_2d image:=/usb_cam/image_raw
```

命令将打开如图 7.33 所示的物体检测器窗口，运行物体检测器节点我们可以看到摄像头采集到的图像和物体上的特征点。

图 7.33　物体检测器节点

那么我们得到图像的特征点又有什么用处呢？图像处理中，特征点指的是图像灰度值发生剧烈变化的点或者在图像边缘上曲率较大的点（即两个边缘的交点）。图像特征点在基于特征点的图像匹配算法中有着十分重要的作用。图像特征点能够反映图像本质特征，能够标识图像中目标物体，通过特征点的匹配能够完成图像的匹配。目前，局部的特征点检测算法有 SIFT、SURF、Harris、FAST、BRIFE 算法，每个算法都有各自的优点和缺点，感兴趣的读者可以自行去搜索、查看算法的底层原理，学习算法的理论知识。

现在我们只检测了图像的特征点，下面我们通过 find_object_2d 功能包来实现物体检测的功能。我们需要执行以下几个步骤：

① 右键单击此窗口左侧面板（Objects），将会出现“Add objects from scene”选项，选择此选项，将会弹出一个“Add object”对话框，它将引导你标记所关注的物体，在完成标记之后，标记物体即开始被跟踪。如图 7.34 所示，显示正在拍摄包含该物体的场景。

图 7.34　Add object 对话框

② 将物体对准摄像头后，按“Take Picture”按钮获取物体快照。

③ 下一个窗口用于从当前快照中标记物体，如图 7.35 所示。首先使用鼠标指针来标记框选的物体，然后单击“Next”按钮裁剪物体，接着继续下一步。

图 7.35　框选物体

④ 裁剪物体后，将显示物体特征描述符总数，你可以点击“End”按钮添加此物体模板进行检测。

⑤ 恭喜你已经添加了一个待检测物体。一旦添加好物体，你将会看到物体周围多了一个边框，这说明此物体被检测到了，如图 7.36 所示。

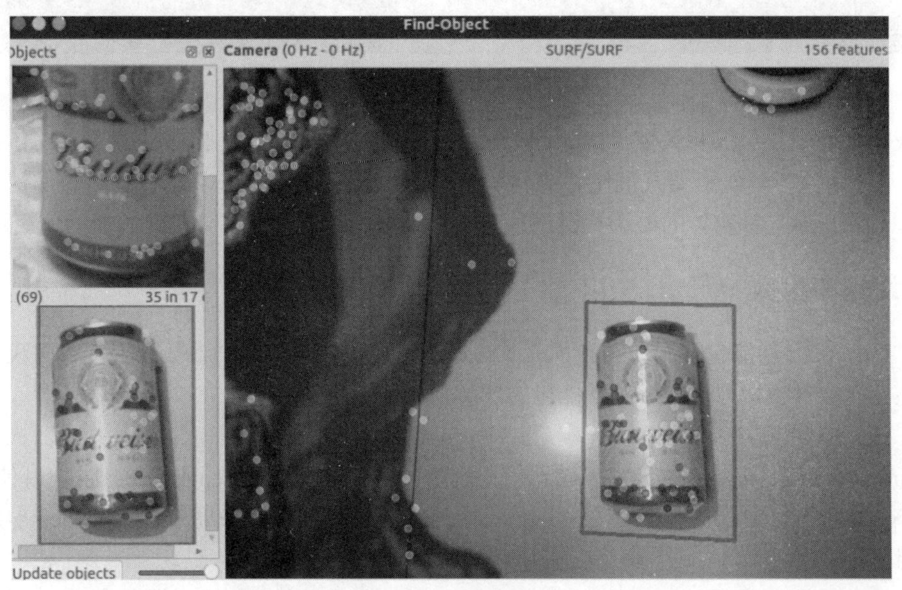

图 7.36 物体检测实例

如果想知道被检测物体的具体位姿信息，我们可以在终端使用如下命令，得到如图 7.37 所示的结果。

```
$ rosrun find_object_2d print_objects_detected
```

```
---
Object 1 detected, Qt corners at (212.350403,112.953484) (416.313474,111.337014)
 (202.188491,442.732929) (415.896099,449.454143)
---
Object 1 detected, Qt corners at (203.356491,97.644257) (412.239155,106.500801)
(190.674614,442.286423) (409.094720,431.999740)
---
Object 1 detected, Qt corners at (207.021454,96.910095) (417.894097,92.339321) (
199.167177,434.403129) (412.514362,436.904632)
---
Object 1 detected, Qt corners at (212.028625,104.825455) (417.882021,96.182019)
(195.666897,439.815924) (416.065476,444.485059)
---
Object 1 detected, Qt corners at (205.223999,93.559219) (409.312375,109.185133)
(188.262781,443.254913) (407.488299,434.756221)
---
Object 1 detected, Qt corners at (206.231064,99.135780) (412.267732,99.050338) (
194.817806,442.318432) (413.335350,441.989656)
---
Object 1 detected, Qt corners at (200.169815 101.511536) (410.758324,113.023460)
 (190.191485,451.008784) (406.525307,438.910 12)
```

图 7.37 终端显示物体位姿信息

你还可以通过/object主题获取被检测物体的完整信息。该话题发布一个多维数组，该数组包含物体的宽、高信息和单应性矩阵信息，这些信息用来计算物体的位置、方向和剪切值。输入如下命令即可得到如图 7.38 所示的终端结果。

```
$ rostopic echo /objects
```

```
---
layout:
  dim: []
  data_offset: 0
data: [1.0, 205.0, 323.0, 0.9977641701698303, 0.13185644149780273, 0.00013306786422617733, -0.0783194974064827, 0.9333250522613525, 2.4885363018256612e-05, 263.5483703613281, 148.3990478515625, 1.0, 3.0, 150.0, 272.0, 0.9965229630470276, 0.2957298159599304, 5.429770226328401e-06, -0.3069297969341278, 0.9701448082923889, -0.00028508296236395836, 298.49755859375, 127.5630111694336, 1.0]
---
```

图 7.38　多维数组表示的物体位姿信息

当我们得到了物体的相关信息，例如单应性矩阵、物体在存储图像中的位置、物体在当前帧的位置，这就对我们开发机器人很便利了，我们只需要订阅这个话题，获取我们想要的消息即可，就再也不需要重新进行物体的框选和检测了，这样更有利于我们对物体检测功能的使用。

7.5.3　话题和参数

find_object_2d 功能包订阅和发布了许多的话题，也包括自定义的参数设置。下面我们会逐一介绍这些话题和参数，方便读者对功能包的理解。

（1）订阅的话题

① image(sensor_msgs/Image)：RGB 单色图像。仅在 subscribe_depth 为“false”时使用。

② rgb/image_rect_color(sensor_msgs/Image)：RGB 单色图像。如果 subscribe_depth 为“true”才能使用。

③ rgb/camera_info(sensor_msgs/CameraInfo)：RGB 相机数据。如果 subscribe_depth 为“true”才能使用。

④ registered_depth/image_raw(sensor_msgs/Image)：注册的深度图像。如果 subscribe_depth 为“true”才能使用。

（2）发布的话题

① objects(std_msgs/Float32MultiArray)：检测到对象格式为[objectId1，objectWidth，objectHeight，h11，h12，h13，h21，h22，h23，h31，h32，h33，objectId2…]，代表物体的标号和物体宽、高等信息。

② objectsStamped(find_object_2d/ObjectsStamped)：使用标记检测到的对象（用于与相应的 TF 同步）。

（3）参数

① ~subscribe_depth(bool 类型，默认“true”)：订阅深度图像。TF 将为检测到的每个对象发布。

② ~gui(bool 类型，默认“true”)：启动图形用户界面。

③ ~objects_path(string 类型)：包含要检测对象的文件夹的路径。

④ ~session_path(string 类型)：要加载的会话文件的路径。如果设置了 objects_path 则忽略。

⑤ ~settings_path(string 类型)：设置文件（*.ini）的路径。

⑥ ~object_prefix(string 类型，默认“object”)：TF 的对象前缀。

7.6　本章小结

机器视觉是机器人应用中涉及最多的领域，ROS 针对视觉数据定义了 2D 和 3D 类型的消息结构，基于这些数据，本章我们一起学习了如下内容：ROS 中的图像数据以及点云的查看方式；摄像头的标定方法；OpenCV 库和人脸识别的方法；使用摄像头进行二维码识别、物体姿态估计与 AR 标记检测；物体检测方法。

本章我们让机器人看到了这个世界，第 8 章将为机器人装上“耳朵”和“嘴巴”，不仅可以听到美妙的声音，而且可以通过语音与我们交流。

习题七

1. 查看 ROS 系统中的图像 topic 信息是用的什么命令？
2. 查询图像数据的 msg 格式需要什么命令？
3. 点云是什么？点云在 ROS 中的数据格式是什么样的？
4. 为什么 ROS 系统要进行摄像头标定？我们常用的标定功能包是什么？
5. OpenCV 库只能在 ROS 系统调用吗？实现人脸识别的算法流程是怎样的？
6. 使用 ar_track_alvar 功能包创建二维码的命令是什么？
7. 局部特征点检测算法有哪些？

第8章 机器语音开发技术

语音是人类最自然的交流方式。与机器进行语音交流，让机器明白你在说什么，这是人们长期梦寐以求的事情。但人类语音的机器翻译领域内的进展还远远没有发展到为主流用户带来实质性好处的地步，与机器对话依然不太顺畅。目前在低功耗音频技术方面的研发具有了改善人机交互关系的潜力，而先前曾阻碍语音识别领域内真正进步的瓶颈将被突破。一条通往人机互动领域内快速创新的道路正在开启，这将沿着我们与机器互动的方向引领诸多有趣活动的开发，这些机器将能够倾听我们，而且能越来越容易地听懂我们说的话。

要使机器人能完成与人的对话，需要涉及语音识别、语音合成、自然语言处理等技术。简单来说，语音识别就是将人的声音转换成文字便于机器人计算与理解；语音合成就是将机器人要说的文字内容转换为声音；自然语言处理相当于机器人的大脑，负责回答与提问。整个语音交互的过程，如图 8.1 所示。

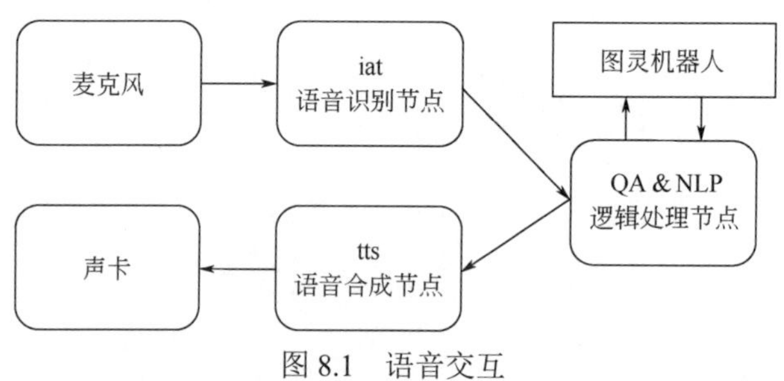

图 8.1　语音交互

本章将进入机器语音的学习，让机器人能跟人进行语义对话交流。本章将涉及语音识别、语音播放、语音合成、智能语音应答等方面的知识。

8.1　语音识别

8.1.1　PocketSphinx 功能包

ROS 中的 PocketSphinx 是一个离线的计算量和体积都很小的嵌入式语音识别引擎，可以提供语音识别功能。PocketSphinx 是在 Sphinx-2 的基础上针对嵌入式系统的需求进行修改、优化而来的，是第一个开源面向嵌入式的中等词汇量连续语音识别项目。

（1）PocketSphinx 功能包的安装

在 ROS Indigo 系统中安装 PocketSphinx 非常方便、快捷，可以直接安装 ros-indigo-pocketsphinx

的二进制文件。但是在 Kinetic 版本的 ROS 软件源中，没有集成 PocketSphinx 功能包的二进制文件。所以我们通过源码进行安装，以下是 Kinetic 版本安装 PocketSphinx 功能包的步骤：

① 安装依赖：需要安装的依赖有 ros-kinetic-audio-common、libasound2、libgstreamer0.10、python-gst0.10、gstreamer0.10-*等。安装步骤如下：

```
$ sudo apt-get install ros-kinetic-audio-common libasound2 gstreamer0.10-* python-gst0.10
```

安装完依赖关系，接下来我们安装可用的功能包，这些功能包分别是 libsphinxbasel_0.8-6_amd64.deb、libpocketsphinxl_0.8-5_amd64.deb、libgstreamer-plugins-base0.10-0_0.10.36-2ubuntu0.1_amd64. deb、gstreamer0. 10-pocketsphinx_ 0.8-5_amd64.deb，可以在本书配套的资源包中找到。可以直接双击.deb 文件安装或者通过终端安装。

② 进入工作空间目录，下载 PocketSphinx 功能包的源码，编译功能包。

```
$ cd ~/catkin_ws/src
$ git clone
  https://github.com/mikeferguson/pocketsphinx
$ cd ~/catkin_ws/
$ catkin_make
```

③ 下载英文语音包 pocketsphinx-hmm-en-tidigits_0.8-5 并安装，该语音包可在本书配套的资源包中找到。

```
$ sudo dpkg -i pocketsphinx-hmm-en-tidigits_0.8-5_all.deb
```

④ 在 PocketSphinx 包里创建一个 model 目录，存放解压的语音模型文件。

```
$ cd ~/dev/catkin_ws/src/pocketsphinx
$ mkdir model
$ sudo cp -r /usr/share/pocketsphinx/model/* ~/catkin_ws/src/pocketsphinx/ model
```

⑤ 安装 PocketSphinx 训练好的声学模型。

```
$ sudo apt-get install pocketsphinx
```

这条命令安装完成后，会在/usr/local/lib/python3.5/dist-packages/目录下生成一个 PocketSphinx 的包，在这个包下有个/model/en-us/，这里存放着 PocketSphinx 训练好的声学模型。

按照以上步骤进行操作即可完成 PocketSphinx 功能包的编译和安装，进入 PocketSphinx 功能包目录，然后在终端输入以下命令：

```
$ tree -L 3
```

此时 PocketSphinx 功能包的目录结构如图 8.2 所示。

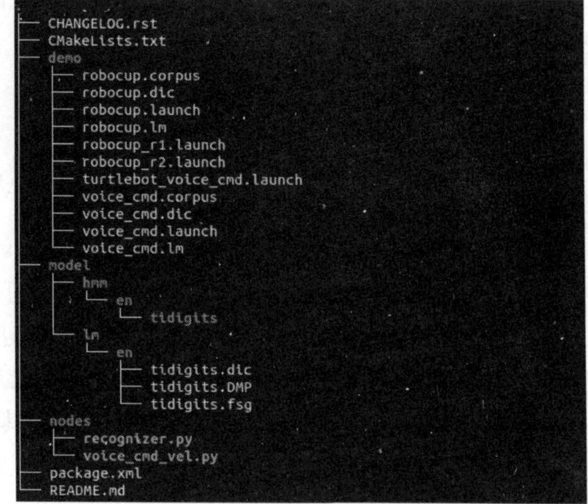

图 8.2 PocketSphinx 功能包的目录结构

（2）PocketSphinx 功能包用法

PocketSphinx 功能包的核心节点是 recognizer.py 文件。这个文件通过麦克风收集语音信息，然后调用语音识别库进行识别并生成文本信息，通过/recognizer/output 消息进行发布，其他节点可以通过订阅该消息获取识别结果，并进行相应处理。下面我们列出 PocketSphinx 功能包的一些接口。

① 话题和服务 PocketSphinx 功能包发

布的话题和提供的服务如表 8.1 所示。

表 8.1　PocketSphinx 功能包的话题和服务

	名称	类型	描述
topic	out	std_msgs/String	识别结果的字符串
service	start	std_srvs/Empty	连接音频流，开始语音识别
	stop	std_srvs/Empty	断开音频流，停止语音识别

② 参数　PocketSphinx 功能包中可供配置的参数如表 8.2 所示。

表 8.2　PocketSphinx 功能包配置参数

参数	类型	描述
lm	string	设置语言模型文件的路径
dict	string	设置字典文件的路径

8.1.2　PocketSphinx 功能包测试

首先检查麦克风是否接入，并在系统设置里进行测试，然后确保麦克风里有语音输入，确定麦克风正常工作，最后打开系统设置找到声音选项卡，找到输入那一列。操作如图 8.3 所示。

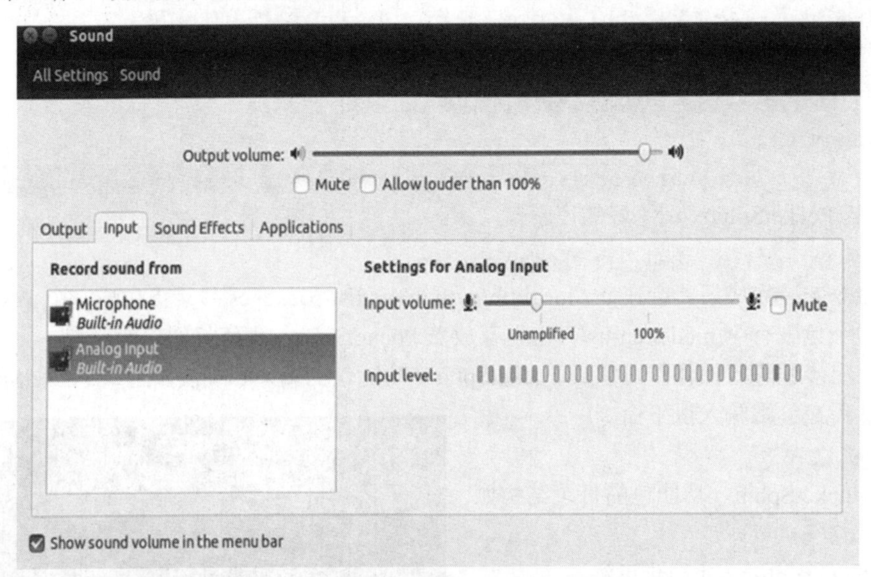

图 8.3　麦克风测试图

接下来，启动 launch 文件，测试 PocketSphinx 的语音识别功能。

```
$ roslaunch pocketsphinx robocup.launch
```

注意：若 PocketSphinx 功能包运行时发生创建滤波器失败，频率范围不匹配时，通常采用重新连接语音引擎的方式进行解决。从本书配套的资源包中找到 CMU Sphinx 语音引擎 pocketsphinx-hmm-en-tidigits，解压缩 deb 文件和其中的 data 数据包，复制其中的 model 文件到功能包中即可。然后需要对 recognizer.py 和 robocup.launch 文件进行修改：

① 修改 recognizer.py 文件。

```
$ cd ~/catkin_ws/src/pocketsphinx/nodes
$ vim recognizer.py
```

注释掉py文件中的“self.asr.set_property('configured', True)”。

② 添加lm、dict、hmm支持英语识别。

self.asr.set_property('lm', '/usr/share/pocketsphinx/model/lm/en/tidigits.DMP')

self.asr.set_property('dict', '/usr/share/pocketsphinx/model/lm/en/tidigits.dic')

self.asr.set_property('hmm', '/usr/share/pocketsphinx/model/hmm/en/tidigits')

③ 修改robocup.launch文件。

修改launch文件，添加一项hmm参数。具体代码如下：

```
<launch>

  <node name="recognizer" pkg="pocketsphinx" type="recognizer.py" output="
screen">
    <param name="lm" value="$(find pocketsphinx) /demo/robocup.lm"/>
    <param name="dict" value="$(find pocketsphinx) /demo/robocup.dic"/>
    <param name="hmm" value="/usr/local/lib/python3.5/dist-packages/
pocketsphinx/model/en-us"/>
  </node>

</launch>
```

接下来重新启动launch文件，输入roslaunch pocketsphinx robocup.launch来对一些简单的语句进行测试，输入语言必须是英语，例如good、go to等，看看能不能正确识别出来。当语音进行识别以后，我们可以直接查看ROS发布的结果信息，输入如下命令，操作结果如图8.4所示。

```
$ rostopic echo /recognizer/output
```

图8.4 语音识别英文测试图

PocketSphinx 功能包仅仅提供一种离线的语音识别功能，默认支持的模型是非常有限的，在下一节中我们会学习如何添加语音库。

8.1.3 添加语音库

PocketSphinx功能包的语音识别是属于离线识别，也就是将一些常用的词汇放到一个文件中，作为识别的文本库，然后分段识别语音信号，最后在文本库中搜索对应的文本信息。如果想看语音识别库中有哪些文本信息，可以通过下面的命令进行查询：

```
$ roscd pocketsphinx/demo
$ more robocup.corpus
```

我们可以自己向语音库中添加其他的文本识别信息，语音库中的可识别信息使用.txt 为后缀的文档存储。我们可以在 PocketSphinx 功能包下创建一个专门用来存放语音库相关文件的文件夹，例如 voicelab，并在文件夹下输入我们想要添加的文本信息，命名为 voice.txt，如图 8.5 所示。

```
$ roscd pocketsphinx/voicelab
$ more voice.txt
```

pause speech	come forward	stop
continue speech	come backward	stop now
move forward	come left	halt
move backward	come right	abort
move back	turn left	kill
move left	turn right	panic
move right	rotate left	help
go forward	rotate right	help me
go backward	faster	freeze
go back	speed up	turn off
go left	slower	shut down
go right	slow down	cancel
go straight	quarter speed	
	half speed	
	full speed	

图 8.5　文本信息添加图

以上是需要添加的文本，我们也可以修改其中的某些文本，改成自己需要的。然后我们要把这个文件在线生成语音信息和库文件，这一步需要登录网站 http://www.speech.cs.cmu.edu/tools/lmtool-new.html，根据网站的提示信息上传文件，然后再点击“COMPILE KNOWLEDGE BASE”按钮进行在线编译生成库文件，如图 8.6 所示。

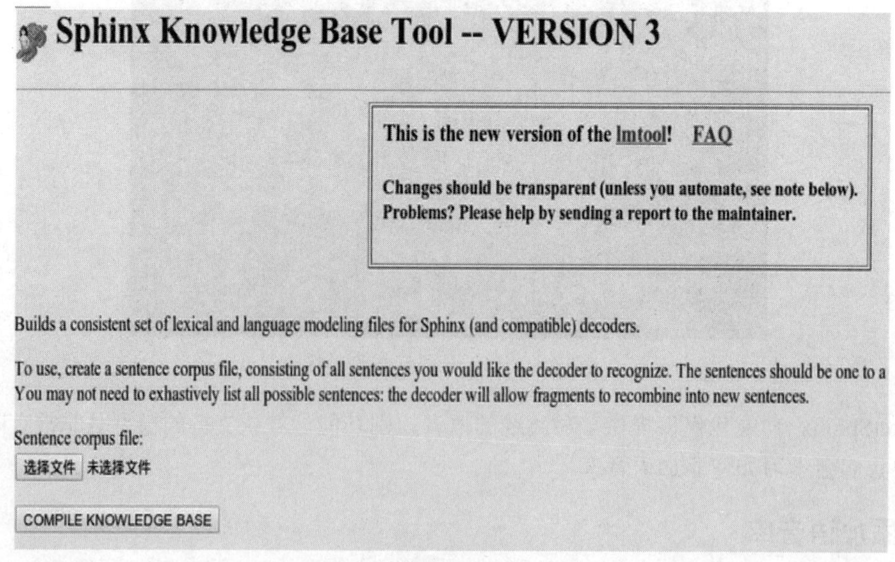

图 8.6　在线生成语音信息和库文件

下载所需要的压缩文件，解压至 PocketSphinx 功能包的 voice 文件夹的 config 文件夹下，这些解压出来的 dic、lm 文件就是根据我们设计的语音识别命令生成的语音库，可以将这些文件都重命名为 voice 且后缀名保持不变。

8.1.4 创建 PocketSphinx 的 launch 文件

创建 launch 文件，并且修改对应的参数，来加载我们已经编译好的文本和库文件，启动语音识别节点，设置语音库的路径。voice.launch 文件的内容如下所示：

```
<launch>
  <node name="recognizer" pkg="pocketsphinx" type="recognizer.py" output="
screen">
     <param name="lm" value="$($find pocketsphinx) /voicelab/voice.lm"/>
     <param name="dict" value="$($find pocketsphinx) /voicelab/voice.dic"/>
     <param name="hmm" value="/usr/local/lib/python3.5/dist-packages/pocketsphinx
     /model/en-us"/>
  </node>
</launch>
```

我们修改了 launch 文件参数的具体值也就是加载路径的位置，实现了用户自定义文本信息，得到想要的语音回应。launch 文件在运行 recognizer.py 节点的时候使用了之前生成的语音识别库和文件参数，这样就可以使用自己的语音库来进行语音识别了，使用如下命令即可实现离线语音库功能了。

```
$ roslaunch pocketsphinx voice.launch
$ rostopic echo /recognizer/output
```

如果我们需要使用其他的语音的模型，可以在网站 https://packages.debian.org/bullseye/pocketsphinx-en-us 下载，解压到工作空间后修改 launch 文件的 lm、dict、hmm 对应的路径就可以识别我们说的对应语音了。

8.2 语音播放

8.2.1 播放指定文件

ROS 中的 audio_common 是一个第三方音频开发包，它实现了音频驱动以及相关的 ROS 消息机制。其中 sound_play 库具有播放语音和语音合成的功能。使用 sound_play 实现文本转语音的步骤如下：

① 安装 audio_common 和相关依赖库。

```
$ sudo apt-get install ros-kinetic-audio-common
$ sudo apt-get install libasound2
$ sudo apt-get install mplayer
```

② 打开终端，运行并测试 sound_play 主节点。

```
$ rosrun sound_play soundplay_node.py
```

③ 打开另一个终端，输入需要转化成语音的文本信息。

```
$ rosrun sound_play say.py "Hello World."
```

此时的机器人就可以实现说话的功能了，还可以使用第三方项目（如科大讯飞）让XBot机器人播放语音文件，命令为：

```
$ rosservice call /xbot/play "loop:false
mode:1     #播放模式为将语音转换为文字
audio_path:'~/catkin_ws/xbot_talker/assets/wav/welcom.wav'
tts_text:""
"
```

其中audio_path后面是想要播放的语音文件的路径，可以自行修改。

8.2.2 将输入的文字转化为语音

我们可以让机器人播放输入的文字，只需要在机器人终端中输入如下命令启动/play服务即可。

```
$ rosservice call /xbot/play "loop:false
mode: 2     #播放模式为将文字转化为语音
audio_path:"
tts_text:"请和我打招呼"
"
```

其中可以将“请和我打招呼”替换为任何你想要播放的文字。语音播放成功后，终端会输出相应的提示，当显示“success：True”时，表明该命令执行成功。在输入命令时，可以使用Tab键来自动补全，以避免命令输入错误，补全后只需修改相应参数即可。

8.3 通过语音控制机器人

8.3.1 语音控制小海龟

上一节我们实现了语音识别的功能，可以成功将英文语音命令识别生成对应的字符串，有了这一功能，就可以实现不少机器语音的应用。本节基于以上功能实现一个语音控制机器人的小应用，机器人就使用仿真环境中的小海龟，我们可以输入以下命令打开小海龟模拟节点，如图8.7所示。

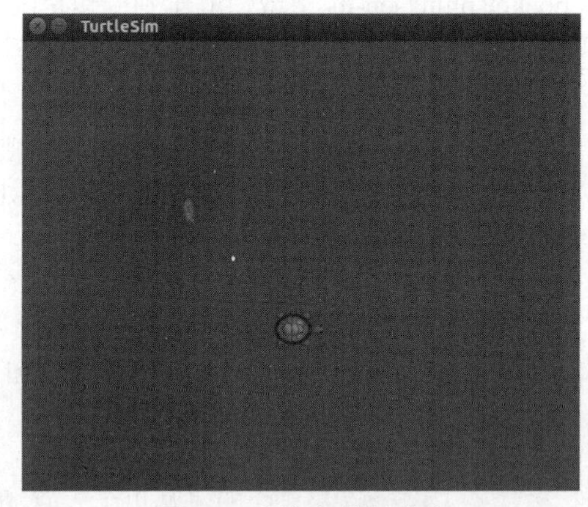

图8.7 小海龟模拟节点

```
$ rosrun turtlesim turtlesim_node
```

我们需要编写一个语音控制节点，订阅PocketSphinx功能包并识别发布的“recognizer/output”消息，然后根据消息中的具体内容，比如go、back等内容来发布速度控制指令。该节点的实现在robot_voice/script/voice_teleop.py中，代码的详细内容如下所示：

```
import rospy
from geometry_msgs.msg import Twist
from std_msgs.msg import string

#初始化ROS节点，声明一个发布速度控制的Publisher
```

```
rospy.init_node('voice_teleop')
pub = rospy.publisher('/turtle1/cmd_vel' , Twist, queue_size=10)
r = rospy.Rate(10)

#接收到语音命令后发布速度指令
def get_voice(data):
    voice_text=data.data
    rospy.loginfo("I said:: %s" , voice_text)
    twist = Twist()
    if voice_text == "go":
        twist.linear.x =2
    elif voice_text == "back ":
        twist.linear.x =-2
    elif voice_text == "left ":
        twist.angular.z = 2
    elif voice_text == "right":
        twist.angular.z = -2
    pub.publish(twist)

#订阅 PocketSphinx 语音识别的输出字符
def teleop():
    rospy.loginfo("Starting voice Teleop")
    rospy.subscriber("/recognizer/output", string, get_voice)
    rospy.spin()

while not rospy.is_shutdown():
    teleop()
```

以上代码的实现较为简单，通过一个 Subscriber 订阅/recognizer/output 话题。接收到语音识别的结果后进入回调函数，简单处理后通过 Publisher 发布控制小海龟运动的速度控制指令。

接下来就可以运行这个语音控制的例程了，通过以下命令启动所有节点：

```
$ roslaunch robot_voice voice_commands.launch
$ rosrun robot_voice voice_teleop.py
$ rosrun turtlesim turtlesim_node
```

所有终端中的命令成功执行后，就可以打开小海龟的仿真界面。然后通过语音“go”“back”“left”“right”等命令控制小海龟的运动，我们就可以在终端中看到语音控制的结果，如图 8.8 所示。

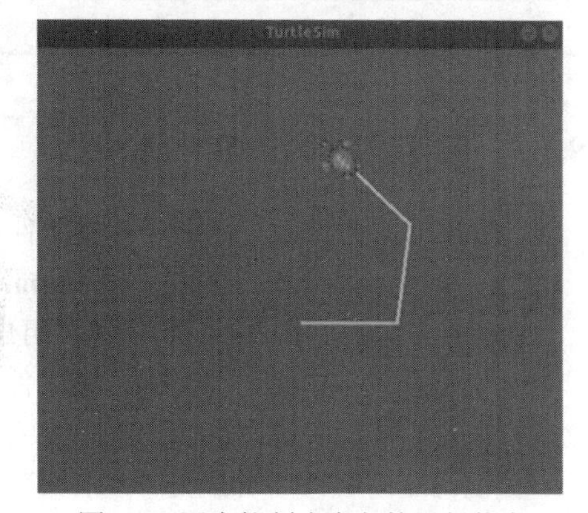

图 8.8 语音控制小海龟的运行状态

8.3.2 XBot 对话和语音控制

XBot的/chat服务提供了与机器人进行对话以及通

过语音控制机器人的交互功能。运行以下命令即可进行交互，以下使用 XBot 1.0 环境，使用 XBot 2.0 环境请参考（https://www.droid.ac.cn/docs/ xbotu/intel.html#id2）：

```
$ roslaunch xbot_talker talker.launch
$ rosservice call /xbot/chat "start_chat: true"
```

执行该命令后，机器人会在一段时间内发出“嘟——嘟——”声，在听到声音之后即可开始与机器人交谈。结束对话时需要告诉机器人“关闭”。在机器人接收到语音输入的关闭命令后，会结束对话，在/chat 服务端返回 success。

初始配置的机器人已经能够回答一些简单的问题，包括：你好、你多大了、你是谁、你叫什么名字、你会什么、介绍一下你自己等。如果要设置更多问答以及更丰富的交互场景，可以按照下一小节教程进行自定义对话内容。

初始配置的部分对话内容如表 8.3 所示，用户可输入含有关键词的语音，与机器人进行交互。例如，如果问机器人“你几岁了？”，由于语音中包含关键词“几岁”，机器人就会根据已定义好的回答，回应“我已经三岁了”。

表 8.3　初始配置对话表

语音关键词 keyword	XBot 响应 answer	备注
“你好”	“你好，我是机器人小德，请问有什么能帮您的？”	引号里的内容表示机器人通过语音回答
“叫什么”“名字”	“我叫小德，希望我能成为您的好伙伴，请多指教。”	
“你多大”“几岁”	“我已经三岁啦。”	
“你来自” “介绍”“你自己”	“我来自重德智能公司” “您好，我是重德智能的机器人小德，集科研、教学、服务于一体的多功能机器人。”	
“你是谁”	“我是小德呀，你不认识我吗？我可认识你哦！”	
“高兴”“见到你”	“我和你的每一次遇见都是我的小确幸。”	
“会做什么”“你会什么” “你会做什么”	“我可以和你一起学习,一起听歌，一起散步，做一切你想要我做的事情。”	
“向前走”“向前走一步”	以 0.1m/s 的速度前进一步	
“向后走”“向后走一步”“向后退”“向后退一步”	以 0.1m/s 的速度后退一步	
“向左转”“向左旋转”	以 0.78m/s 的速度向左旋转一下	
“向右转”“向右旋转”	以 0.78m/s 的速度向右旋转一下	
“关闭”	关闭/chat 服务，停止交互对话	

8.3.3　自定义对话内容

用户可以通过修改以下两个配置文件自定义对话内容。

（1）修改 xbot_talker/assets/grammar.bnf 语法文件

bnf 语法文件使用一种结构描述了用户可能说出的语言范围和构成模式。简单来说，机器人只能够识别该文件中定义的关键词，该文件可用文本文件打开并编辑。打开文件后，用户可直接在最后添加自定义的关键词，例如，添加关键词“你有弟弟吗”“你弟弟是谁”。如图 8.9 所示。

关键词之间用“|”分隔开，“！id”后面小括号里的数字，依次往后加 1 即可，最后以分号“；”结束。

```
<content>:向前走!id(9)|向前走一步!id(10)|向后走!id(11)|向后走一步!id(11)|向后退!id(12)|向
后退一步!id(13)|向左转!id(14)|向左旋转!id(15)|向右转!id(16)|向右旋转!id(17)|你好!id(1001)|
你叫什么名字!id(1002)|你多大了!id(1003)|你几岁了!id(1004)|你来自哪里!id(1005)|介绍一下你
自己!id(1006)|你自我介绍一下!id(1007)|介绍你自己!id(1008)|再见!id(1009)|很高兴见到
你!id(1010)|你会做什么!id(1011)|你会什么!id(1012)|你是谁!id(1013)|快递!id(1014)|介绍重德
智能!id(1015)|介绍一下重德智能!id(1015)|你有弟弟吗!id(1016)|你弟弟是谁!id(1017);
```

图 8.9 关键词语句

（2）修改 xbot_talker/assets/new_dictionary.txt 文件

打开 new_dictionary.txt 文件，在文件末尾“}”之前添加自定义的交互信息，如图 8.10 所示。

```
{
        "keyword":["你有弟弟吗" "你弟弟是谁"],
        "answer":"我弟弟是漩涡鸣人，特别逗逼。",
            "isAudio":1,
                    "generate_audio":"didi.wav",
        "flag":0
 }
```

图 8.10 交互词典

在如图 8.10 所示的交互词典中，每一组交互信息都要使用花括号“{}”括起来，并且每组信息之间用英文逗号“,”分隔开。

请注意以下几点：

① keyword 必须是 grammar.bnf 定义的关键词，否则机器人无法识别。

② answer 代表自定义的回答，可以是回复的语句，也可以是控制机器人前进、后退的指令。

③ isAudio 标志，“1”表示把 answer 里的文字转化为语音播出，语音文件存放在自定义的 generate_audio 对应的“名称.wav”文件里。

④ flag 标志，1 表示进行语音回答后机器人不需要进行额外动作，0 表示机器人可能需要进行移动等动作。

修改完以上两个配置文件之后，就可以对 Xbot 进行语音交互测试，并且可以根据自己自定义的内容进行对话。

8.3.4 监控 talker 功能包的运行状态

我们可以通过/talk_state 话题实时监控机器人 talker 功能包的运行情况，打开一个新的终端输入以下命令：

```
$ rostopic echo /talk_state
```

开启话题检测后，在启动/play 和/chat 的过程中，终端会显示该话题发布的消息，如图 8.11 所示。

```
xbot@nuc:~$ rostopic echo /talk_state
isChatting: True
isPlaying: False
play_mode: 0
---
isChatting: True
isPlaying: True
play_mode: 2
---
isChatting: True
isPlaying: False
play_mode: 0
---
isChatting: False
isPlaying: False
play_mode: 0
---
```

图 8.11 talker 功能包运行状态

其中，isChatting 标志为 True 表示正在进行对话，为 False 则表示没有进行对话；isPlaying 标志为 True 表示正在播放音频，为 False 则表示没有播放；play_mode 标志为 0 表示没有播放，为 1 表示播放指定的音频文件，为 2 表示将文字转化为语音播放。

8.4 在 ROS 上使用科大讯飞

讯飞开放平台作为全球首个开放的智能交互技术服务平台，致力于为开发者打造一站式智能人机交互解决方案。目前，开放平台以“云+端”的形式向开发者提供语音合成、语音识别、语音唤醒、语义理解、人脸识别等多项服务。国内外企业、中小型创业团队和个人开发者，均可在讯飞开放平台直接体验世界领先的语音技术，并简单、快速集成到产品中，让产品具备“能听、会说、会思考、会预测”的功能。

8.4.1 下载科大讯飞 SDK

第一步：注册成为开发者。科大讯飞开放平台的官方网站是 http://www.xfyun.cn/。进入讯飞开放平台快捷登录页，通过微信扫码、手机快捷登录，即可快速成为讯飞开放平台注册开发者，或者进入讯飞开放平台注册页，注册完整的开放平台账号，成为讯飞开放平台注册开发者。

第二步：登录平台后，通过右上角的“控制台”，或右上角下拉菜单的“我的应用”进入控制台。若账户未曾创建过应用，可创建第一个应用。给应用起一个名字，并填写相关的信息，如图 8.12 所示。

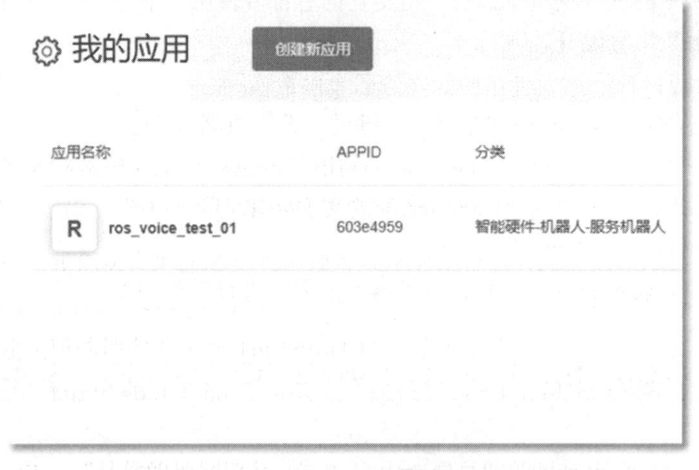

图 8.12 创建应用

点击提交按钮后，应用就创建完毕。应用创建完成之后，可以通过左侧的服务列表，选择要使用的服务。在服务管理面板中，将看到这个服务对应的可用量、历史用量、服务接口的验证信息，还有可以调用的 API 和 SDK 接口。

需要注意的是，并不是每个服务的管理面板都相同，不同的服务由不同的管理面板构成。另外，也不是每个服务同时都具有 SDK 和 API 接口，有些服务只有 API 接口，而有些服务只有 SDK 接口。具体的可在对应的服务管理页中查看。

讯飞开放平台支持一个账户创建多个应用。当需要返回应用列表页切换应用时，可以点击页面左上角应用名称上方的返回按钮，或顶部右侧个人菜单中的“我的应用”。进入应用列表后，选择一个应用点击应用名称，即可进入这个应用对应的服务管理页。

第三步：获取 API 接口或下载 SDK 体验测试。在进入控制台对应的服务管理页之后，用户可以通过下载 SDK 或者获取 WebAPI 接口，就可以接入 AI 服务测试了，如图 8.13 所示。

图 8.13 SDK 下载

如果应用需要采用 API 方式接入，用户可以通过服务管理页 API 版块，查看具体的调用接口，并通过“文档”，查阅开发文档，如图 8.14 所示。

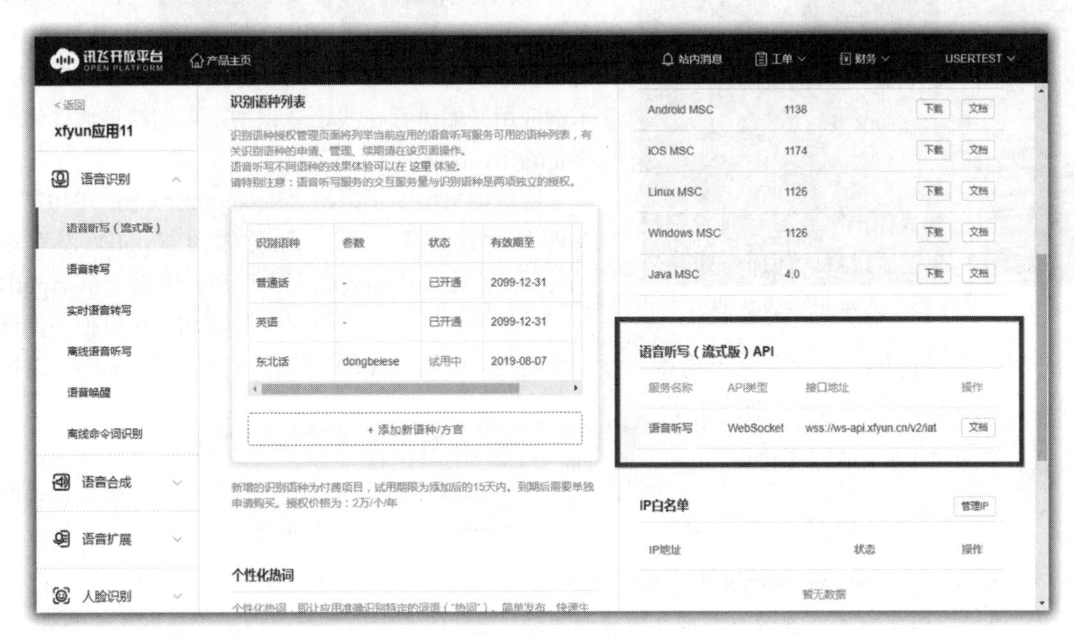

图 8.14 API 接口

8.4.2 SDK 包测试

SDK 下载完成后，SDK 的版本当然是 Linux。我们可以使用自带的 demo 做一些测试，以便对科大讯飞的语音识别功能有一个大致的了解。将下载好的 SDK 解压到指定目录下，打开 SDK 根目录下的 samples 文件夹，该文件夹中已包含科大讯飞 SDK 自带的示例代码，如图 8.15 所示。

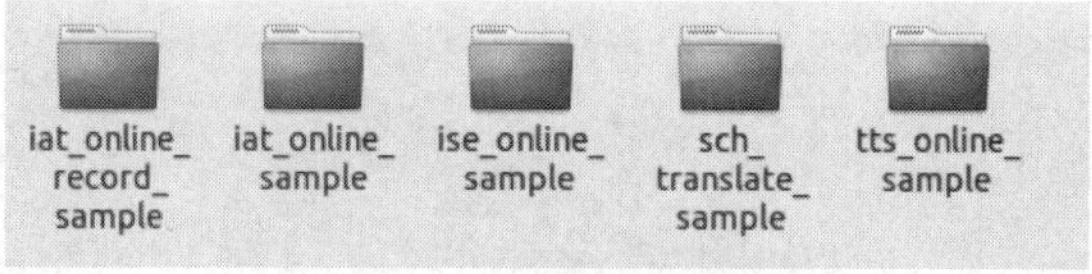
iat_online_record_sample
iat_online_sample
ise_online_sample
sch_translate_sample
tts_online_sample

图 8.15　科大讯飞 SDK 代码示例

这里以 iat_online_record_sample 为例，在终端中进入该例程文件夹后，即可看到运行结果在根目录下的 bin 文件夹中，可以看到编译生成的可执行文件，如图 8.16 所示。进入 SDK 内 samples/iat_online_record_sample 目录，视自己的电脑系统位数来选择脚本（source 64bit_make.sh 或 32bit_make.sh）并运行。

ise_cn
ise_en
msc
wav
gm_continuous_digit.abnf
iat_online_record_sample
source.txt
userwords.txt

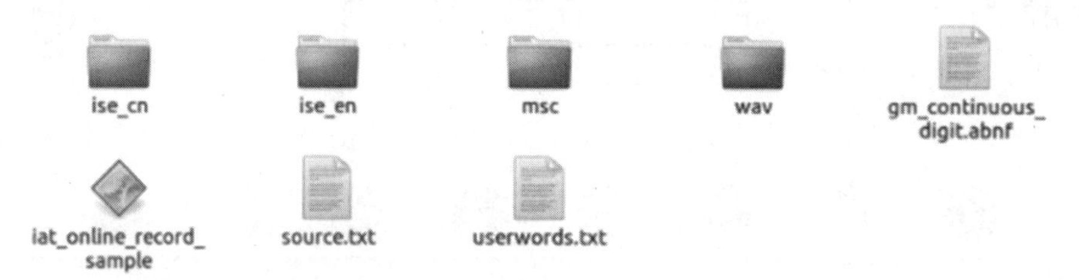

图 8.16　生成的可执行文件

运行成功后进入 SDK 的 bin 目录下，在终端中运行 iat_online_record_sample 二进制可执行文件，根据提示操作，不需要上传用户字典，在终端输入 0，则是语音输入源为麦克风，然后就可以看到 15s 的语音输入提示。这时尝试对着麦克风说话，15s 后，示例应用开始进行在线语音识别，识别结果通过终端字符输出，如图 8.17 所示。

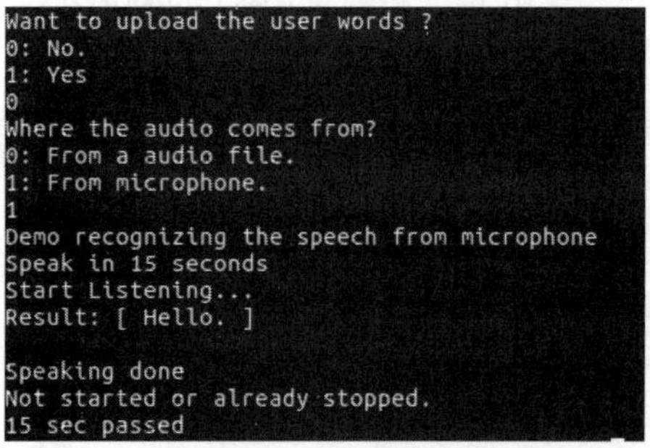
Want to upload the user words ?
0: No.
1: Yes
0
Where the audio comes from?
0: From a audio file.
1: From microphone.
1
Demo recognizing the speech from microphone
Speak in 15 seconds
Start Listening...
Result: [Hello.]
Speaking done
Not started or already stopped.
15 sec passed

图 8.17　示例运行结果

这里如果出现了报错“Recognizer error 10407”，有两种解决方案。第一种是你的 AppID 没有在 samples/iat_record_sample.c 中填写，因为一个 AppID 对应一个平台下一个应用的一个 SDK，所以你要保证你的 SDK 和 AppID 与你的应用具有唯一性。修改代码中的 AppID，修改为自己的 AppID。这样 SDK 和 AppID 与你的应用就对应上了。

```
$ const char* login_params = "appid = 593ff61d, work_dir = .";
```

第二种解决方案是复制库文件进行链接，进入到 SDK 包主目录的 lib 文件夹下，根据自己的电脑选择系统位数，64 位选择“x64”，32 位选择“x86”。执行以下命令：

```
$ sudo cp libmsc.so /usr/local/lib/
$ sudo ldconfig
```

执行完，再次运行程序，测试成功。

需要注意的是，该语音识别是在线任务，需要联网进行。而且为了减少 SDK 包在应用中占用过多内存，在官网下载单个功能的 SDK 包时，可能并不包含其他功能，如下载唤醒的 SDK 包时，可能不包含听写或合成等功能，因此在运行未包含功能的示例时，可能会报错。对此，请下载对应功能的 SDK，或下载组合的 SDK 包。目前科大讯飞已经适配日语、俄语、西班牙语、法语、韩语等多国语言，如需要请查看官网 API 文档（https://www.xfyun.cn/doc/mscapi/Windows&Linux/

WLfilelist.html）。

8.4.3 ROS 结合科大讯飞进行语音听写

为了能让机器人对我们所说的话进行语音合成，我们基于科大讯飞的“./iat_online_record_sample”示例，对源代码进行修改。添加了 ROS 的接口，方便和 ROS 系统进行交互，修改的源代码放入/pocketsphinx/demo/iat.cpp 文件中，主要的代码如下所示：

```
int main(int argc, char* argv[ ])
{
    // 初始化 ROS
    ros::init(argc, argv, "voiceRecognition");
    ros::NodeHandle n;
    ros::Rate loop_rate(10);
    // 声明 Publisher 和 Subscriber
    // 订阅唤醒语音识别的信号
    ros::Subscriber wakeUpSub = n.subscribe("voiceWakeup", 1000, WakeUp);
    // 发布唤醒语音识别的信号
    ros::Publisher voiceWordsPub = n.advertise<std_msgs::String>("voiceWords",
1000);
    ROS_INFO("Sleeping...");
    int count=0;
    while(ros::ok())
    {
        // 语音识别唤醒
        if (wakeupFlag){
            ROS_INFO("Wakeup...");
            int ret = MSP_SUCCESS;
            //修改自己的 AppID
            const char* login_params = "appid = 593ff61d, work_dir = .";
            const char* session_begin_params =
                "sub = iat, domain = iat, language = zh_cn, "
                "accent = mandarin, sample_rate = 16000, "
                "result_type = plain, result_encoding = utf8";
             ret = MSPLogin(NULL, NULL, login_params);
             if(MSP_SUCCESS != ret){
                MSPLogout();
                printf("MSPLogin failed , Error code %d.\n",ret);
            }
            printf("Demo recognizing the speech from microphone\n");
            printf("Speak in 10 seconds\n");
            demo_mic(session_begin_params);
            printf("10 sec passed\n");
            wakeupFlag=0;
```

```
            MSPLogout();
        }
        // 语音识别完成
        if(resultFlag){
            resultFlag=0;
            std_msgs::String msg;
            msg.data = g_result;
            voiceWordsPub.publish(msg);
        }
        ros::spinOnce();
        loop_rate.sleep();
        count++;
    }
exit:
    MSPLogout(); // Logout...
    return 0;
}
```

主要修改了 iat.cpp 文件的主函数部分，加入了 Publisher 和 Subscriber，Subscriber 用来接收语音唤醒信号，接收到唤醒信号后，会将 wakeupFlag 变量置位，然后在主循环中调用 SDK 的语音听写功能，识别成功后置位 resultFlag 变量，通过 Publisher 将识别出来的字符串进行发布。

接下来我们修改 CMakeLists.txt，只需添加一部分编译规则：

```
add_executable(iat_publish
  src/iat.cpp
  src/speech_recognizer.c
  src/linuxrec.c)
target_link_libraries(
   iat_publish
   ${catkin_LIBRARIES}
   libmsc.so -ldl -lpthread -lm -lrt -lasound
)
```

需要将科大讯飞 SDK 的库文件复制到系统目录下，以便在后续的编译过程中可以链接到该库文件。进入 SDK 根目录下的 libs 文件夹，选择相应的平台架构，64 位系统选择“x64”，32 位系统选择“x86”，进入功能包文件夹后，使用如下命令完成复制：

```
$ cd libs
$ sudo cp libmsc.so /usr/lib/ libmsc.so
```

进入工作空间重新编译，然后对我们修改的 ROS 接口文件进行测试：

```
$ catkin_make
$ roscore
$ rosrun pocketsphinx iat
$ rostopic pub / voiceWakeup s td_msgs/String "data: 'any string' "
```

我们发布唤醒信号后，可以看到“Start Listening...”的提示，然后就可以对着麦克风说话了，联网完成在线识别后会将识别结果在终端进行显示，如图 8.18 所示。

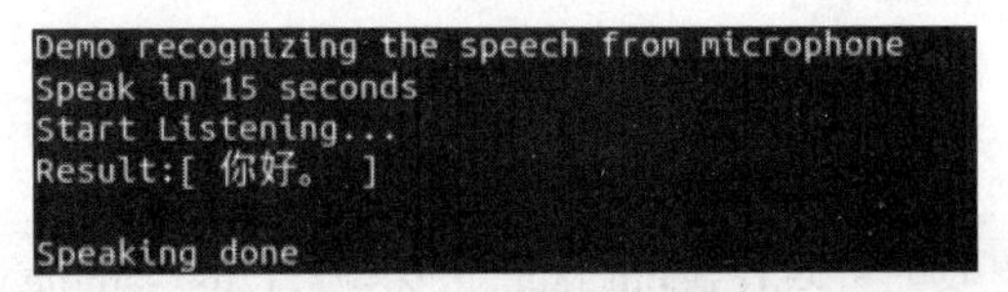

图 8.18　语音听写实例

8.5　智能语音对话

本节的智能语音部分，包括科大讯飞的语音唤醒、离线命令词识别、离线语音合成等 SDK 的融合，实现多功能的操作。并且通过图灵进行语义理解，最终实现智能语音对话。

8.5.1　tts 语音合成实现对话

（1）创建应用程序

通过 8.4.1 的方式下载语音唤醒、离线命令词识别、离线语音合成这三个 SDK，本书这里创建的应用程序名称是 KF，如图 8.19 所示。

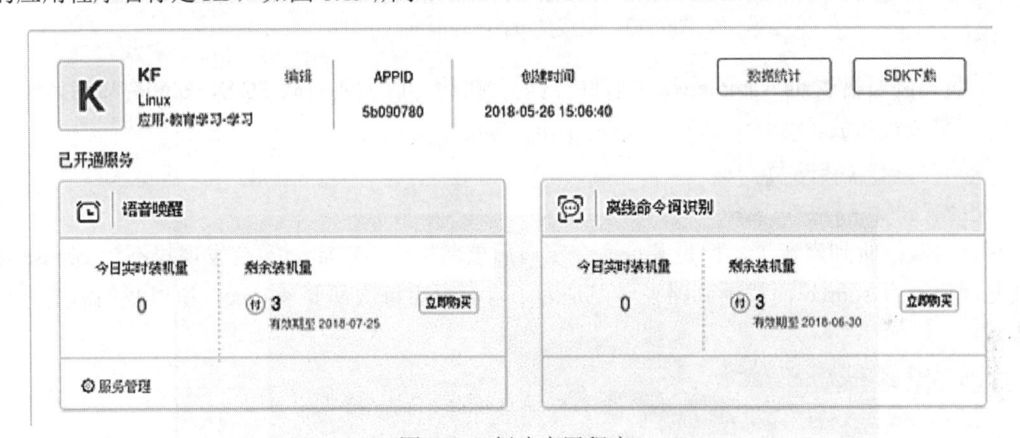

图 8.19　创建应用程序

（2）下载 SDK 功能包

只有创建好应用程序才能下载 SDK，在 Ubuntu 中创建一个文件夹“SoftWare”，将需要下载的语音唤醒、离线命令词识别、离线语音合成等 SDK 解压到该文件夹下。

（3）测试 SDK 功能包

测试步骤如下：

① 先在终端输入以下命令下载 mplayer 播放器。

```
$ sudo apt-get install mplayer
```

② 到 tts_sample 目录下（在这里，你的 tts_sample 的路径可能与本书的路径不同）。

```
$ cd SoftWare/samples/tts_sample/
$ source 64bit_make.sh
$ make
```

③ 将“64bit_make.sh”这个文件夹复制到 bin 目录下，我们后面需要使用此文件夹。

```
$ cp 64bit_make.sh ../../bin/
```

④ 回到 bin 目录下。

```
$ cd SoftWare/bin/
$ ./tts_sampl
```

⑤ 此时编译完成，而且我们可以看到 bin 目录下多了一个 tts_sample.wav 文件，如图 8.20 所示。

```
fan@fan-virtual-machine:~$ cd SoftWare/samples/tts_sample/
fan@fan-virtual-machine:~/SoftWare/samples/tts_sample$ cd ../../bin
fan@fan-virtual-machine:~/SoftWare/bin$ ls
64bit_make.sh  gm_continuous_digit.abnf  msc          tts_sample.wav  wav
audio          ise_cn                    source.txt   userwords.txt
call.bnf       ise_en                    tts_sample   voice.wav
fan@fan-virtual-machine:~/SoftWare/bin$ ./tts_sample

###########################################################################
## 语音合成（Text To Speech，TTS）技术能够自动将任意文字实时转换为连续的 ##
## 自然语音，是一种能够在任何时间、任何地点，向任何人提供语音信息服务的   ##
## 高效便捷手段，非常符合信息时代海量数据、动态更新和个性化查询的需求。   ##
###########################################################################

开始合成 ...
正在合成 ...

合成完毕
按任意键退出 ...
^C
fan@fan-virtual-machine:~/SoftWare/bin$ ls
64bit_make.sh  call.bnf                  ise_cn  msc         tts_sample      userwords.txt  wav
audio          gm_continuous_digit.abnf  ise_en  source.txt  tts_sample.wav  voice.wav
fan@fan-virtual-machine:~/SoftWare/bin$
```

图 8.20　生成的 tts_sample.wav 文件

⑥ 我们需要播放 tts_sample.wav 文件的内容，在此之前需要下载 SOX，安装完以后才能用以下命令行来进行播放。

```
$ sudo apt install sox
$ play tts_sample.wav
```

至此，就能听到声音了，但是关掉命令窗口后重新执行 tts_sample 会发现找不到 libmsc.so，主要是因为没有 source 而找不到路径，但是为了以后不用每次都要 source，所以我们需要进行以下步骤：

```
$ cd SoftWare/libs/x64
$ sudo cp libmsc.so /usr/lib
```

这样以后就不用每次都 source 了，当我们在 bin 目录下再执行./tts_sample 就不会出错了。同时，需要在 tts_sample 中修改 Makefile 文件，在文件中加入“$（DIR_BIN）/*.wav”，使每次 make clean 都会删除之前的 wav 文件。

为了方便使用，在工作空间 catkin_ws 下创建一个包。

```
$ cd catkin_ws/src/
$ catkin_create_pkg voice_system std_msgs rospy roscpp
```

把科大迅飞包里的代码复制到你创建的包里，并重命名为 xf_tts.cpp。

```
$ cd SoftWare/samples/tts_sample/
$ cp tts_sample.c ~/catkin_ws/src/voice_system/src/
$ cd catkin_ws/src/voice_system/src/
$ mv tts_sample.c xf_tts.cpp
```

我们 cd 到 SoftWare/include 目录下把 include 复制到 voice_system 包中。

```
$ cd SoftWare/include
$ cp * ~/catkin_ws/src/voice_system/include
```

修改 xf_tts.cpp 文件，这时我们需要把 AppID 改为自己的 AppID 路径，qtts.h 等路径要改为自己的该文件的路径。xf_tts.cpp 的代码如下：

```
#include <stdlib.h>
#include <stdio.h>
#include <unistd.h>
#include <errno.h>
#include <ros/ros.h>
#include <std_msgs/String.h>
#include "/home/fan/SoftWare/include/qtts.h"
#include "/home/fan/SoftWare/include/msp_cmn.h"
#include "/home/fan/SoftWare/include/msp_errors.h"
const char* fileName="/home/fan/music/voice.wav";
const char* playPath="play /home/fan/music/voice.wav";

typedef int SR_DWORD;
typedef short int SR_WORD ;

/* wav 音频头部格式 */
typedef struct _wave_pcm_hdr
{
    char riff[4];                 // = "RIFF"
    int size_8;                  // = FileSize - 8
    char wave[4];                 // = "WAVE"
    char fmt[4];                  // = "fmt "
    int fmt_size;                 // = 下一个结构体的大小 : 16
    short int format_tag;              // = PCM : 1
    short int channels;               // = 通道数 : 1
    int samples_per_sec;          // = 采样率 : 8000 | 6000 | 11025 | 16000
    Int avg_bytes_per_sec;          // = 每秒字节数 : samples_per_sec * bits_per_s
ample / 8
    short int block_align;              // = 每采样点字节数 : wBitsPerSample / 8
    short int bits_per_sample;          // = 量化比特数: 8 | 16

    char data[4];                  // = "data"
    int data_size;                 // = 纯数据长度 : FileSize - 44
} wave_pcm/_hdr;
/* 默认 wav 音频头部数据 */
wave_pcm_hdr default_wav_hdr =
{
    { 'R', 'I', 'F', 'F' },
    0,
    {'W', 'A', 'V', 'E'},
```

```
    {'f', 'm', 't', ' '},
    16,
    1,
    1,
    16000,
    32000,
    2,
    16,
    {'d', 'a', 't', 'a'},
    0
};
/* 文本合成 */
int text_to_speech(const char* src_text, const char* des_path, const char* params)
{
    int ret = -1;
    FILE* fp = NULL;
    const char*  sessionID  = NULL;
    unsigned int audio_len = 0;
    wave_pcm_hdr wav_hdr = default_wav_hdr;
    int synth_status = MSP_TTS_FLAG_STILL_HAVE_DATA;

    if (NULL == src_text || NULL == des_path)
    {
        printf("params is error!\n");
        return ret;
    }
    fp = fopen(des_path, "wb");
    if (NULL == fp)
    {
        printf("open %s error.\n", des_path);
        return ret;
    }
    /* 开始合成 */
    sessionID = QTTSSessionBegin(params, &ret);
    if (MSP_SUCCESS != ret)
    {
        printf("QTTSSessionBegin failed, error code: %d.\n", ret);
        fclo/se(fp);
        return ret;
    }
    ret = QTTSTextPut(sessionID, src_text, (unsigned int)strlen(src_text), NULL);
    if (MSP_SUCCESS != ret)
```

```
    {/
        printf("QTTSTextPut failed, error code: %d.\n",ret);
        QTTSSessionEnd(sessionID, "TextPutError");
        fclose(fp);
        return ret;
    }

    printf("正在合成 ……\n");
    fwrite(&wav_hdr, sizeof(wav_hdr) ,1, fp); //添加wav音频头，使用采样率为16000
    while (1)
    {
        /* 获取合成音频 */
        const void* data = QTTSAudioGet(sessionID, &audio_len, &synth_status,
&ret);
        if (MSP_SUCCESS != ret)
            break;
        if (NULL != data)
        {
            fwrite(data, audio_len, 1, fp);
            wav_hdr.data_size += audio_len; //计算data_size大小
        }
        if (MSP_TTS_FLAG_DATA_END == synth_status)
            break;
    }
    printf("\n");
    if (MSP_SUCCESS != ret)
    {
        printf("QTTSAudioGet failed, error code: %d.\n",ret);
        QTTSSessionEnd(sessionID, "AudioGetError");
        fclose(fp);
        return ret;
    }
    /* 修正wav文件头部数据的大小 */
    wav_hdr.size_8 += wav_hdr.data_size + (sizeof(wav_hdr) - 8);

    /* 将修正过的数据写回文件头部,音频文件为wav格式 */
    fseek(fp, 4, 0);
    fwrite(&wav_hdr.size_8,sizeof(wav_hdr.size_8), 1, fp);    //写入size_8的值
    fseek(fp, 40, 0);    //将文件指针偏移到存储data_size值的位置
    fwrite(&wav_hdr.data_size,sizeof(wav_hdr.data_size), 1, fp);    //写入data_
size的值
    fclose(fp);
```

```
    fp = NULL;
    /* 合成完毕 */
    ret = QTTSSessionEnd(sessionID, "Normal");
    if (MSP_SUCCESS != ret)
    {
        printf("QTTSSessionEnd failed, error code: %d.\n",ret);
    }
    return ret;

}
int makeTextToWav(const char* text, const char* filename){
    int ret = MSP_SUCCESS;
    const char* login_params = "appid = 5b090780, work_dir = .";    //登录参数,AppID
与msc库绑定,请勿随意改动
    /*
    * rdn:           合成音频数字发音方式
    * volume:        合成音频的音量
    * pitch:         合成音频的音调
    * speed:         合成音频对应的语速

    * voice_name:    合成发音人
    * sample_rate:   合成音频采样率
    * text_encoding: 合成文本编码格式
    *
    */
    const char* session_begin_params = "engine_type = local,voice_name=xiaofeng,
text_encoding = UTF8, tts_res_path = fo|res/tts/xiaofeng.jet;fo|res/tts/common. jet,
sample_rate = 16000, speed = 50, volume = 50, pitch = 50, rdn = 0";

    /* 用户登录 */
    ret = MSPLogin(NULL, NULL, login_params);     //第一个参数是用户名，第二个参数是密
码，第三个参数是登录参数，用户名和密码可在http://www.xfyun.cn上注册获取
    if (MSP_SUCCESS != ret)
    {
        printf("MSPLogin failed, error code: %d.\n", ret);

    }
    else{
        printf("开始合成 ……\n");
        ret = text_to_speech(text,filename, session_begin_params);
        if (MSP_SUCCESS != ret)
        {
            printf("text_to_speech failed, error code: %d.\n", ret);
```

```
        }
        printf("合成完毕\n");
    }
    MSPLogout();
    return 0;

}
void playWav()
{
    system(playPath);

}
void topicCallBack(const std_msgs::String::ConstPtr& msg)
{
    std::cout<<"get topic text:" << msg->data.c_str();
    makeTextToWav(msg->data.c_str(),fileName);
    playWav();
}

int main(int argc, char* argv[])
{   const char* start= "科大迅飞在线语音合成模块启动";
    makeTextToWav(start,fileName);
    playWav();

    ros::init(argc,argv, "xf_tts_node");
       ros::NodeHandle n;
       ros::Subscriber sub = n.subscribe("/voice/xf_tts_topic", 3,topicCallBack);
    ros::spin();
    return 0;
}
```

在 CMakeLists.txt 文件的“include_directories”后加入“include”，需要在文件末尾加入：

```
add_executable (xf_tts_node src/xf_tts.cpp)
target_link_libraries ( xf_tts_node ${catkin_LIBRARIES} -lmsc -lrt -ldl -lpthread)
```

修改后的 CMakeLists.txt 代码如下：

```
cmake_minimum_required(VERSION 2.8.3)
project(voice_system)
find_package(catkin REQUIRED COMPONENTS
  roscpp
  rospy
  std_msgs)
include_directories(include${catkin_INCLUDE_DIRS})
```

```
add_executable(xf_tts_node src/xf_tts.cpp)
target_link_libraries(xf_tts_node ${catkin_LIBRARIES} -lmsc -lrt -ldl-lpthread)
```

到 catkin_ws 目录下进行编译，编译完成之后，需要在终端输入 roscore，再输入以下命令重新打开终端到 catkin_ws 目录下运行 xf_tts_node 节点。

```
$ cd catkin_ws
$ rosrun voice_system xf_tts_node
```

此时，你能听到“科大迅飞在线语音合成模块启动”的声音，如图 8.21 所示。

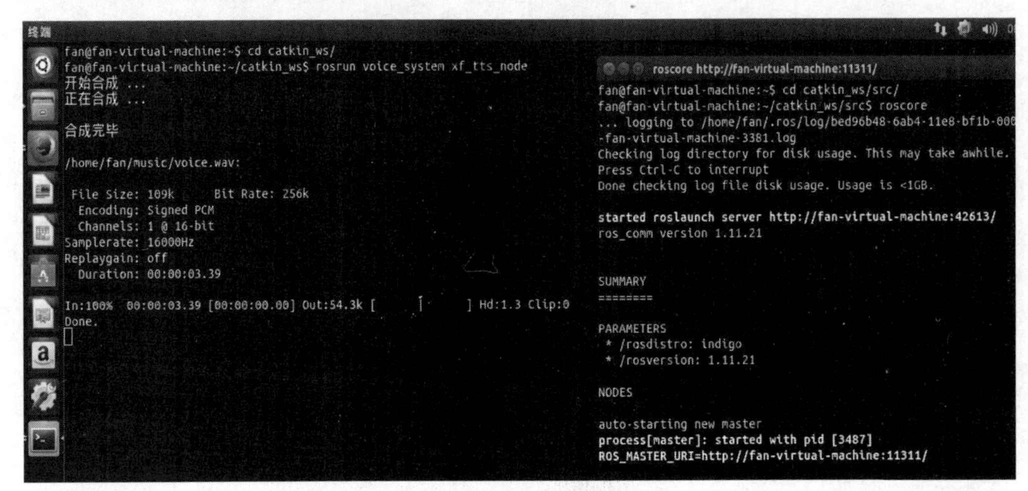

图 8.21 科大讯飞包成功启动

重新打开一个终端窗口，在 catkin_ws 目录下发布一个话题。

```
$ cd catkin_ws
$ rostopic pub /voice/xf_tts_topic std_msgs/String 你好
```

此时，你会听到“你好”的声音，这时 ROS 上已成功运行科大迅飞语音模块。

8.5.2 通过图灵进行语义理解

图灵机器人 AI 开放平台，具有智能对话、知识库、技能服务三种核心功能，它能准确地对中文语义进行理解，可以借助图灵机器人的 API 接口，根据自己的需要创建聊天机器人、客服机器人、领域对话问答机器人、儿童陪伴机器人等在线服务。

我们需要通过图灵进行语义理解，首先到图灵的官网（http://www.tuling123.com/）申请一个账号，申请完以后，需要创建一个机器人，我们这里的机器人叫“聊天机器人”，创建好后会获得一个密匙，然后将密匙后的开关关掉。

下载好之后，在 vioce_system 包中的 src 文件夹下创建一个 tuling_nlu.cpp 文件。以下是 tuling_nlu.cpp 的内容。注意：需要把代码中的 key 改为自己创建机器人的 key，需要把“curl_easy_setopt(pCurl, CURLOPT_URL, "http://openapi.tuling123.com/openapi/api")”中的网址改为自己机器人的接口地址，这个地址可以在机器人的 API 文档中找到。

```
#include<ros/ros.h>
#include<std_msgs/String.h>
#include<iostream>
```

```
#include<sstream>
#include<jsoncpp/json/json.h>
#include<curl/curl.h>
#include<string>
#include<exception>

using namespace std;

int flag = 0;
string result;
int writer(char *data, size_t size, size_t nmemb, string *writerData)
{
    unsigned long sizes = size * nmemb;
    if (writerData == NULL)
        return -1;
    writerData->append(data, sizes);
    return sizes;
}

int parseJsonResonse(string input)
{
   Json::Value root;
   Json::Reader reader;
   bool parsingSuccessful = reader.parse(input, root);
   if(!parsingSuccessful)
   {
      std::cout<<"!!! Failed to parse the response data"<< std::endl;
      return -1;
   }
   const Json::Value code = root["code"];
   const Json::Value text = root["text"];
   result = text.asString();
   flag = 1;
   std::cout<<"response code:"<< code << std::endl;
   std::cout<<"response text:"<< result << std::endl;
   return 0;
}

int HttpPostRequest(string input)
{
    string buffer;
    std::string strJson = "{";
    strJson += "\"key\" : \"093f05b003c643bbae919b353c3a12ff\","; //双引号前加 / 防转义
```

```
    strJson += "\"info\" : ";
    strJson += "\"";
    strJson += input;
    strJson += "\"";
    strJson += "}";
    std::cout<<"post json string: "<< strJson << std::endl;
     try
    {
        CURL *pCurl = NULL;
        CURLcode res;
        // In windows, this will init the winsock stuff
        curl_global_init(CURL_GLOBAL_ALL);
        // get a curl handle
        pCurl = curl_easy_init();
        if (NULL != pCurl)
        {
            // 设置超时时间为 10 秒
            curl_easy_setopt(pCurl, CURLOPT_TIMEOUT, 10);
            // First set the URL that is about to receive our POST
            // This URL can just as well be a
            // https:// URL if that is what should receive the data
            curl_easy_setopt(pCurl, CURLOPT_URL, "http://openapi.tuling123.
com/openapi/api");
            //curl_easy_setopt(pCurl, CURLOPT_URL, "http://192.168.0.2/posttest. cgi")

            // 设置 http 发送的内容类型为 JSON
            curl_slist *plist = curl_slist_append(NULL,"Content-Type:application/
json;charset=UTF-8");
            curl_easy_setopt(pCurl, CURLOPT_HTTPHEADER, plist);

            // 设置要 POST 的 JSON 数据
            curl_easy_setopt(pCurl, CURLOPT_POSTFIELDS, strJson.c_str());
            curl_easy_setopt(pCurl, CURLOPT_WRITEFUNCTION, writer);
            curl_easy_setopt(pCurl, CURLOPT_WRITEDATA, &buffer);

            // Perform the request, res will get the return code
            res = curl_easy_perform(pCurl);
            // Check for errors
            if (res != CURLE_OK)
            {
```

```
            printf("curl_easy_perform() failed:%s\n",curl_easy_ strerror(res));
        }
        // always cleanup
        curl_easy_cleanup(pCurl);
    }
    curl_global_cleanup();
  }
  catch (std::exception &ex)
  {
    printf("curl exception %s.\n", ex.what());
  }
  if(buffer.empty())
  {
    std::cout<<"!!! ERROR The Tuling sever response NULL"<< std::endl;
  }
  else
  {
     parseJsonResonse(buffer);
  }
  return 0;
}
void arvCallBack(const std_msgs::String::ConstPtr &msg)
{
  std::cout<<"your quesion is: "<< msg->data << std::endl;
  HttpPostRequest(msg->data);
}
int main(int argc, char **argv)
{
  ros::init(argc, argv,"tuling_nlu_node");
  ros::NodeHandle nd;
  ros::Subscriber sub = nd.subscribe("voice/tuling_nlu_topic", 10, arvCallBack);
  ros::Publisher pub = nd.advertise<std_msgs::String>("/voice/xf_tts_topic",10);
  ros::Rate loop_rate(10);
  while(ros::ok())
  {
     if(flag)
     {
        std_msgs::String msg;
        msg.data = result;
        pub.publish(msg);
```

```
            flag = 0;
        }
        ros::spinOnce();
        loop_rate.sleep();
    }
}
```

在 CMakeLists.txt 文件中加入如下代码：

```
add_executable(tuling_nlu_node src/tuling_nlu.cpp)
target_link_libraries(tuling_nlu_node  ${catkin_LIBRARIES} -lcurl -ljsoncpp)
```

修改好的 CMakeLists.txt 如下：

```
cmake_minimum_required(VERSION 2.8.3)
project(voice_system)
find_package(catkin REQUIRED COMPONENTS
  roscpp
  rospy
  std_msgs )

include_directories( include${catkin_INCLUDE_DIRS})
add_executable(xf_tts_node src/xf_tts.cpp)
target_link_libraries(xf_tts_node ${catkin_LIBRARIES} -lmsc -lrt -ldl -lpthread)
add_executable(tuling_nlu_node src/tuling_nlu.cpp)
target_link_libraries(tuling_nlu_node ${catkin_LIBRARIES} -lcurl -ljsoncpp)
```

然后进入 catkin_ws 工作空间中进行编译：

```
$ cd catkin_ws
$ catkin_make
```

现在就可以和图灵机器人对话了，首先在终端输入roscore，然后在catkin_ws下运行xf_tts_node节点和 tuling_nlu_node 节点。

```
$ rosrun voice_system xf_tts_node
$ rosrun voice_system tuling_nlu_node
$ rostopic pub -1 /voice/tuling_nlu_topic std_msgs/String "明天东莞天气"
```

至此，你便能听到图灵机器人的回复了，如图 8.22 所示。

8.5.3 与机器人对话

将以前下载的语音包的 samples/iat_online_record_sample 中的 iat_online_record_sample.c、speech_recognizer.c、linuxrec.c 复制到工程 src 中，linuxrec.h、speech_recognizer.h、formats.h 文件复制到工程的 include 中。修改 iat_record.c 文件为 xf_asr.cpp，由于代码量较大，此处详细代码见教学包。

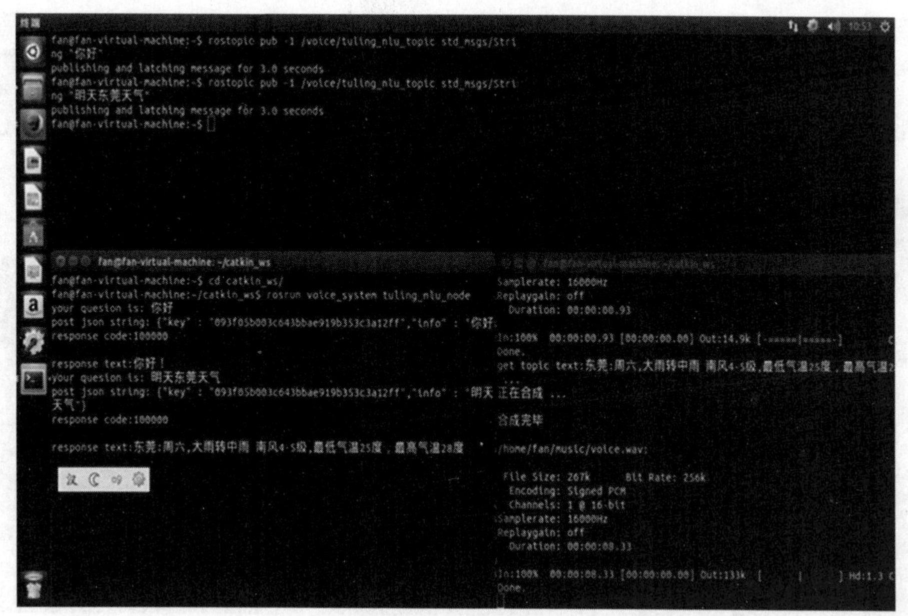

图 8.22 图灵机器人回复

在 CMakeLists.txt 文件的末尾加入两行代码，修改完的 CMakeLists.txt 文件如下：

```
cmake_minimum_required(VERSION 2.8.3)
project(voice_system)
find_package(catkin REQUIRED COMPONENTS
    roscpp
    rospy
    std_msgs )

include_directories(include${catkin_INCLUDE_DIRS} )
add_executable(xf_tts_node src/xf_tts.cpp)
target_link_libraries(xf_tts_node ${catkin_LIBRARIES} -lmsc -lrt -ldl -lpthread)
add_executable(tuling_nlu_node src/tuling_nlu.cpp)
target_link_libraries(tuling_nlu_node ${catkin_LIBRARIES} -lcurl -ljsoncpp)
add_executable(xf_asr_node src/xf_asr.cpp src/speech_recognizer.cpp src/
linuxrec.cpp)
target_link_libraries(xf_asr_node  ${catkin_LIBRARIES} -lmsc -lrt -ldl
-lpthread-lasound)
```

接下来我们需要修改 linuxrec.cpp，详细代码见教学包。最后在 catkin_ws 工作空间中进行编译：

```
$ cd catkin_ws
$ catkin_make
```

现在就可以和机器人对话了，首先在终端输入：

```
$ roscore
```

然后在 catkin_ws 下运行 xf_tts_node、tuling_nlu_node 和 xf_asr_node 这三个节点，操作截图如图 8.23 所示。

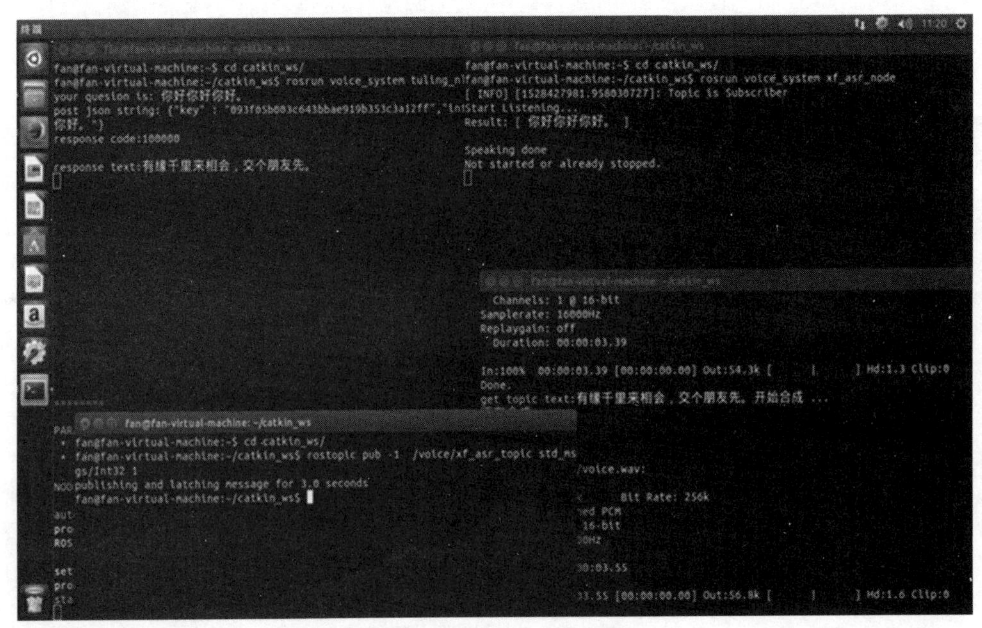

图 8.23　发布语音节点信息

```
$ cd ~/catkin_ws
$ rosrun voice_system xf_tts_node
$ rosrun voice_system tuling_nlu_node
$ rosrun voice_system xf_asr_node
$ rostopic pub -1  /voice/xf_asr_topic std_msgs/Int32 1
```

这样我们就实现了机器人和人之间的语音交流功能，是不是非常地神奇。自己的机器人也能像其他智能问答机器人一样，能够与你沟通自如了。

8.6　本章小结

通过对本章的学习，你应该了解了机器语音是如何实现的，学会了如何通过语音控制机器人、语音播放和与机器人实现对话交流，并且对 ROS 功能包、科大讯飞 SDK 和图灵语义有了一定的了解和认识。

接下来我们将让机器人自己动起来，通过创建地图和重定位来实现机器人 SLAM 和自主导航。

1. PocketSphinx 功能包是通过哪个节点发布信息的？
2. PocketSphinx 功能包仅仅提供离线的语音交互吗？可以实现在线语音交互吗？
3. 怎样通过 ROS 系统来播放指定的音频文件？
4. 自定义对话内容是怎样进行修改的？
5. 科大讯飞功能包的 AppID 有什么作用？每个用户只能拥有一个 AppID 吗？

第9章 机器人SLAM与自主导航开发技术

机器人具有高度自规划、自组织、自适应能力，适合于在复杂的非结构化环境中工作。SLAM和导航技术是机器人的研究核心，同时也是机器人实现智能化及完全自主的关键技术。机器人只有准确地知道自身的位置、工作空间中障碍物的位置以及障碍物的运动情况，才能安全、有效地进行自主运动。所以，机器人的自身定位问题就显得尤为重要。定位和位置估计也是自主式机器人最重要的能力之一。

机器人 SLAM 研究的问题包含许许多多的领域，我们常见的几个研究的问题包括建图（Mapping）、定位（Localization）和路径规划（Path Planning），如果机器人带有机械臂，那么运动规划（Motion Planning）也是重要的一个环节。而同步定位与建图（Simultaneous Localization And Mapping，SLAM）问题位于定位和建图的交集部分，如图 9.1 所示。SLAM 需要机器人在未知的环境中逐步建立地图，然后根据地图确定自身位置，从而进一步定位。

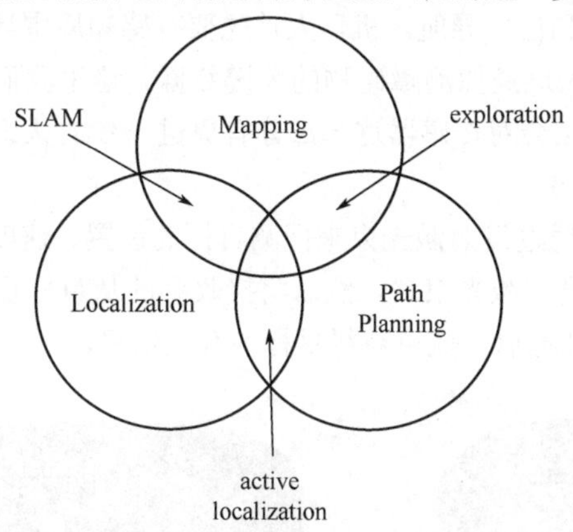

图 9.1　SLAM 研究问题总览

下面我们来介绍一下经典的 SLAM 框架，了解一下经典 SLAM 究竟是由哪几个模块组成，如图 9.2 所示。

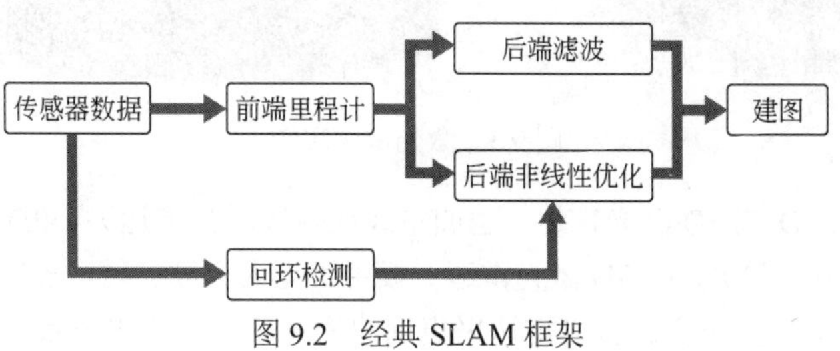

图 9.2　经典 SLAM 框架

SLAM 框架中的每个环节都有具体的作用：

① 里程计：能够通过相邻帧之间的图像估计相机运动，并恢复场景的空间结构。只计算相邻时刻的运动，而和过去的信息没有关联。当然也会存在一些问题，仅通过里程计来估计轨迹，将不可避免地出现累积漂移。由于里程计的工作方式，先前时刻的误差将会传递到下一时刻，导致经过一段时间之后，估计的轨迹将不再准确。

② 后端滤波：主要是优化和处理 SLAM 过程中噪声的问题，通俗地说就是如何从这些带有噪声的数据中估计整个系统的状态，以及这个状态估计的不确定性有多大，这里的状态既包括机器人自身的轨迹，又包括地图。

③ 回环检测：也称闭环检测，主要解决位置估计随时间漂移的问题。判断机器人是否曾经到达过先前的位置，如果检测到回环，它会把信息提供给后端进行处理。

④ 建图：机器人根据估计的轨迹，建立与任务要求对应的地图。

介绍完 SLAM 的经典框架，相信大家对机器人 SLAM 流程有了大概的了解。这一章我们来学习 ROS 中 SLAM 的一些功能包，也就是一些常用的 SLAM 算法，例如 Gmapping、Hector、Cartographer、Navigation 等算法。这一章我们不会过多地关注算法背后的数学原理，而是更注重工程实现的方法，告诉你 SLAM 算法包是如何工作的，以及怎样快速地搭建 SLAM 算法。我们将学习这些功能包的使用方法，并且使用仿真环境和真实机器人实现这些功能。

9.1 理论基础

9.1.1 传感器

要完成机器人的 SLAM 和自主导航，机器人首先要有感知周围环境的能力，尤其要有感知周围环境深度信息的能力，因为这是探测障碍物的关键数据。这里我们将讲述它们的工作原理及在 ROS 中的存储格式，希望大家会对传感器这一部分有更进一步的认识。

（1）激光雷达

激光雷达（见图 9.3）是通过发射激光束来探测目标的位置、速度等特征量的雷达系统。其工作原理是向目标发射探测信号（激光束），然后将接收到的从目标反射回来的信号（目标回波）与发射信号进行比较，适当处理后，就可获得目标的有关信息。

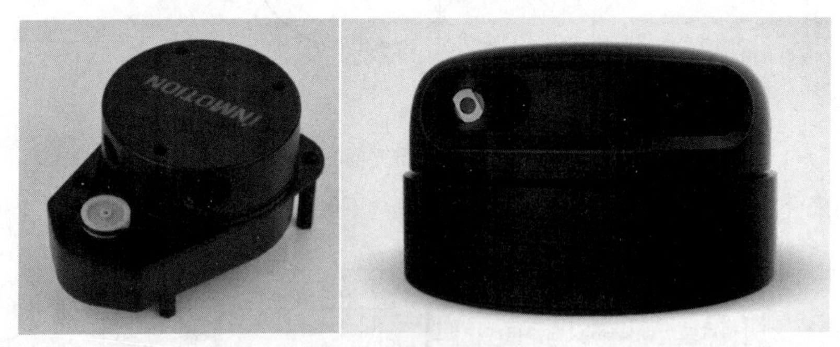

图 9.3　激光雷达实物

激光 SLAM 采用 2D 或 3D 激光雷达（也叫单线或多线激光雷达），2D 激光雷达一般用于室内机器人（如扫地机器人等），而 3D 激光雷达一般用于无人驾驶领域。激光雷达的出现和普及使得测量更快、更准，信息更丰富。激光雷达采集到的物体信息呈现出一系列分散的、具有准确角度和距离信息的点，被称为点云。通常，激光 SLAM 系统通过对不同时刻两片点云的匹配与比对，计算激光雷达相对运动的距离和姿态的改变，也就完成了对机器人自身的定位。3D 激光雷达在 ROS 中的数据格式是点云数据格式 PointCloud2，2D 激光雷达数据格式是 LaserScan。

激光雷达的优点是：①分辨率高。激光雷达可以获得极高的角度、距离和速度分辨率。通常角分辨率不低于 0.1mrad（可以分辨 3km 距离上相距 0.3m 的两个目标），距离分辨率可达 0.lm，速度分辨率能达到 10m/s 以内。②隐蔽性好、抗有源干扰能力强。③低空探测性能好。④体积小，质量小。

激光雷达的缺点是：工作时受天气和大气影响较大，且 2D 激光雷达仅能获得平面信息，而 3D 激光雷达价格昂贵。

（2）IMU 惯性测量单元

惯性导航元件（IMU）的惯性测量单元（见图 9.4）是运动惯性导航系统（用于飞机、航天器、船舶、无人驾驶飞机、无人机和导弹导航）的主要组件。惯性测量单元是测量物体的三轴姿态角（或角速率）以及加速度的装置。一个 IMU 包含了三个单轴的加速度计和三个单轴的陀螺仪，加速度计检测物体在载体坐标系统独立三轴的加速度信号，而陀螺仪检测载体相对于导航坐标系的角速度信号，测量物体在三维空间中的角速度和加速度，并以此解算出物体的姿态。

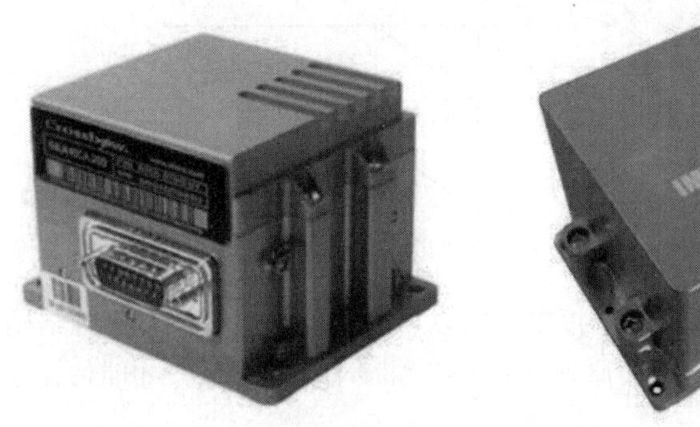

图 9.4 IMU 惯性测量单元

因为惯性导航系统拥有这种能力，我们可以使用航迹推算的方法，即从 IMU 的传感器收集数据（IMU 在 ROS 中的数据格式是 Imu），然后通过计算得到机器人的位置。值得注意的是，IMU 提供的是一个相对的定位信息，它的作用是测量相对于起点物体所运动的路线，所以它并不能提供具体位置的信息，因此，它常常和 GPS 一起使用，在某些 GPS 信号微弱的地方，IMU 就可以发挥它的作用，可以让机器人继续获得绝对位置的信息，不至于“迷路”。

（3）相机

SLAM 中使用的相机与我们平时见到的单反摄像头并不是同一个东西。它往往更加简单，且不携带昂贵的镜头，以一定速率拍摄周围的环境，形成一个连续的视频流。普通的摄像头能以 30 张图片每秒的速度采集图像，高速相机则更快一些。按照相机的工作方式，我们把相机分为单目（Monocular）、双目（Stereo）和深度相机（RGB-D）三个大类，如图 9.5 所示。

① 单目相机　只用一个摄像头进行 SLAM 的方式称为单目 SLAM，这种传感器结构特别简单、成本特别低，所以单目 SLAM 非常受研究者关注。单目相机的数据就是照片，照片就是拍照时的场景在相机的成像平面上留下的一个投影，它以二维的形式反映了三维的世界，在这个过程中丢掉了一个维度即深度（距离）。我们无法通过单张照片计算场景中的物体与我们之间的距离。

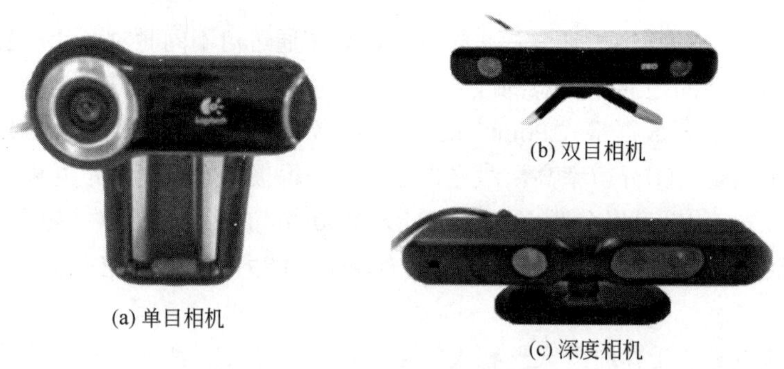

图 9.5　单目、双目和深度相机

相机将三维世界中的一点（米制单位）映射到二维图像平面（像素单位）的过程可以用多种几何模型进行描述，其中最简单的是针孔模型，它描述了一束光线通过针孔后在针孔背面投影成像的过程。如图 9.6 所示，展示了空间一点 M 在针孔相机成像平面上的成像过程。

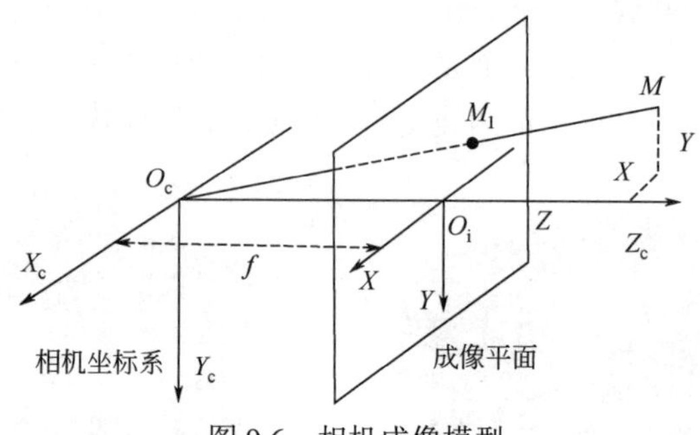

图 9.6　相机成像模型

由于单目相机只是三维空间的二维投影，所以，如果我们真想恢复三维结构，必须移动相机的视角。在单目 SLAM 中也是同样的原理。我们必须移动相机之后，才能估计它的运动，同时估计场景中物体的远近和大小。

② 双目相机　双目相机一般由左眼相机和右眼相机两个水平放置的相机构成。每一个相机都可看成针孔相机，两个相机光圈追踪的距离称为双目相机的基线（见图 9.7）。通过这个基线（需要进行大量计算并且是不太可靠的）来估计每个像素的空间位置，从而测量物体与物体之间的距离。双目相机克服了单目相机无法获得距离的缺点。

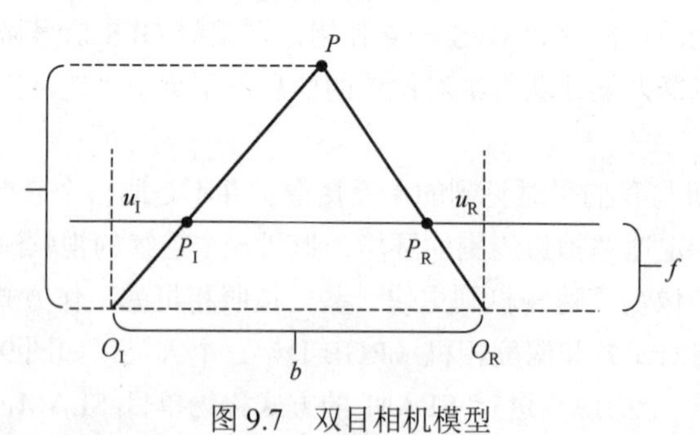

图 9.7　双目相机模型

双目相机类似于人眼，可以通过左右眼图像的差异，判断物体的远近，在计算机上也是同样的道理。双目相机测量到的深度范围与基线相关，基线距离越大，能够测量到的深度范围就越大。双目相机的距离估计是比较左右眼的图像获得的，并不依赖其他传感器设备，所以它既可以应用在室内，又可以应用于室外。双目或多目相机的缺点是配置与标定均较为复杂，其深度量程和精度受双目的基线与分辨率限制，而且视差的计算非常消耗计算资源，需要使用 GPU 和 FPGA 设备加速后，才能实时输出整张图像的距离信息。因此在现有的条件下，计算量是双目相机面临的主要问题之一。

③ RGB-D 相机　深度相机又称 RGB-D 相机，是 2010 年左右开始兴起的一种相机，它最大的特点是可以通过红外结构光或 Time-of-Flight（ToF）原理，像激光传感器那样，通过主动向物体发射光并接收返回的光，测出物体离相机的距离。这部分并不是像双目相机那样通过软件计算来解决，而是通过物理的测量手段，所以相比于双目相机可节省大量的计算成本。目前常用的 RGB-D 相机包括 Kinect/Kinect V2、Xtion Pro、RealSense 等。不过，现在多数 RGB-D 相机还存在测量范围窄、噪声大、视野小、易受日光干扰、无法测量透射材质等诸多问题，在 SLAM 方面，主要用于室内 SLAM，室外则较难应用。

9.1.2　地图

对于家用扫地机器人来说，这种主要在低矮平面里运动的机器人，只需要一个二维的地图来标记哪里可以通过，哪里存在障碍物，就足够它在一定范围内导航了。而对于一个相机而言，它有六自由度的运动，我们至少需要一个三维的地图。有些时候，我们想要一个漂亮的重建结果，不仅是一组空间点，还需要带纹理的三角面片（一种三维几何模型）。另一些时候，我们又不关心地图的样子，只需要知道“*A* 点到 *B* 点可通过，而 *B* 点到 *C* 点不行”这样的事情，甚至，有时我们不需要地图，或者地图可以由其他人提供，例如行驶的车辆往往可以得到已经绘制好的当地地图。

对于地图，我们有太多不同的需求。因此，相比于前面提到的视觉里程计、回环检测和后端优化，建图并没有一个固定的形式和算法。一组空间点的集合可以称为地图，一个漂亮的 3D 模型亦是地图，一个标记着城市、村庄、铁路、河道的图片亦是地图。地图的形式随 SLAM 的应用场合而定。大体上讲，它们可以分为度量地图与拓扑地图两种。

度量地图强调精确地表示地图中物体的位置关系，通常我们用稀疏（Sparse）与稠密（Dense）对它们进行分类。稀疏地图进行了一定程度的抽象，并不需要表达所有的物体。例如，我们选择一部分具有代表意义的东西，称之为路标（Landmark），那么一张稀疏地图就是由路标组成的地图，而不是路标的部分就可以忽略掉。相对地，稠密地图着重于建模所有看到的东西。对于定位来说，稀疏路标地图就足够了。

拓扑地图相比于度量地图的精确性，则更强调地图元素之间的关系。拓扑地图是一个图（Graph），由节点和边组成，只考虑节点间的连通性，例如 *A* 点、*B* 点是连通的，而不考虑从 *A* 点到达 *B* 点的过程。它放宽了地图对精确位置的需求，去掉了地图的细节问题，是一种更为紧凑的表达方式。然而，拓扑地图不擅长表达具有复杂结构的地图。如何对地图进行分割形成节点与边，又如何使用拓扑地图进行导航与路径规划，仍是有待研究和解决的问题。

ROS 中的地图很好理解，就是一张普通的灰度图像，通常为 pgm 格式。这张图像上的黑色像素表示障碍物，白色像素表示可行区域，灰色是未探索的区域，如图 9.8 所示。

在 SLAM 建图过程中，你可以在 Rviz 里看到一张地图被逐渐建立起来的过程，类似于一块块拼图被拼接成一张完整的地图。这张地图对于我们定位、路径规划都是不可缺少的信息。事实上，地图在 ROS 中是以 topic 的形式维护和呈现的，这个 topic 名称就叫做/map，它的消息类型是 nav_msgs/OccupancyGrid。

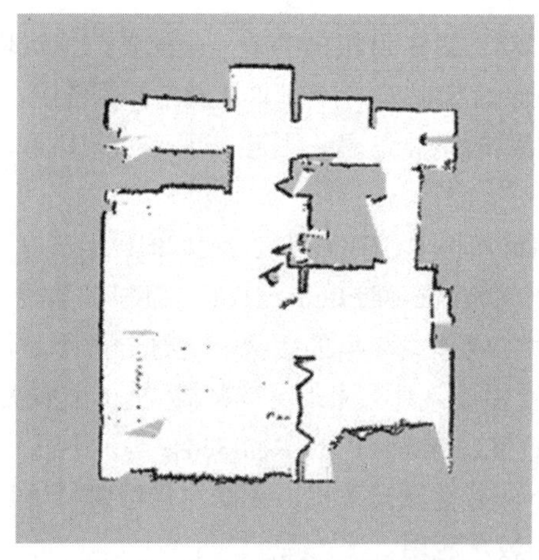

图 9.8　SLAM 地图的灰度理解

由于/map 中实际上存储的是一张图片，为了减少不必要的开销，这个 topic 往往采用锁存（Latched）的方式来发布。什么是锁存？其实就是：地图如果没有更新，就维持着上次发布的内容不变，此时如果有新的订阅者订阅消息，就只会收到一个/map 的消息，也就是上次发布的消息；只有当地图更新了（比如 SLAM 又建立出新的地图），这时/map 才会发布新的内容。锁存器的作用是将发布者最后一次发布的消息保存下来，然后自动地把它发送给后来的订阅者。这种方式非常适合变动较慢、相对固定的数据（例如地图），而且它只发布一次，相比于同样的消息不定时地发布，锁存的方式既可以减少通信中对带宽的占用，又可以减少消息资源维护的开销。

然后我们来看一下地图的OccupancyGrid类型是如何定义的，可以通过命令`rosmsg show nav_msgs/OccupancyGrid`来查看消息，或者直接通过命令`rosed nav_msgs OccupancyGrid.msg`来查看 srv 文件。

```
std_msgs/Headerheader        #消息的报头
   uint32 seq
   time stamp
   string frame_id          #地图消息绑定在 TF 的 frame 上，一般为 map

nav_msgs/MapMetaData info   #地图相关信息
   timemap_load_time        #加载时间
   float32 resolution       #分辨率 单位：m/pixel
   uint32 width            #宽的单位：pixel
   uint32 height           #高的单位：pixel
   geometry_msgs/Pose origin   #原点

      geometry_msgs/Point position
         float64 x
         float64 y
         float64 z
      geometry_msgs/Quaternion orientation
         float64 x
         float64 y
```

```
        float64 z
        float64 w
int8[] data #地图具体信息
```

这个 srv 文件定义了/map 话题的数据结构，包含了三个主要的部分：header、info 和 data。header 是消息的报头，保存了序号、时间戳、frame 等通用信息；info 是地图的配置信息，它反映了地图的属性；data 是真正存储这张地图数据的部分，它是一个可变长数组。int8 后面加了“[]”，你可以理解为一个类似于 vector 的容器，它存储的内容有 width×height 个 int8 型的数据，也就是这张地图上每个像素。

9.2 Gmapping 算法

ROS 的开源社区汇集了许多 SLAM 算法，可以直接使用或进行二次开发。Gmapping 采用 Rao-Blackwellized Particle Filters（RBPF）的方法，运用重采样自适应技术，充分考虑粒子耗散问题和粒子逐渐更新权重而收敛的特性，降低了机器人位置在粒子滤波中的不确定性，从而使机器人对里程计信息获取、激光束点阵的优化采集等信息的采集质量有大幅度提升，使建图更加完整、准确。

9.2.1 Gmapping 功能包

Gmapping 算法是目前基于激光雷达和里程计方案里面一种比较可靠和成熟的算法，它基于粒子滤波，采用 RBPF 的方法，达到的效果非常稳定，许多基于 ROS 的机器人 SLAM 算法都是使用的 gmapping_slam。这个软件包位于 ros-perception 组织中的 slam_gmapping 仓库中。其中的 slam_gmapping 是一个 Metapackage，它依赖了 Gmapping 功能包，而算法具体实现都在 Gmapping 软件包中，该软件包中的 slam_gmapping 程序就是在 ROS 中运行的 SLAM 节点。如果你感兴趣，可以阅读一下 Gmapping 的论文和源代码以及开源的 SLAM 算法，有兴趣的读者可以阅读 openslam 中 Gmapping 算法的相关论文。网址为：http://openslam.org/gmapping.html。

如果你的 ROS 安装的是 desktop-full 版本，会默认带有 Gmapping。可以用以下命令来检测 Gmapping 是否安装：

```
$ apt-cache search ros-$ROS_DISTRO-gmapping
```

如果提示没有，可以直接用 apt 进行二进制安装。

```
$ sudo apt-get install ros-$ROS_DISTRO-gmapping
```

Gmapping 在 ROS 上运行的方法很简单，输入如下命令即可运行：

```
$ rosrun gmapping slam_gmapping
```

由于 Gmapping 算法中需要设置的参数很多，这种启动单个节点的效率很低。所以我们往往会把 Gmapping 的启动写到 launch 文件中，同时把 Gmapping 需要的一些参数也提前设置好，写进 launch 文件或 yaml 文件。具体可参考教学软件包中的 slam_sim_demo 中的 gmapping_demo.launch 和 robot_gmapping.launch.xml 文件。

Gmapping package 里包含一个名为 slam_gmapping 的节点，它允许我们使用激光雷达和机器人的位置信息创建一个 2D 的地图，这个节点接收激光雷达的信息和机器人的关节变换信息，然后将这些信息转换为 Occupancy Grid Map（OGM），也就是常用的栅格地图。

在运行 Gmapping 功能包时，我们需要创建一个 launch 文件来运行 Gmapping package。启动一个 slam_gmapping 节点，然后开始在环境中移动机器人。slam_gmapping 节点去订阅激光雷达信息（/scan）和机器人的变换信息（/tf）来建立一个地图。通过/map 话题来发布建立好的地图信息，之后使用 Rviz 查看该地图。

Gmapping 建立的栅格地图通过/map 话题进行发布，这个话题的消息类型是 nav_msgs/OccupancyGrid，它由一个取值范围在 0～100 的整数来表示，为 0 表示这个位置完全没有任何障碍物，为 100 表示这个位置已经完全被障碍物占领了，除此之外，如果是-1 则表示这个位置的地图情况完全未知。

只能建立地图是不够的，我们还应该掌握地图信息保存的方法，我们可以使用 map_server 去进行保存。打开一个终端，运行 rosrun map_server map_saver -f my_map。通过这个命令我们可以把当前正在运行的程序中的地图保存下来，保存下来的文件中有两个部分——my_map.pgm 文件和 my_map.yaml 文件，分别是地图的图片信息和地图的配置文件。

使用 Gmapping 的第一步就是创建一个运行 Gmapping 节点的 launch 文件，主要用于节点参数的配置，launch 文件代码如下：

```
<launch>
  <arg name="scan_topic"  default="scan" />
  <arg name="base_frame"  default="base_footprint"/>
  <arg name="odom_frame"  default="odom"/>

  <node pkg="gmapping" type="slam_gmapping" name="slam_gmapping" output="
screen">
    <param name="base_frame" value="$(arg base_frame)"/>   <!--底盘坐标系-->
    <param name="odom_frame" value="$(arg odom_frame)"/>   <!--里程计坐标系-->
    <param name="map_update_interval" value="1.0"/>      <!--更新时间(s)，多久更新
一次地图，不是频率-->
    <param name="maxUrange" value="20.0"/>       <!--激光雷达最大可用距离，在此之外的数
据截断不用-->
    <param name="maxRange" value="25.0"/>       <!--激光雷达最大距离-->
    <param name="sigma" value="0.05"/>
    <param name="kernelSize" value="1"/>
    <param name="lstep" value="0.05"/>
    <param name="astep" value="0.05"/>
    <param name="iterations" value="5"/>
    <param name="lsigma" value="0.075"/>
    <param name="ogain" value="3.0"/>
    <param name="lskip" value="0"/>
    <param name="minimumScore" value="200"/>
    <param name="srr" value="0.01"/>
    <param name="srt" value="0.02"/>
    <param name="str" value="0.01"/>
    <param name="stt" value="0.02"/>
```

```
    <param name="linearUpdate" value="0.5"/>
    <param name="angularUpdate" value="0.436"/>
    <param name="temporalUpdate" value="-1.0"/>
    <param name="resampleThreshold" value="0.5"/>
    <param name="particles" value="80"/>
    <param name="xmin" value="-25.0"/>
    <param name="ymin" value="-25.0"/>
    <param name="xmax" value="25.0"/>
    <param name="ymax" value="25.0"/>

    <param name="delta" value="0.05"/>
    <param name="llsamplerange" value="0.01"/>
    <param name="llsamplestep" value="0.01"/>
    <param name="lasamplerange" value="0.005"/>
    <param name="lasamplestep" value="0.005"/>
    <remap from="scan" to="$(arg scan_topic)"/>
  </node>

<!-- Move base -->
<!--include file="$(find navigation_sim_demo)/launch/include/velocity_
smoother.launch.xml"/-->
<!--include file="$(find navigation_sim_demo)/launch/include/safety_
controller.launch.xml"/-->
  <arg name="odom_frame_id"   default="odom"/>
  <arg name="base_frame_id"   default="base_footprint"/>
  <arg name="global_frame_id" default="map"/>
  <arg name="odom_topic" default="odom" />
  <arg name="laser_topic" default="scan" />

<node pkg="move_base" type="move_base" respawn="false" name="move_base"
output="screen">

    <rosparam file="$(find navigation_sim_demo)/param/costmap_common_params.
yaml"command="load" ns="global_costmap" />
    <rosparam file="$(find navigation_sim_demo)/param/costmap_common_params.
yaml"command="load" ns="local_costmap" />
    <rosparam file="$(find navigation_sim_demo)/param/local_costmap_params.yaml"
command="load" />
    <rosparam file="$(find navigation_sim_demo)/param/global_costmap_params.
yaml" command="load" />
    <rosparam file="$(find navigation_sim_demo)/param/dwa_local_planner_
params.yaml" command="load" />
    <rosparam file="$(find navigation_sim_demo)/param/move_base_params.yaml"
command="load" />
```

```
    <rosparam file="$(find navigation_sim_demo)/param/global_planner_params.
yaml"command="load" />
    <rosparam file="$(find navigation_sim_demo)/param/navfn_global_planner_
params.yaml" command="load" />

    <!-- reset frame_id parameters using user input data -->
    <param name="global_costmap/global_frame" value="$(arg global_frame_id)"/>
    <param name="global_costmap/robot_base_frame" value="$(arg base_frame_id)"/>
    <param name="local_costmap/global_frame" value="$(arg odom_frame_id)"/>
    <param name="local_costmap/robot_base_frame" value="$(arg base_frame_id)"/>
    <param name="DWAPlannerROS/global_frame_id" value="$(arg odom_frame_id)"/>

    <remap from="odom" to="$(arg odom_topic)"/>
    <remap from="scan" to="$(arg laser_topic)"/>
    <remap from="cmd_vel" to="/cmd_vel_mux/input/navi"/>
  </node>
</launch>
```

然后通过在终端输入命令 `roslaunch slam_sim_demo gammaping_demo.launch` 使用 Gmapping 功能包，运行 Gmapping 效果如图 9.9 所示。

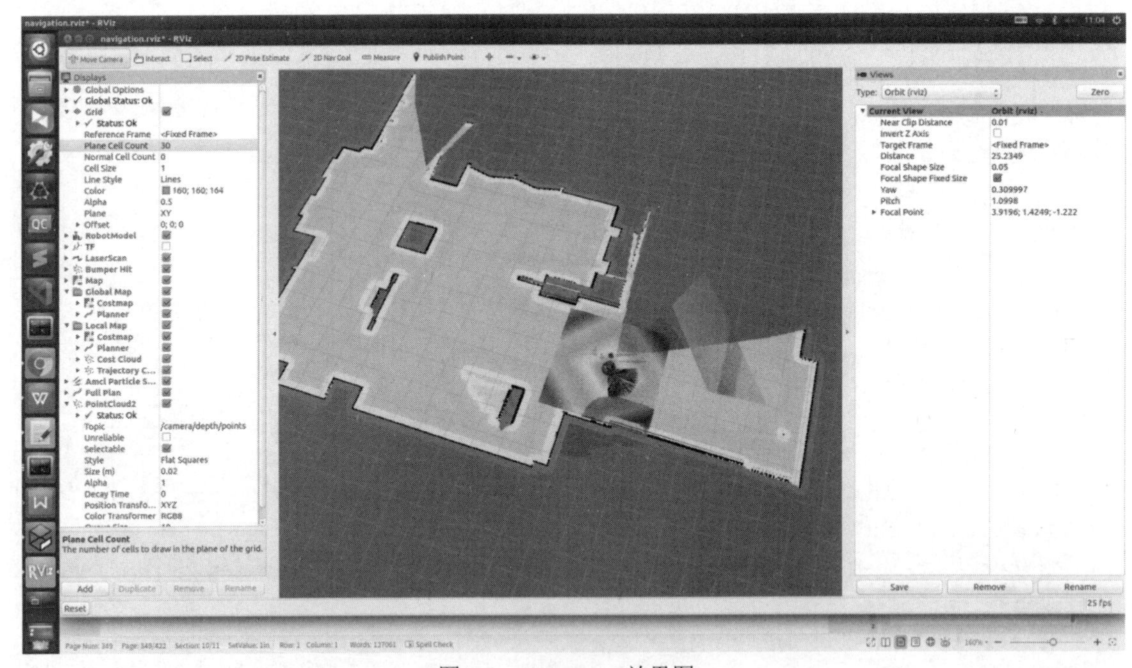

图 9.9　Gmapping 效果图

9.2.2　Gmapping 计算图

Gmapping 的作用是根据激光雷达和里程计（Odometry）的信息，对环境地图进行构建，并且对自身状态进行估计。因此，它的输入应当包括激光雷达和里程计的数据，而输出应当有自身位置信息和地图。下面我们从计算图（消息的流向）的角度来看看 Gmapping 算法在实际运行中的结构，如图 9.10 所示。

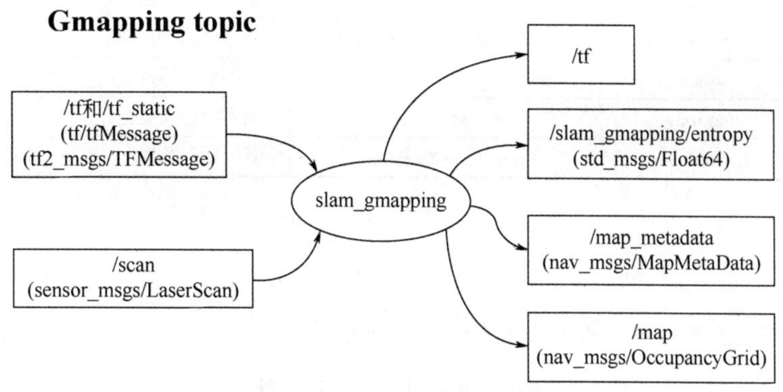

图 9.10 Gmapping 计算图

位于中心的是我们运行的 slam_gmapping 节点，这个节点负责整个 Gmapping 的 SLAM 工作。Gmapping 的输入 topic 主要有两个：

① /tf 以及/tf_static：坐标变换，类型为第一代的 tf/tfMessage 或第二代的 tf2_msgs/TFMessage。其中一定要提供的有两个 TF，一个是 base_frame 与 laser_frame 之间的 TF，即机器人底盘和激光雷达之间的变换；另一个是 base_frame 与 odom_frame 之间的 TF，即底盘和里程计原点之间的坐标变换。odom_frame 可以理解为里程计原点所在的坐标系。

② /scan：激光雷达数据，类型为 sensor_msgs/LaserScan。/scan 很好理解，是 Gmapping SLAM 所必需的激光雷达数据，而/tf 是一个比较容易忽视的细节。尽管/tf 这个 topic 听起来很简单，但它维护了整个 ROS 三维世界里的转换关系，而 slam_gmapping 要从中读取的数据是 base_frame 与 laser_frame 之间的 TF，只有这样才能够把周围障碍物变换到机器人坐标系下，更重要的是 base_frame 与 odom_frame 之间的 TF，这个 TF 反映了里程计（电机的光电码盘、视觉里程计、IMU）的监测数据，也就是机器人里程计测得的距离，它会把这段距离变换后发布到 odom_frame 和 laser_frame 之间。因此 slam_gmapping 会从/tf 中获得机器人里程计的数据。

Gmapping 的输出 topic 主要有：

① /tf：主要是输出 map_frame 和 odom_frame 之间的变换。

② /slam_gmapping/entropy：std_msgs/Float64 类型，反映了机器人位姿估计的分散程度。

③ /map：slam_gmapping 建立的地图。

④ /map_metadata：地图的相关信息。

输出的/tf 里有一个很重要的信息，就是 map_frame 和 odom_frame 之间的变换，这其实就是对机器人的定位。通过连通 map_frame 和 odom_frame，这样 map_frame 与 base_frame，甚至与 laser_frame 都连通了。这样便实现了机器人在地图上的定位。同时，输出的 topic 里还有/map，在上一节我们介绍了地图的类型，在 SLAM 场景中，地图是作为 SLAM 的结果被不断地更新和发布的。

9.2.3 话题和服务

Gmapping 功能包中发布/订阅的话题和提供的服务如表 9.1 所示。

表 9.1　Gmapping 功能包中发布/订阅的话题和提供的服务

	名称	类型	描述
topic 订阅	tf	tf/tfMessage	用于激光雷达坐标系、基坐标系、里程计坐标系
	scan	sensor_msgs/LaserScan	激光雷达扫描数据
topic 发布	map_metadata	nav_msgs/MapMetaData	发布地图 Meta 数据
	map	nav_msgs/OccupancyGrid	发布地图栅格数据
	entropy	std_msgs/Float64	发布机器人姿态分布熵的估计
service	dynamic_map	nav_msgs/GetMap	获取地图数据

9.2.4　参数

Gmapping 功能包中可供配置的参数如表 9.2 所示。

表 9.2　Gmapping 功能包中可供配置的参数

参数	类型	默认值	描述
throttle_scans	int	1	每接收到该数量帧的激光数据后只处理其中的一帧
base_frame	string	base_link	机器人基坐标系
map_frame	string	map	地图坐标系
odom_frame	string	odom	里程计坐标系
map_update_interval	float	5.0	地图更新频率，该值越低，计算负载越大
maxUrange	float	80.0	激光可探测的最大范围
sigma	float	0.05	端点匹配的标准差
kernelSize	int	1	在对应的内核中进行查找
lstep	float	0.05	平移过程中的优化步长
astep	float	0.05	旋转过程中的优化步长
iterations	int	5	扫描匹配的迭代次数
lsigma	float	0.075	似然计算的激光标准差
ogain	float	3.0	似然计算时用于平滑重采样效果
lskip	int	0	每次扫描跳过的光束数
minimumScore	float	0.0	扫描匹配结果的最低值，当使用有限范围（例如 5m）的激光扫描仪时，可以避免在大开放空间中跳跃姿势估计
srr	float	0.1	平移函数（rho/rho），平移时的里程误差
srt	float	0.2	旋转函数（rho/theta），平移时的里程误差
str	float	0.1	平移函数（theta/rho），旋转时的里程误差
stt	float	0.2	旋转函数（theta/theta），旋转时的里程误差
linearUpdate	float	1.0	机器人每平移该距离后处理一次激光扫描数据
angularUpdate	float	0.5	机器人每旋转该弧度后处理一次激光扫描数据
temporalUpdate	float	-1.0	如果最新扫描处理的速度比更新的速度慢，则处理一次扫描，该值为负数时关闭基于时间的更新
resampleThreshold	float	0.5	基于 Neff 的重采样阈值
particles	int	30	滤波器中的粒子数目
xmin	float	-100.0	地图 x 向初始最小尺寸
ymin	float	-100.0	地图 y 向初始最小尺寸
xmax	float	100.0	地图 x 向初始最大尺寸

续表

参数	类型	默认值	描述
ymax	float	100.0	地图 y 向初始最大尺寸
delta	float	0.05	地图分辨率
llsamplerange	float	0.01	似然计算的平移采样距离
llsamplestep	float	0.01	似然计算的平移采样步长
lasamplerange	float	0.005	似然计算的角度采样距离
lasamplestep	float	0.005	似然计算的角度采样步长
transform_publish_period	float	0.05	TF 变换发布的时间间隔
-occ_thresh	float	0.25	栅格地图占用率的阈值
maxRange	float	—	传感器的最大范围

9.2.5 里程计误差及修正

目前 ROS 中常用的里程计广义上包括车轮上的光电码盘、惯性导航元件（IMU）、视觉里程计。你可以只用其中的一个作为 odom，也可以选择多个进行数据融合，融合结果作为 odom。通常来说，实际 ROS 项目中的里程计会发布两个 topic：

① /odom：类型为 nav_msgs/Odometry，反映里程计估测的机器人位置、方向、线速度、角速度信息。

② /tf：主要是输出 odom_frame 和 base_frame 之间的 TF。这段 TF 反映了机器人的位置和方向变换，数值与/odom 中的相同。

由于以上三种里程计都是对机器人的位姿进行估计，存在着累积误差，因此当运动时间较长时，odom_frame 和 base_frame 之间变换的真实值与估计值的误差会越来越大。你可能会想，能否用激光雷达数据来修正 odom_frame 和 base_frame 的 TF 呢？事实上 Gmapping 不是这么做的，里程计估计的是多少，odom_frame 和 base_frame 的 TF 就显示多少，永远不会去修正这段 TF。Gmapping 的做法是把里程计误差的修正发布到 map_frame 和 odom_frame 之间的 TF 上，也就是把误差补偿在了地图坐标系和里程计原点坐标系之间，通过这种方式来修正定位。这样 map_frame 和 base_frame 之间，甚至和 laser_frame 之间就连通了，实现了机器人在地图上的定位。

9.3 Hector 算法

Hector 是一个实时的利用网格构建地图的 SLAM 系统，只需要较少的计算资源。它结合了使用激光雷达系统的鲁棒扫描匹配方法和基于惯性传感器的三维姿态估计系统。通过使用地图梯度的快速近似和多分辨率网格，实现了在各种具有挑战性的环境中具备可靠的定位和映射能力。虽然 Hector 系统不提供明确的闭环能力，但它应用在很多室内场景时已经足够准确了。该算法已成功用于无人地面机器人、无人地面车辆、手持测绘设备和四旋翼无人机。

9.3.1 Hector 功能包

hector_slam 的核心节点是 hector_mapping，该节点使用 TF 进行扫描数据的变换，不需要里程计数据。该节点订阅“/scan”话题以获取 SLAM 所需的激光数据。在 ROS 的软件源中已经集成了 hector-slam 相关的功能包，可以使用如下命令对 Hector 功能包进行二进制安装：

```
$ sudo apt-get install ros-kinetic-hector-slam
```

使用Hector的第一步就是创建一个运行Hector节点的launch文件，主要用于节点参数的配置，launch文件代码如下：

```
<launch>
   <node pkg="hector_mapping" type="hector_mapping" name="hector_height_ mapping"
output="screen">

   <!--Frame names-->
   <param name="pub_map_odom_transform" value="true"/>
   <param name ="map_frame" value ="map"/>
   <param name="base_frame" value="base_link" />
   <param name="odom_frame" value="odom" />
    <!--TF use-->
    <param name="use_tf_scan_transformation" value="true"/>
    <param name="use_tf_pose_start_estimate" value="false"/>
    <!--mapsize /start point-->
    <param name="map_resolution" value="0.05"/>
    <param name="map_size" value="1024"/>
    <param name="map_start_x" value="0.5"/>
    <param name="map_start_y" value="0.5"/>
    <param name="laser_z_min_value" value="-1.0"/>
    <param name="laser_z_max_value" value="1.0"/>
    <param name="map_multi_res_levels" value="2"/>
    <param name="map_pub_period" value="1"/>
    <param name="laser_min_dist" value="0.4"/>
    <param name="laser_max_dist" value="5.5"/>
    <param name="output_timing" value="false"/>
    <param name="pub_map_scanmatch_transform"  value="true"/>

    <!--map update parameter-->
    <param name="update_factor_free" value="0.45"/>
    <param name="update_factor_occupied" value="0.7"/>
    <param name="map_update_distance_thresh" value="0.1"/>
    <param name="map_update_angle_thresh" value="0.05"/>

    <!--Advertising  config-->
    <param name="scan_topic" value="scan" />
    <param name="advertise_map_service" value="true"/>
    <param name="map_with_known_poses" value="false"/>
    <param name="scan_subscriber_queue_size" value="5"/>

   </node>
   <!-- Move base -->
   <include file="$(find navigation_sim_demo) /launch/include/move_base.
launch.xml"/>

</launch>
```

我们可以在终端输入 `roslaunch slam_sim_demo hector_demo.launch` 来运行 Hector 功能包，运行效果如图 9.11 所示。

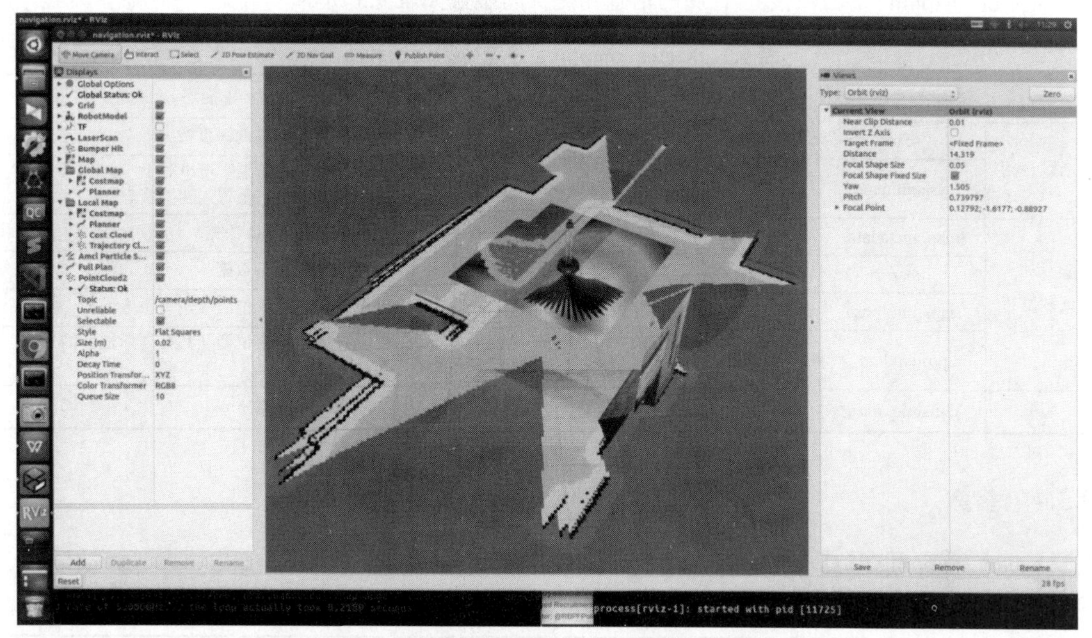

图 9.11 Hector 运行效果图

9.3.2 Hector 计算图

Hector 算法的效果不如 Gmapping、Karto，因为它仅用到激光雷达信息。这样建图与定位的依据就不如多传感器结合的效果好。但 Hector 适合手持移动或者本身就没有里程计的机器人使用。Hector 的计算图如图 9.12 所示。

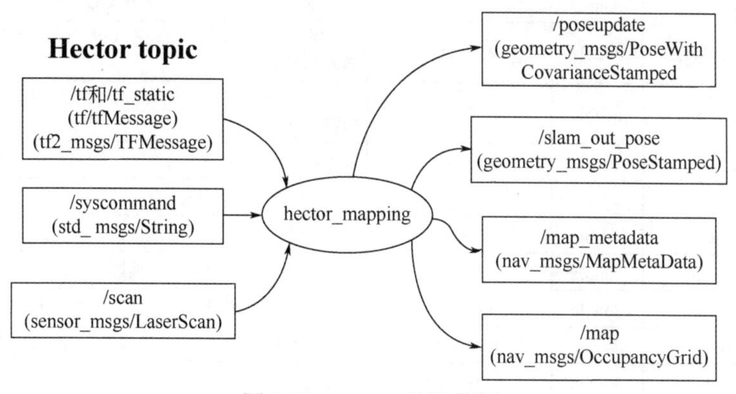

图 9.12 Hector 的计算图

位于中心的节点叫作 hector_mapping，它的输入和其他 SLAM 框架类似，都包括了/tf 和/scan，另外 Hector 还订阅了一个/syscommand 话题，这是一个字符串型的 topic，当接收到 reset 消息时，地图和机器人的位置都会初始化到最初的位置。

在输出的 topic 方面，Hector 多了一个/poseupdate 和/slam_out_pose，前者是具有协方差的机器人位姿估计，后者是没有协方差的位姿估计。

9.3.3 话题和服务

hector_mapping 节点中发布/订阅的话题和提供的服务如表 9.3 所示。

表 9.3 hector_mapping 节点中的话题和服务

名称		类型	描述
话题订阅	scan	sensor_msgs/LaserScan	激光雷达扫描的深度数据
	syscommand	std_msgs/String	系统命令，如果字符串等于“reset”，则地图和机器人姿态重置为初始状态
话题发布	map_metadata	nav_msgs/MapMetaData	发布地图 Meta 数据
	map	nav_msgs/OccupancyGrid	发布地图栅格数据
	slam_out_pose	geometry _msgs/PoseStamped	估计的机器人位姿（没有协方差）
	poseupdate	geometry_msgs/Pose_With_Covariance_Stamped	估计的机器人位姿（具有高斯估计的不确定性）
服务	dynamic_map	nav_msgs/GetMap	获取地图数据

9.3.4 参数

hector_mapping 节点功能包中可供配置的参数如表 9.4 所示。

表 9.4 hector_mapping 节点中可供配置的参数

参数	类型	默认值	描述
base_frame	string	base_link	机器人基坐标系，用于定位和激光扫描数据的变换
map_frame	string	map	地图坐标系
odom_frame	string	odom	里程计坐标系
map_resolution	double	0.025（m）	地图分辨率，网格单元的边缘长度
map_size	int	1024	地图的大小
map_start_x	double	0.5	/map 的原点（0.0, 1.0）在 x 轴上相对于网格图的位置
map_start_y	double	0.5	/map 的原点（0.0, 1.0）在 y 轴上相对于网格图的位置
map_update_distance_thresh	double	0.4（m）	地图更新的阈值，在地图上从一次更新起算到直行距离达到该参数值后再次更新
map_update_angle_thresh	double	0.9（rad）	地图更新的阈值，在地图上从一次更新起算到旋转达到该参数值后再次更新
map_pub_period	double	2.0	地图发布周期
map_multi_res_levels	int	3	地图多分辨率网格级数
update_factor_free	double	0.4	用于更新空闲单元的地图，范围是[0.0, 1.0]
update_factor_occupied	double	0.9	用于更新被占用单元的地图，范围是[0.0, 1.0]
laser_min_dist	double	0.4（m）	激光扫描点的最小距离，小于此值的扫描点将被忽略
laser_max_dist	double	30.0（m）	激光扫描点的最大距离，超出此值的扫描点将被忽略
laser_z_min_value	double	-1.0（m）	相对于激光雷达的最小高度，低于此值的扫描点忽略
laser_z_max_value	double	1.0（m）	相对于激光雷达的最大高度，高于此值的扫描点忽略
pub_map_odom_transform	bool	True	是否发布 map 与 odom 之间的坐标变换
output_timing	bool	False	通过 ROS INFO 处理每个激光扫描的输出时序信息
scan_subscriber_queue_size	int	5	扫描订阅者的队列大小
pub_map_scanmatch_transform	bool	true	是否发布 scanmatcher 与 map 之间的坐标变换
tf_map_scanmatch_transform_frame_name	string	scanmatcher_frame	scanmatcher 的坐标系命名

9.4 Cartographer 算法

Cartographer 是 Google 推出的一套基于图优化的 SLAM 算法，这种算法允许机器人实现 2D 建图和 3D 建图。Cartographer 算法在有限的计算资源条件下建立便携式的数据，获得了高精度的地图。这种算法提供了一种用于 backpack 的建图方法，能够实时绘制 5cm 精度的地图及闭合回环。为了让回环检测实现实时计算，使用了分支上界法（Branch-and-Bound），将 scan-to-map 的匹配作为其约束条件，利用雷达数据计算回环检测过程，降低了计算机的资源需求量，是目前在 SLAM 领域比较优秀的算法之一。

9.4.1 Cartographer 功能包

Cartographer 功能包既可以通过二进制包安装，又可以通过源码编译的方式进行安装，下面先介绍 Cartographer 通过二进制包安装的方法，二进制包安装方法简单又方便，已经编译好的程序只要安装以后就可以使用了。

```
$ sudo apt-get update
$ sudo apt-get install ros-kinetic-cartographer*
```

接下来介绍 Cartographer 通过源码来进行安装，为了不与已有功能包产生冲突，最好为 Cartographer 专门创建一个工作空间，这里我们新创建了一个工作空间 catkin_google_ws，然后使用如下步骤下载源码并完成编译。

（1）更新和安装依赖

```
$ sudo apt-get update
$ sudo apt-get install -y python-wstool python-rosdep ninja-build
```

（2）初始化工作空间

```
$ cd catkin_google_ws
$ wstool init src
```

（3）加入 cartographer_ros.rosinstall 并更新依赖

```
$ wstool merge-t src https:llraw.githubusercontent.com/googlecartographer/
cartographer_ros/ master/cartographer_ros.rosinstall
$ wstool update -t src
```

（4）安装依赖并下载 Cartographer 相关功能包

```
$ rosdep update
$ rosdep install --from-paths src --ignore-src --rosdistro=$ (ROS_DISTRO} -y
```

（5）编译并安装

```
$ catkin_make_isolated --install --use-ninja
$ source install_isolated/setup.bash
```

如果下载服务器无法连接，也可以使用如下命令修改（见图 9.13），ceres-solver 源码的下载地址为 https://github.com/ceres-solver/ceres-solver.git，修改完以后再次进行编译，没有出现错误就表示功能包安装成功了。

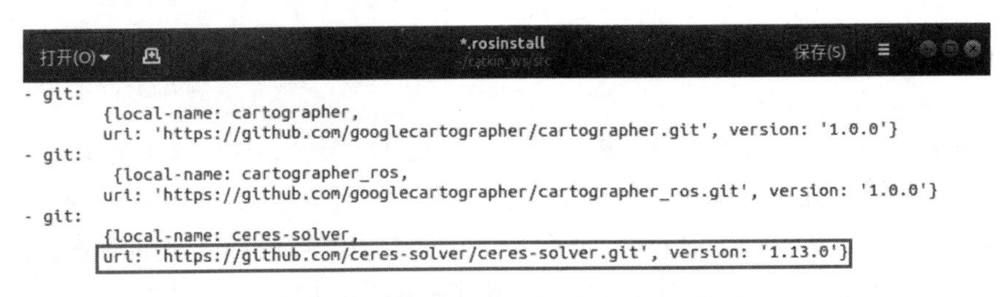

图 9.13　修改 ceres-solver 源码的下载地址

9.4.2　Cartographer 总体框架

Cartographer 主要理论是通过闭环检测来消除构图过程中产生的累积误差。用于闭环检测的基本单元是 submap。一个 submap 是由一定数量的 laser scan 构成。将一个 laser scan 插入其对应的 submap 时，会基于 submap 已有的 laser scan 及其他传感器数据，估计其在该 submap 中的最佳位置。submap 的创建在短时间内的累积误差被认为是足够小的，然而随着时间的推移，越来越多的 submap 被创建后，submap 间的累积误差则会越来越大。因此需要通过闭环检测适当地优化这些 submap 的位姿，进而消除这些累积误差，这就将问题转化成一个位姿优化问题。

当一个 submap 的构建完成，也就是不会再有新的 laser scan 插入到该 submap 时，该 submap 就会加入到闭环检测中。闭环检测会考虑所有的已完成创建的 submap。当一个新的 laser scan 加入到地图中时，如果该 laser scan 的估计位姿与地图中某个 submap 的某个 laser scan 的位姿比较接近的话，那么通过某种 scan match 策略就会找到该闭环。Cartographer 中的 scan match 策略通过在新加入地图的 laser scan 的估计位姿附近取一个窗口，进而在该窗口内寻找该 laser scan 的一个可能的匹配，如果找到了一个足够好的匹配，则会将该匹配的闭环约束加入到位姿优化问题中。Cartographer 的重点内容就是融合多传感器数据的局部 submap 创建以及用于闭环检测的 scan match 策略的实现。整个算法的流程如图 9.14 所示。

Cartographer 主要负责处理来自 Laser、IMU、Odometry 等传感器的输入数据并基于这些数据进行地图的构建。然后是 Local SLAM 部分，也被称为前端，该部分的主要任务是建立维护 Submaps，但问题是该部分建图误差会随着时间累积。接下来是 Global SLAM 部分，也称为后端，该部分的主要任务是进行闭环检测。如前文所述，闭环检测本质上也是一个优化问题，文中将其表达成了 pixel-accurate match 的形式，采用分支界定（Branch-and-Bound）的方法来解决。总体而言，Local SLAM 部分负责生成较好的子图，而 Global SLAM 部分进行全局优化，将不同的子图以最匹配的位姿贴在一起，该部分的主要任务是进行闭环检测。读者有兴趣可以直接自行查看官方文档（https://google-cartographer.readthedocs.io/en/latest/configuration.html）。官方文档也有安装的具体方式，如果安装失败可按照官网指示进行编译安装。

9.4.3　Cartographer 测试

谷歌的 Cartographer 算法提供了多种官方 demo，包含 2D 和 3D 的 SLAM 算法，我们可以直接下载官方录制好的数据包进行测试。这里我们主要介绍 2D Cartographer SLAM 算法包的实现。

下载数据包：

```
$ source devel/setup.bash
$ wget -P ~/Downloads https://storage.googleapis.com/cartographer-public-data/bags/backpack_2d/cartographer_paper_deutsches_museum.bag
```

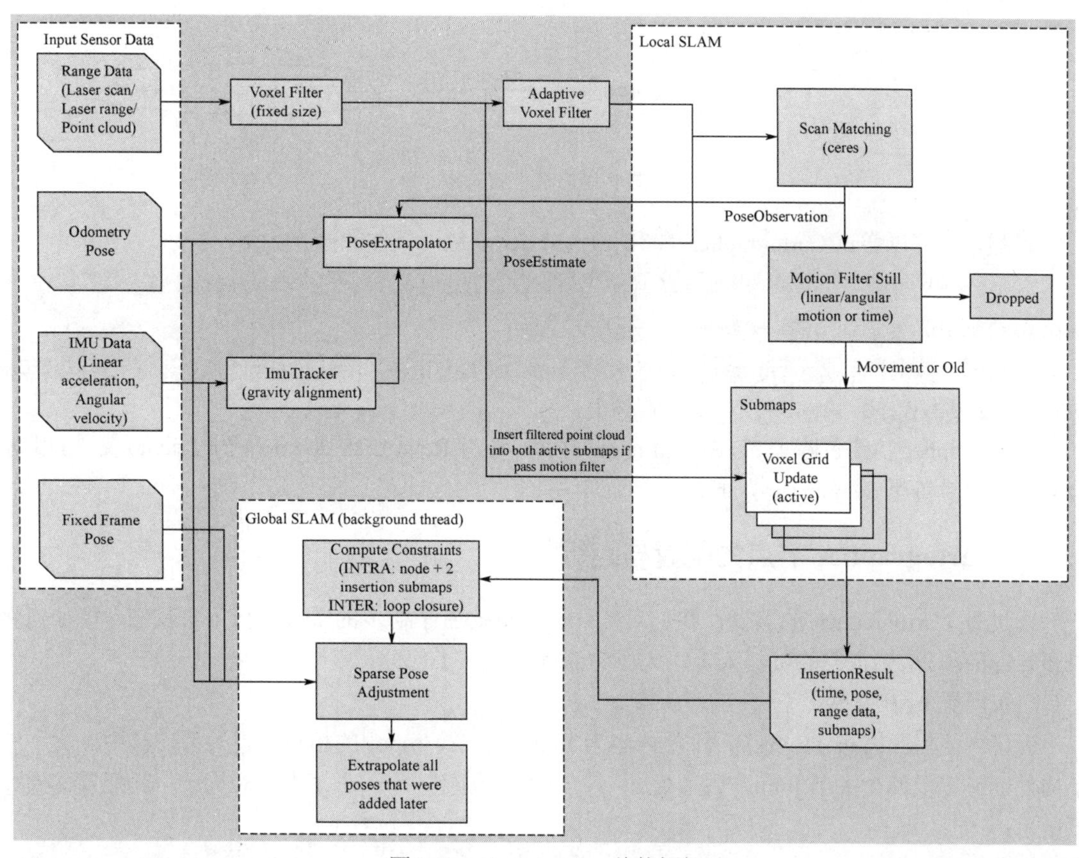

图 9.14 Cartographer 总体框架

运行 demo 程序：

```
$ roslaunch cartographer_ros demo_backpack_2d.launch
bag_filename:=${HOME}/ Downloads/cartographer_paper_deutsches_museum.bag
```

Cartographer 2D 测试建图如图 9.15 所示，可见 Cartographer 算法取得了很不错的效果。

图 9.15 Cartographer 2D 测试图

节点状态如图 9.16 所示。

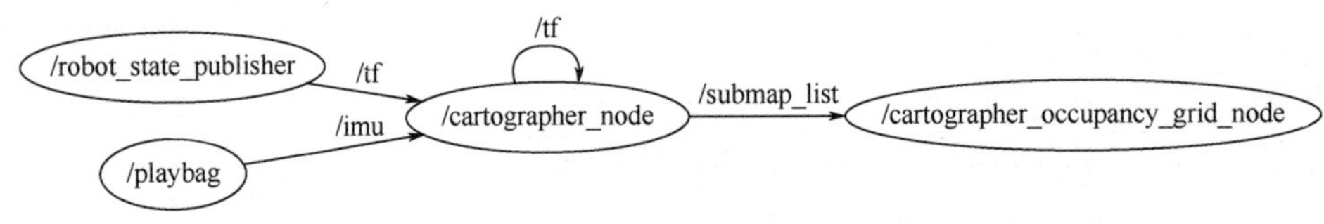

图 9.16　节点状态图

当然，也可以尝试 Cartographer 的 3D SLAM demo 包，具体的操作如下：

```
$ wget -P ~/Downloads https://storage.googleapis.com/cartographer-public-data/bags/backpack_3d/b3-2016-04-05-14-14-00.bag
$ roslaunch cartographer_ros demo_backpack_3d.launch bag_filename:=${HOME}/Downloads/b3-2016-04-05-14-14-00.bag
```

Cartographer 功能包除了 3D SLAM demo 之外，还有 Revo LDS demo 和 PR2 demo 文件，大家有兴趣可以对每个 demo 一一尝试。

9.4.4　Cartographer 节点的配置与运行

通过对 Cartographer 的测试，我们对 Cartographer 有了初步的了解。接下来我们考虑如何将 Cartographer 移植到自己的机器人上。大概的流程分为三个部分：

（1）配置 urdf 文件

为了方便后面发布 TF 变换，主要内容为 Imu、Laser、robot 的相对位置关系，其中定义了三个构件 link 以及两个关节 joint，关节处 x、y、z 为相对位移，r、p、y 为相对旋转。其配置文件如下所示：

```
<robot name="my_robot">

  <material name="orange">
    <color rgba="1.0 0.5 0.2 1" />
  </material>
  <material name="gray">
    <color rgba="0.2 0.2 0.2 1" />
  </material>

  <link name="imu">
    <visual>
      <origin xyz="0.0 0.0 0.0" />
      <geometry>
        <box size="0.06 0.04 0.02" />
      </geometry>
      <material name="orange" />
    </visual>
  </link>

  <link name="laser">
    <visual>
```

```
      <origin xyz="0.0 0.0 0.0" />
      <geometry>
        <cylinder length="0.07" radius="0.05" />
      </geometry>
      <material name="gray" />
    </visual>
  </link>

  <link name="base_link" />
  <joint name="imu2base" type="fixed">
    <parent link="base_link" />
    <child link="imu" />
    <origin xyz="0 0 0" rpy="0 0 0" />
  </joint>
  <joint name="laser2base" type="fixed">
    <parent link="base_link" />
    <child link="laser" />
    <origin xyz="0 0.1 0" rpy="0 0 0" />
  </joint>

</robot>
```

（2）配置.lua 文件

.lua 文件的参数会在运行时加载到相关变量处，本处使用 2D，而且没有其他传感器，如果需要 3D 或者其他传感器，根据需求修改。

```
include "map_builder.lua"
include "trajectory_builder.lua"

options = {
  map_builder = MAP_BUILDER,
  trajectory_builder = TRAJECTORY_BUILDER,
  map_frame = "map",  #这个是地图坐标系名称
  tracking_frame = "imu",#设置为 IMU 的坐标系
  published_frame = "base_link",#设置为机器人坐标系
  odom_frame = "odom",#里程计坐标系名称
  provide_odom_frame = true,
  publish_frame_projected_to_2d = false,
  use_odometry = false,#是否使用编码器提供 Odom
  use_nav_sat = false,#是否使用 gps
  use_landmarks = false,#是否使用路标
  num_laser_scans = 0,
  num_multi_echo_laser_scans = 0,
```

```
  num_subdivisions_per_laser_scan = 1,
  num_point_clouds = 1,
  lookup_transform_timeout_sec = 0.2,
  submap_publish_period_sec = 0.3,
  pose_publish_period_sec = 5e-3,
  trajectory_publish_period_sec = 30e-3,
  rangefinder_sampling_ratio = 1,
  odometry_sampling_ratio = 1,
  fixed_frame_pose_sampling_ratio = 1,
  imu_sampling_ratio = 1,
  landmarks_sampling_ratio = 1
}

TRAJECTORY_BUILDER_3D.num_accumulated_range_data = 1
MAP_BUILDER.use_trajectory_builder_3d = true
MAP_BUILDER.num_background_threads = 7
POSE_GRAPH.optimization_problem.huber_scale = 5e2
POSE_GRAPH.optimize_every_n_nodes = 320
POSE_GRAPH.constraint_builder.sampling_ratio = 0.03
POSE_GRAPH.optimization_problem.ceres_solver_options.max_num_iterations = 10
POSE_GRAPH.constraint_builder.min_score = 0.62
POSE_GRAPH.constraint_builder.global_localization_min_score = 0.66

return options
```

（3）配置 launch 文件

该 launch 文件主要包含两部分工作：一是运行 cartographer_node 节点，二是启动 Rviz 可视化界面。当运行 cartographer_node 节点时，要用到一个 rplidar.lua 文件，该文件的主要作用是进行参数配置，与 Gmapping、Hector 在 launch 文件中直接配置参数的方法稍有不同。

```
<launch>
  <!--param name="/use_sim_time" value="true" /-->
  <node name="cartographer_node" pkg="cartographer_ros"
       type="cartographer_node" args="
         -configuration_directory $(find slam_sim_demo)/param
         -configuration_basename cartographer_params.lua"
     output="screen">
   <remap from="scan" to="/scan" />
   <remap from="points2" to="/camera/depth/points"/>
  </node>
  <!--node name="flat_world_imu_node" pkg="cartographer_turtlebot"
     type="cartographer_flat_world_imu_node" output="screen">
   <remap from="imu_in" to="/mobile_base/sensors/imu_data_raw" />
```

```
    <remap from="imu_out" to="/imu" />
  </node-->
  <node name="rviz" pkg="rviz" type="rviz" required="true"
      args="-d $(find slam_sim_demo)/rviz/cartographer.rviz" />
  <node name="cartographer_occupancy_grid_node" pkg="cartographer_ros"
      type="cartographer_occupancy_grid_node" args="-resolution 0.05" />
</launch>
```

配置完成后回到 catkin_google_ws 路径下，使用如下命令再次编译：

```
$ catkin_make_isolated --install --use-ninja
```

当使用 Cartographer 在线建图时，Cartographer 不知道什么时候结束，所以要先调用服务来关闭传感器数据的接收。执行如下命令：

```
$ rosservice call /finish_trajectory 0
```

此时就可以在 Rviz 中看到地图了。然后输入以下命令保存地图，这样就可以实现通过自己的机器人来跑通 Cartographer 2D 功能包了。

```
$ rosservice call /write_state "filename: 'map.pbstream' "
```

9.5 自主导航

Navigation 是机器人最基本的功能之一，ROS 提供了一整套 Navigation 的解决方案，包括全局与局部的路径规划、代价地图、异常行为恢复、地图服务器等，这些开源工具包极大地减少了开发的工作量，任何一套移动机器人硬件平台经过这套方案都可以快速实现部署。

9.5.1 导航功能包

Navigation Stack 是一个 ROS 的 Metapackage，里面包含了 ROS 在路径规划、定位、地图、异常行为恢复等方面的 package，其中运行的算法都堪称经典，Navigation Stack 功能包如表 9.5 所示。Navigation Stack 的主要作用就是路径规划，通常是输入各传感器的数据，输出速度。一般我们的 ROS 都预装了 Navigation。Navigation Stack 的源代码位于 https：//github.com/ros-planning/navigation。

表 9.5 Navigation Stack 功能包

包名	功能
amcl	定位
fake_localization	定位
map_server	提供地图
move_base	路径规划节点
nav_core	路径规划的接口类，包括 base_local_planner、base_global_planner、recovery_behavior 三个接口
base_local_planner	实现了 Trajectory Rollout 和 DWA 两种局部规划算法
dwa_local_planner	重新实现了 DWA 局部规划算法
parrot_planner	实现了较简单的全局规划算法

续表

包名	功能
navfn	实现了 Dijkstra 和 A*全局规划算法
global_planner	重新实现了 Dijkstra 和 A*全局规划算法
clear_costmap_recovery	实现了清除代价地图的恢复行为
rotate_recovery	实现了旋转的恢复行为
move_slow_and_clear	实现了缓慢移动的恢复行为
costmap_2d	二维代价地图
voxel_grid	三维小方块
robot_pose_ekf	机器人位姿的卡尔曼滤波

这么多 package，你可能会觉得很乱，不过不用担心，在使用过程中其实还是比较简单的，我们接下来将会对常用的主要功能进行介绍。

9.5.2 工作框架

机器人的自主导航功能基本全靠 Navigation 中的 package，Navigation 工作框架如图 9.17 所示。

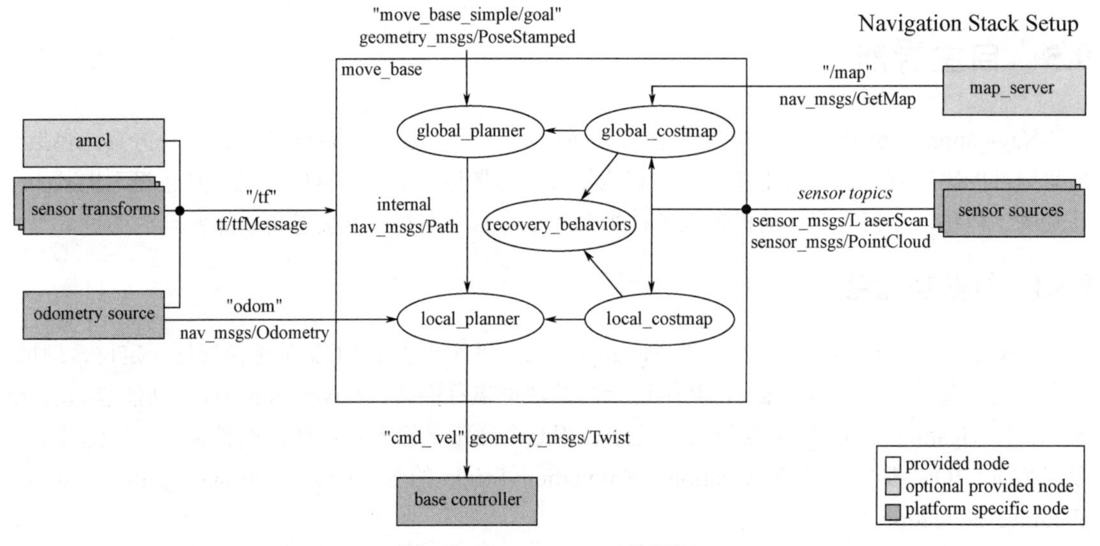

图 9.17 Navigation 工作框架

如图 9.17 所示位于导航功能正中心的是 move_base 节点，可以理解为一个强大的路径规划器，在实际的导航任务中，只需要启动这一个节点，并且为其提供数据，就可以规划出路径和速度。move_base 之所以能实现路径规划，是因为它包含了很多的插件，如图 9.17 所示的圆圈 global_planner、local_planner、global_costmap、local_costmap、recovery_behaviors。这些插件用于负责一些更细微的任务：全局规划、局部规划、全局地图、局部地图、恢复行为。而每一个插件其实也都是一个 package，放在 Navigation Stack 里。关于 move_base 下文会进一步介绍，先来看看 move_base 外围有哪些输入、输出。

其中输入主要有：

① /tf：主要提供的 TF 包括 map_frame、odom_frame、base_frame 以及机器人各关节之间的

完整的一棵 TF 树。

② /odom：里程计信息。

③ /scan 或/pointcloud：传感器的输入信息，最常用的是激光雷达（sensor_msgs/LaserScan 类型），也有点云数据（sensor_msgs/PointCloud）。

④ /map：地图，可以由 SLAM 程序来提供，也可以由 map_server 来指定已知地图。

以上四个 topic 是必须持续提供给导航系统的，还有一个是可随时发布的 topic——move_base_simple/goal，表示目标点位置。

需要注意的是：

① move_base 并不会发布 TF，因为对于路径规划问题来说，假设地图和位置都是已知的，定位和建图是其他节点需要完成的事情。

② sensor_topics 一般输入的是激光雷达数据，但也有输入点云数据的情况。

③ 如图 9.17 所示，map_server 是浅灰色，代表可选，并不表示/map 这个 topic 是可选的，必须给 move_base 提供地图。输出类型为/cmd_vel:geometry_msgs/Twist，为每一时刻规划的速度信息。

9.5.3 move_base

move_base 算得上是 Navigation 中的核心节点，之所以称之为核心，是因为它在导航任务中处于支配地位，其他的一些 package 都是它的插件，move_base 框架如图 9.18 所示。

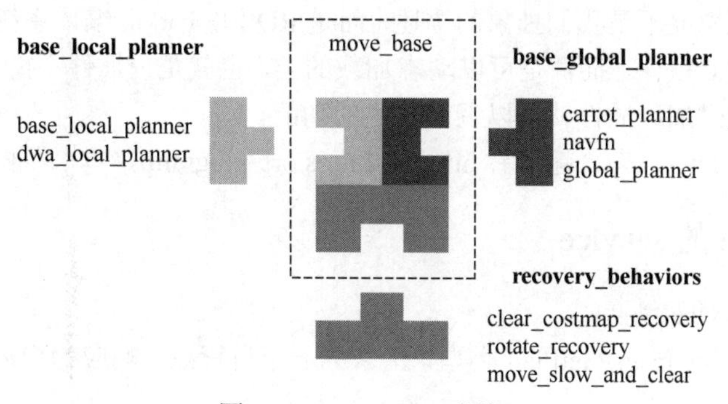

图 9.18 move_base 框架

move_base 要运行起来，首先需要选择好插件，包括三种插件：base_local_planner、base_global_planner 和 recovery_behaviors。move_base 的插件参数如表 9.6 所示。

表 9.6 move_base 的插件参数

参数	默认值	功能
~base_global_planner	navfn/NavfnROS	设置全局规划器
~base_local_planner	base_local_planner/TrajectoryPlannerROS	设置局部规划器
~recovery_behaviors	[{name:conservative_reset, type:clear_costmap_recovery/ClearCostmapRecovery}, {name:rotate_recovery, type:rotate_recovery/RotateRecovery}, {name: aggressive_reset, type: clear_costmap_recovery/ClearCostmapRecovery}]	设置恢复行为

这三种插件都要指定参数，否则系统会指定默认值。Navigation 为我们提供了不少候选的插件，可以在配置 move_base 时选择。

（1）base_local_planner 插件

① base_local_planner　实现了 Trajectory Rollout 和 DWA 两种局部规划算法。

② dwa_local_planner　实现了 DWA 局部规划算法，可以看作是 base_local_planner 的改进版本。

（2）base_global_planner 插件

① carrot_planner　实现了较简单的全局规划算法。

② navfn　实现了 Dijkstra 和 A*全局规划算法。

③ global_planner　重新实现了 Dijkstra 和 A*全局规划算法，可以看作是 navfn 的改进版。

（3）recovery_behaviors 插件

① clear_costmap_recovery　实现了清除代价地图的恢复行为。

② rotate_recovery　实现了旋转的恢复行为。

③ move_slow_and_clear　实现了缓慢移动的恢复行为。

除了以上三个需要指定的插件外，还有一个 costmap 插件，该插件默认已经选择好，默认为 costmap_2d，不可更改，但 costmap_2d 提供了不同的 Layer 可以供我们设置。以上所有的插件都是继承于 nav_core 里的接口，nav_core 属于一个接口 package，它只定义了三种插件的规范，也可以说定义了三种接口类，然后分别由以上的插件来继承和实现这些接口。因此，如果要研究路径规划算法，不妨研究一下 nav_core 定义的路径规划工作流程，然后仿照 dwa_local_planner 或其他插件来实现。

在这里插件的概念并不是我们抽象的描述，而是 ROS 里 catkin 编译系统能够辨认出的并且与其他节点能够耦合的 C++库，插件是可以动态加载的类，也就是说插件不需要提前链接到 ROS 的程序上，只需在运行时加载插件就可以调用其中的功能。

具体关于插件的介绍，有兴趣请看 http://wiki.ros.org/pluginlib，本书不做过多介绍。

9.5.4　move_base 的 service

move_base 的 service 包括：

① make_plan：nav_msgs/GetPlan 类型，请求为一个目标点，响应为规划的轨迹，但不执行该轨迹。

② clear_unknown_space：std_srvs/Empty 类型，允许用户清除未知区域地图。

③ clear_costmaps：std_srvs/Empty 类型，允许用户清除代价地图上的障碍物。

9.5.5　导航案例

下面我们将通过一个实例来学习 ROS Navigation，实现自主导航的前提是需要我们有一个地图。我们需要一个地图来表示当前机器人所属的环境，希望机器人能够使用这个地图进行导航，目标就是让机器人能够认知自己在环境中的位置，能够自动地导航并前往给定的目标点，现在就让我们演示一下建立地图的过程。

输入以下指令来对机器人进行仿真，模拟机器人处于一个室内场景，方便我们进行建图和导航，如图 9.19 所示。

```
$ roslaunch robot_sim_demo robot_spawn.launch
```

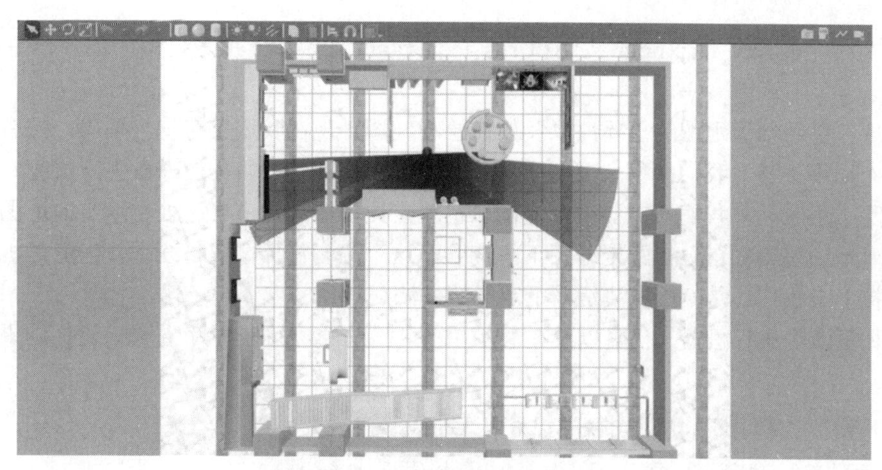

图 9.19　机器人仿真场景

使用如下命令使我们可以在 Rviz 中利用 Gmapping 算法建立地图模型，使用 robot_keyboard_teleop.py 脚本对 XBot 进行控制并建立环境地图。

```
$ roslaunch slam_sim_demo gmapping.demo.launch
$ roslaunch slam_sim_demo view_slam.launch
$ rosrun robot_sim_demo robot_keyboard_teleop.py
```

由于我们当前使用的是激光雷达实现的导航算法，在我们的 Rviz 中有显示激光雷达的数据，我们可以看到如图 9.20 所示的红线，这就是我们的激光雷达传感器获取到的数据，这些数据用于建立这个地图。当我们驱动机器人在环境中四处移动，就可以获得当前环境的完整地图，如图 9.20 所示。

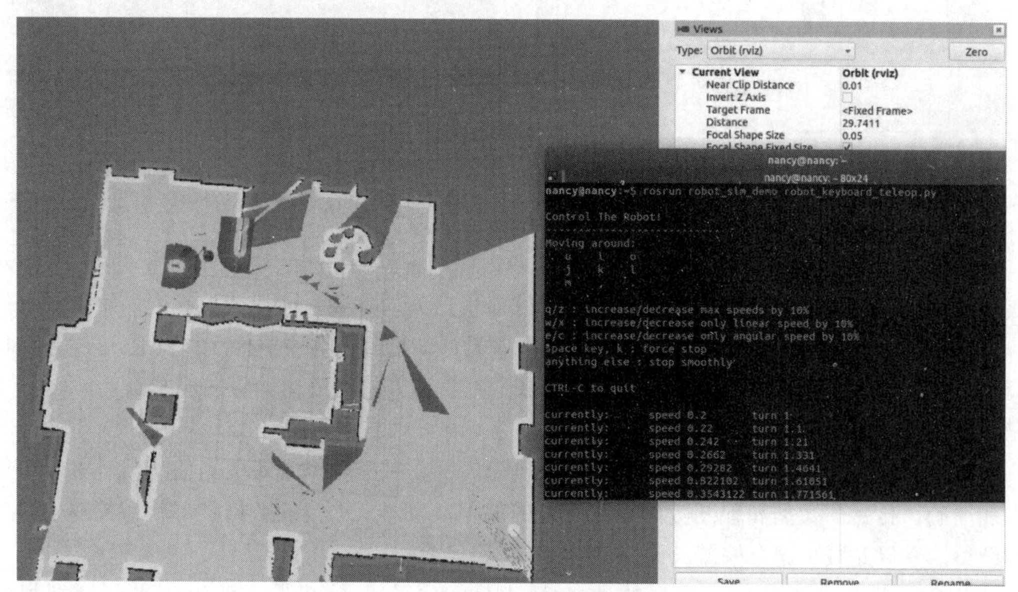

图 9.20　机器人对周围环境进行建图

然后我们通过在终端输入如下命令来保存机器人的地图信息：

```
$ rosrun map_server map_saver -f my_map
```

通过这个命令我们可以把当前正在运行的程序中的地图保存下来，如图 9.21 所示。在保存下来的文件中有 my_map.pgm 文件和 my_map.yaml 文件，分别是地图的图片信息和地图的配置文件。

我们现在已经知道地图的重要性以及如何绘制地图，现在我们又有一个疑问，拥有地图是否已经足够？如果不够，我们接下来又需要做什么才能实现我们的目的——自主导航呢？答案当然是不够，除了地图之外我们还需要进行定位，也就是让机器人知道自己处于给定的地图中的哪一部分，准确地说是得知自己在给定地图下的位姿，这个位姿包括位置与姿态，也就是机器人的朝向。那么接下来我们还是简单地演示一下定位的方法。

输入如下命令进行机器人仿真以及在 Rviz 中可视化机器人的定位和导航，运行结果如图 9.22 所示。

```
$ roslaunch robot_sim_demo robot_spawn.launch
$ roslaunch navigation_sim_demo amcl_demo.launch
$ roslaunch navigation_sim_demo view_navigation.launch
```

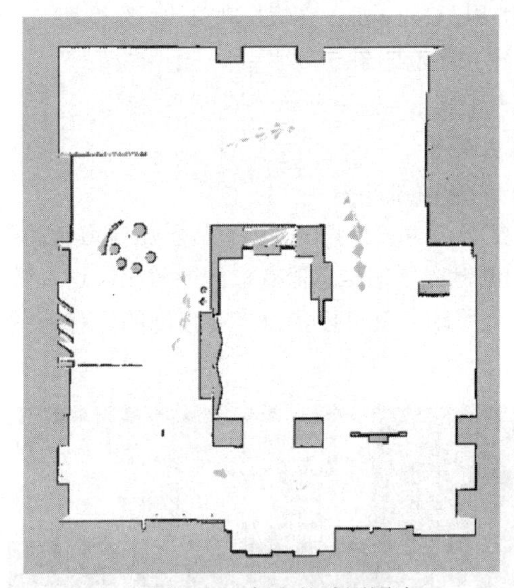

图 9.21　保存的地图图片

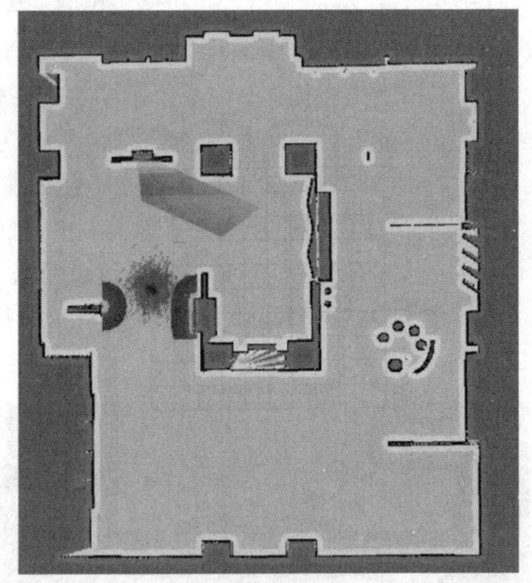

图 9.22　Rviz 中机器人的位姿信息

在 Rviz 界面中，我们可以看到这些绿色的点，仔细看可以看出这是一些向量，它们表示对机器人当前位姿的估计，在开始的时候我们的算法对机器人的位姿估计偏差如此大，可以说这样的定位是完全不可能直接使用的，那么我们接下来看看移动机器人会发生什么。在 Rviz 中看到机器人移动之后，绿圈的范围逐渐缩小，这意味着我们对机器人的位姿估计更加地准确了，如图 9.23 所示。

事实上，机器人移动的距离越远，我们从机器人的传感器数据中获取的信息就越多，定位也就更加准确。传感器数据和地图数据存在一定的偏差，机器人采集的数据越多就越能对定位信息进行调整，并以此减少这个偏差。

我们需要为机器人指定一个目的地（Goal location），让机器人通过一系列规划到达目标位姿。使用 Rviz 中的 2D Pose Estimate 重新给出机器人的位姿估计，我们使用 Rviz 中的 2D Nav Goal 功能随机指定一个目标点，这样机器人就可以通过算法到达选定的目的地了，如图 9.24 所示。

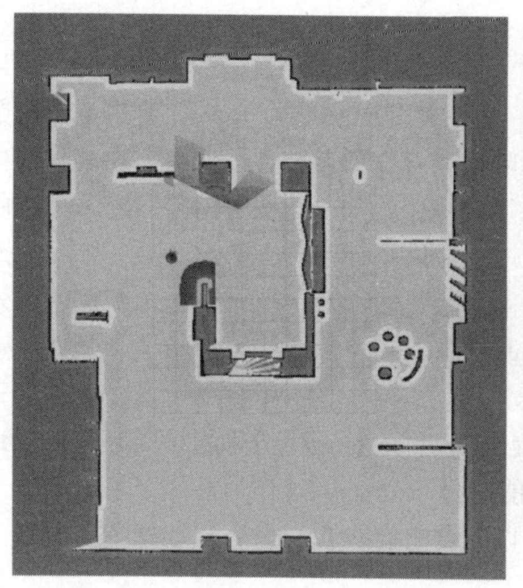

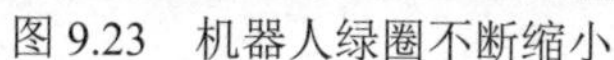
图 9.23 机器人绿圈不断缩小

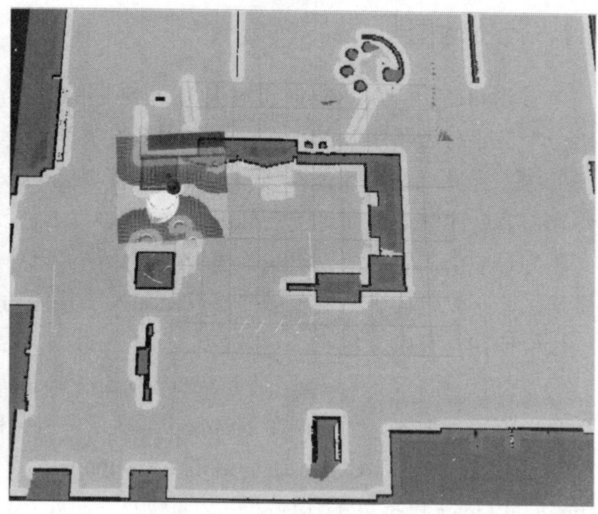
图 9.24 机器人自主导航

在实现了上述目标之后，我们解决的仅仅是静态环境中的导航问题，在真实环境中我们是没有办法保证环境是绝对静态的，可能会有来回走动的人，这就需要我们在实现静态环境的导航基础上，完成避障的功能。这里的障碍物指的是在我们建立的地图中没有出现不可通过的区域，如图 9.25 所示。

随着机器人和障碍物越来越近，机器人的激光雷达先探测到了障碍物，当机器人不断接近障碍物的时候，机器人规划的路径也发生了改变，可以看到机器人选择绕离放置障碍物的地方并最终成功到达目标位姿，如图 9.26 所示。

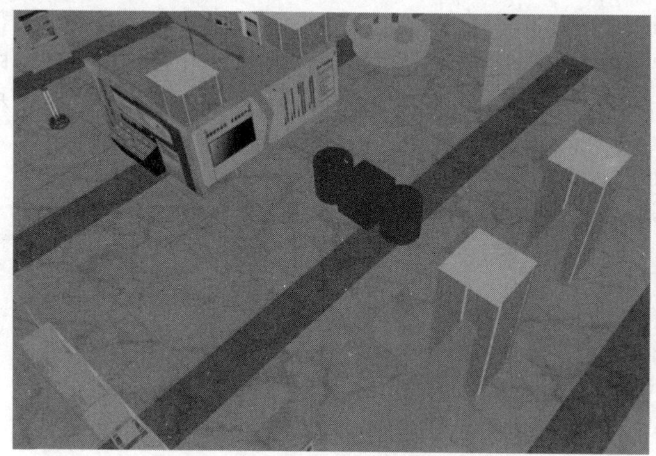
图 9.25 在仿真环境中加入障碍物

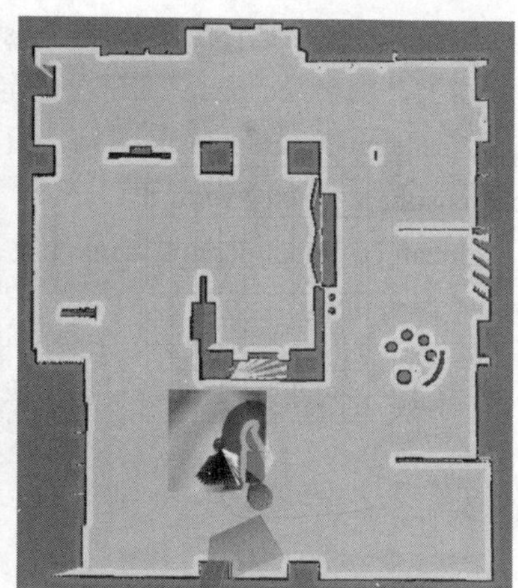
图 9.26 机器人避过障碍到达目的地

9.6 costmap 和 map_server

costmap 是 Navigation Stack 里的代价地图，它其实也是 move_base 插件，本质上是 C++的动态链接库，用过 catkin_make 之后生成.so 文件，然后 move_base 在启动时会通过动态加载的方式调用其中的函数。

9.6.1 代价地图

之前我们在介绍 SLAM 时讲过 ROS 里地图的概念，地图就是/map 这个 topic，它也是一张图片，一个像素代表了实际的一块面积，用灰度值来表示障碍物存在的可能性。然而，在实际的导航任务中，光有一张地图是不够的，机器人需要能动态地把障碍物加入，或者清除已经不存在的障碍物，有些时候还要在地图上标出危险区域，为路径规划提供更有用的信息。

因为导航的需要，所以出现了代价地图。你可以将代价地图理解为，在/map 之上新加的另外几层地图，不仅包含了原始地图信息，还加入了其他辅助信息。

代价地图具有以下特点：

① 代价地图有两张，一张是 local_costmap，一张是 global_costmap，分别用于局部路径规划器和全局路径规划器，而这两个 costmap 都默认并且只能选择 costmap_2d 作为插件。

② 无论是 local_costmap 还是 global_costmap，都可以配置它们的 Layer，可以选择多个层次。costmap 的 Layer 包括以下几种：

A. Static Map Layer：静态地图层，通常都是 SLAM 建立完成的静态地图。

B. Obstacle Map Layer：障碍地图层，用于动态地记录传感器感知到的障碍物信息。

C. Inflation Layer：膨胀层，在以上两层地图上进行膨胀（向外扩张），以避免机器人的外壳撞上障碍物。

D. Other Layers：你还可以通过插件的形式自己实现 costmap，目前已有 Social Costmap Layer、Range Sensor Layer 等开源插件。

9.6.2 地图插件的选择

与 move_base 插件配置类似，costmap 配置也同样用 yaml 文件来保存，其本质是维护在参数服务器上。由于 costmap 通常分为局部和全局的 costmap，我们习惯把两个代价地图分开。以 ROS-Academy-for-Beginners 为例，配置写在了 param 文件夹下的 global_costmap_params.yaml 和 local_costmap_params.yaml 里。

global_costmap_params.yaml 配置：

```
global_costmap:
    global_frame: /map
    robot_base_frame: /base_footprint
    update_frequency: 2.0
    publish_frequency: 0.5
    static_map: true
    rolling_window: false
    transform_tolerance: 0.5

    plugins:
        -{name:static_layer,    type:"costmap_2d::StaticLayer"}
        -{name:voxel_layer, type:"costmap_2d::VoxelLayer"}
        -{name:inflation_layer, type:"costmap_2d::InflationLayer"}
```

local_costmap_params.yaml 配置：

```
local_costmap:
    global_frame: /map
    robot_base_frame: /base_footprint
    update_frequency: 5.0
    publish_frequency: 2.0
    static_map: false
    rolling_window: true
    width: 4.0
    height: 4.0
    resolution: 0.05
    origin_x: 5.0
    origin_y: 0
    transform_tolerance: 0.5

    plugins:
        -{name:voxel_layer, type:"costmap_2d::VoxelLayer"}
        -{name:inflation_layer, type:"costmap_2d::InflationLayer"}
```

在 plugins 一项中可以设置 Layer 的种类，可以多层叠加。在本例中，考虑到局部地图并不需要静态地图，而只考虑传感器感知到的障碍物，因此可以删去 Static Layer。

9.6.3 map_server

在某些固定场景下，我们已经知道了地图（无论是通过 SLAM 还是测量），这样机器人每次启动时最好就能直接加载已知地图，而不是每次开机都需要重建。在这种情况下，就需要有一个节点来发布/map 和提供场景信息了。map_server 是一个和地图相关的功能包，它可以将已知的地图发布出来，供导航和其他功能使用，也可以保存 SLAM 建立的地图。要让 map_server 发布/map，需要给它输入两个文件：

① 地图文件，通常为 pgm 格式；

② 地图的描述文件，通常为 yaml 格式。

例如在 ROS-Academy-for-Beginners 里，我们提供了软件博物馆的地图文件，具体可以查看代码包中 slam_sim_demo/maps 的相关内容。

Software_Museum.yaml 的配置如下：

```
image:Software_Museum.pgm    #指定地图文件
    resolution:0.050000          #地图的分辨率单位为 m/pixel
    origin: [-25.000000, -25.000000, 0.000000]          #地图的原点
    negate: 0    #0 代表白色为空闲，黑色为占据
    occupied_thresh: 0.65    #当占据的概率大于 0.65 认为被占据
    free_thresh: 0.196          #当占据的概率小于 0.196 认为无障碍
```

其中占据的概率 *occ*=（255−*color_avg*）/255.0，*color_avg* 为 RGB 三个通道的平均值。有了以上两个文件，就可以通过命令来加载这张地图，map_server 相关命令如表 9.7 所示。

表 9.7 map_server 相关命令

map_server 相关命令	作用
rosrun map_server map_server Software_Museum.yaml	加载自定义的地图
rosrun map_server map_saver -f mymap	保存当前地图为 mymap.pgm 和 mymap.yaml

当我们运行命令 `rosrun map_server map_server ***.yaml` 时，会有以下的通信接口：

（1）topic

通常我们是在 launch 文件中加载 map_server，然后发布地图。而 map_server 发布的消息包括：

① /map_metadata：发布地图的描述信息。

② /map：发布锁存的地图消息。

（2）service

static_map：用于请求和响应当前的静态地图。

（3）param

frame_id：string 类型，默认为 map。绑定发布的地图与 TF 中的那个 frame 通常就是 map。

有两个概念不要混淆，map 既是一个 topic，又是一个 frame，前者是 topic 通信方式中的一个话题，信息交互的频道；后者是 TF 中的一个坐标系，map_frame 需要和其他的 frame 相连通。

9.7 AMCL 定位算法

AMCL 全称是蒙特卡洛自适应定位（Adaptive Monte Carlo Localization），是一种很常用的定位算法，它通过比较检测到的障碍物和已知地图来进行定位。AMCL 是 ROS/ROS2 系统中最官方的定位模块，是导航模块中唯一指定的定位算法。它在 ROS/ROS2 系统中，乃至整个移动机器人领域都占有举足轻重的地位。虽然也有许多其他的定位算法陆续出现，但是在 ROS/ROS2 系统中，目前也仅仅是作为 AMCL 的配合类辅助。AMCL 并不是时髦的新技术，很传统，也迟早会被其他更优秀的技术所代替。然而就目前来说，它是所有机器人技术初学者的必备知识。

9.7.1 AMCL 计算图

AMCL 上的通信架构如图 9.27 所示，与之前 SLAM 的框架很像，最主要的区别是/map 作为了输入，而不是输出，因为 AMCL 算法只负责定位，而不管建图。

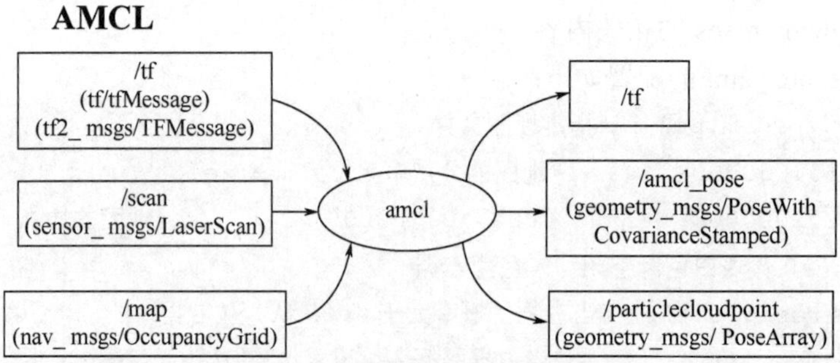

图 9.27 AMCL 通信架构图

同时还有一点需要注意，AMCL 定位会对里程计误差进行修正，示意图如图 9.28 所示。修正的方法是把里程计误差加到 map_frame 和 odom_frame 之间，而 odom_frame 和 base_frame 之间是里程计的测量值，这个测量值并不会被修正。这一工程实现与之前 Gmapping 的做法是相同的。

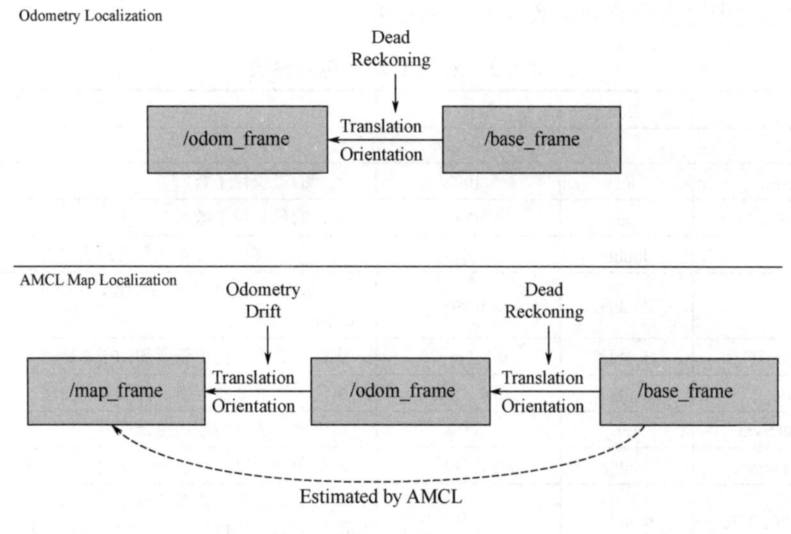

图 9.28　AMCL 误差修正示意图

在机器人的运动过程中，里程计信息可以帮助机器人定位，而 AMCL 也可以实现机器人定位。里程计定位和 AMCL 定位的区别是：

① 里程计定位：只是通过里程计的数据来处理/base 和/odom 之间的 TF 变换。

② AMCL 定位：可以估算机器人在地图坐标系/map 下的位姿信息，提供/base、/odom、/map 之间的 TF 变换。

9.7.2　话题和服务

AMCL 功能包订阅/发布的话题和提供的服务如表 9.8 所示。

表 9.8　AMCL 功能包的话题和服务

	名称	类型	描述
话题订阅	scan	sensor_msgs/LaserScan	激光雷达数据
	tf	tf/tfMessage	坐标变换信息
	initialpose	geometry_msgs/PoseWithCovarianceStamped	用来初始化粒子滤波器的均值和协方差
	map	nav_msgs/OccupancyGrid	设置 use_map_topic 参数时，AMCL 订阅 map 话题以获取地图数据，用于激光定位
话题发布	amcl_pose	geometry_msgs/PoseWithCovarianceStamped	机器人在地图中的位姿估计，带有协方差信息
	particlecloudpoint	geometry_msgs/PoseArray	粒子滤波器维护的位姿估计集合
	tf	tf/tfMessage	发布从 odom（可以使用参数～odom_frame_id 进行重映射）到 map 的转换
服务	global_localization	std_srvs/Empty	初始化全局定位,所有粒子被随机撒在地图上的空闲区域
	request_nomotion_update	std_srvs/Empty	手动执行更新并发布更新的粒子
服务调用	static_map	nav_msgs/GetMap	AMCL 调用该服务来获取地图数据

9.7.3 参数

AMCL 功能包中可供配置的参数较多，如表 9.9 所示。

表 9.9 AMCL 功能包的参数

参数	类型	默认值	描述
总体过滤器参数			
min_particles	int	100	允许的最少粒子数
max_particles	int	5000	允许的最多粒子数
kld_err	double	0.01	真实分布与估计分布之间的最大误差
～kld_z	double	0.99	（1-p）的上标准正常分位数，其中 p 是估计分布误差小于 kld_err 的概率
～update_min_d	double	0.2（m）	执行一次滤波器更新所需的平移距离
～update_min_a	double	6.0（rad）	执行一次滤波器更新所需的旋转角度
～resample_interval	int	2	重采样之前滤波器的更新次数
～transform tolerance	double	0.1（s）	发布变换的时间，以指示此变换在未来有效
～recovery_alpha_slow	double	0.0	慢速平均权重滤波器的指数衰减率，用于决定何时通过添加随机姿态进行恢复操作，0.0 表示禁用
～recovery_alpha_fast	double	0.0	快速平均权重滤波器的指数衰减率，用于决定何时通过添加随机姿态进行恢复操作，0.0 表示禁用
～initial_pose_x	double	0.0（m）	初始姿态平均值（x），用于初始化高斯分布滤波器
～initial_pose_y	double	0.0（m）	初始姿态平均值（y），用于初始化高斯分布滤波器
～initial_pose_a	double	0.0（m）	初始姿态平均值（*yaw*），用于初始化高斯分布滤波器
～initial_cov_xx	double	0.5×0.5（m）	初始姿态协方差（x×x），用于初始化高斯分布滤波器
～initial_cov_yy	double	0.5×0.5（m）	初始姿态协方差（y×y），用于初始化高斯分布滤波器
～initial_cov_aa	double	(/12)×(/12)(rad)	初始姿态协方差（*yaw*×*yaw*），用于初始化高斯分布滤波器
～gui_publish_rate	double	-1.0（Hz）	可视化时，发布信息的最大速率，-1.0 表示禁用
～save_pose_rate	double	0.5（Hz）	参数服务器中的存储姿态估计（～initial_pose_）和协方差（～initial_cov_）的最大速率，用于后续初始化过滤器。-1.0 表示禁用
～use_map_topic	bool	false	当设置为 true 时，AMCL 将订阅地图话题，而不是通过服务调用接收地图
～first_map_only	bool	false	当设置为 true 时，AMCL 将只使用它订阅的第一个地图，而不是每次更新接收到的地图
激光模型参数			
～laser_min_range	double	-1.0	最小扫描范围
～laser_max_range	double	-1.0	最大扫描范围
～laser_max_beams	int	30	更新过滤器时要在每次扫描中使用多少均匀间隔的光束
～laser_z_hit	double	0.95	模型 z_hit 部分的混合参数
～laser_z_short	double	0.1	模型 z_short 部分的混合参数
～laser_z_max	double	0.05	模型 z_max 部分的混合参数
～laser_z_rand	double	0.05	模型 z_rand 部分的混合参数
～laser_sigma_hit	double	0.2（m）	模型 z_hit 部分中使用的高斯模型的标准偏差
～laser_lambda_short	double	0.1	模型 z_short 部分的指数衰减参数
～laser_likelihood_mnax_dist	double	2.0（m）	地图上测量障碍物膨胀的最大距离
～laser_model_type	string	likelihood field	模型选择，beam、likelihood_field 或 likelihood_field_prob

续表

参数	类型	默认值	描述
里程计模型参数			
~odom_model_type	string	diff	模型选择，diff、omni、diff-corrected 或 omni-corrected
~odom_alpha1	double	0.2	根据机器人运动的旋转分量，指定里程计旋转估计中的预期噪声
~odom_alpha2	double	0.2	根据机器人运动的平移分量，指定里程计旋转估计中的预期噪声
~odom_alpha3	double	0.2	根据机器人运动的平移分量，指定里程计平移估计中的预期噪声
~odom_alpha4	double	0.2	根据机器人运动的旋转分量，指定里程计平移估计中的预期噪声
~odom_alpha5	double	0.2	平移相关的噪声参数（仅在模型 omni 中使用）
~odom_frame_id	string	odom	里程计的坐标系
~base_frame_id	string	base_link	机器人底盘的坐标系
~global_frame_id	string	map	定位系统发布的坐标系
~tf_broadcast	bool	true	设置为 false 时，AMCL 不会发布 map 与 odom 之间的坐标变换

9.7.4　AMCL 测试

在 navigation_sim_demo 包当中，演示包括了两个内容：

① amcl_demo：map_server+amcl 为已知地图+蒙特卡洛自适应定位。

② odometry_navigation_demo：已知地图+仅用里程计（编码器）定位。

首先我们演示蒙特卡洛自适应定位，在终端中运行 Gazebo 仿真场景：

```
$ roslaunch robot_sim_demo robot_spawn.launch
```

启动键盘控制程序：

```
$ rosrun robot_sim_demo robot_keyboard_teleop.py
```

再运行定位程序 AMCL：

```
$ roslaunch navigation_sim_demo amcl_demo.launch
```

让我们来看看 amcl_demo.launch 的内容：

```
<launch>
  <!-- Map server -->
  <arg name="map_file" default="$(find slam_sim_demo)/maps/ISCAS_Museum. yaml"/>
  <node name="map_server" pkg="map_server" type="map_server" args="$(arg 
map_file)" />

  <!-- Localization -->
  <arg name="initial_pose_x" default="5.0"/>
  <arg name="initial_pose_y" default="0.0"/>
  <arg name="initial_pose_a" default="-2.0"/>
  <arg name="custom_amcl_launch_file" default="$(find navigation_sim_demo)
/launch/include/robot_amcl.launch.xml"/>
  <include file="$(arg custom_amcl_launch_file)">
    <arg name="initial_pose_x" value="$(arg initial_pose_x)"/>
    <arg name="initial_pose_y" value="$(arg initial_pose_y)"/>
```

```
    <arg name="initial_pose_a" value="$(arg initial_pose_a)"/>
  </include>

  <!-- Move base -->
 <include file="$(find navigation_sim_demo)/launch/include/move_base.launch.
xml"/>
</launch>
```

最后，输入以下命令启动 Rviz 可视化工具。演示结果如图 9.29 所示。

```
$ roslaunch navigation_sim_demo view_navigation.launch
```

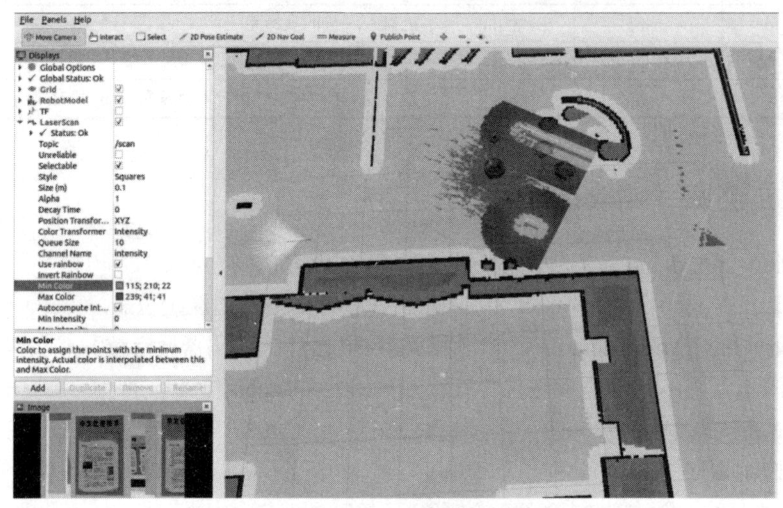

图 9.29　AMCL 算法演示效果图

AMCL 是一种基于粒子滤波的算法，其优点是不受场景限制，算法简洁、快速，同时也兼顾算法的精度问题，机器人的多次移动能提高算法的准确性，并且重新调整粒子的分布情况，经过若干次的迭代之后，粒子就集中分布在可靠性高的区域了。

为了与仅用里程计的定位作比较，同样打开我们的虚拟仿真环境，输入以下命令，得到 Rviz 中的仿真图，如图 9.30 所示。

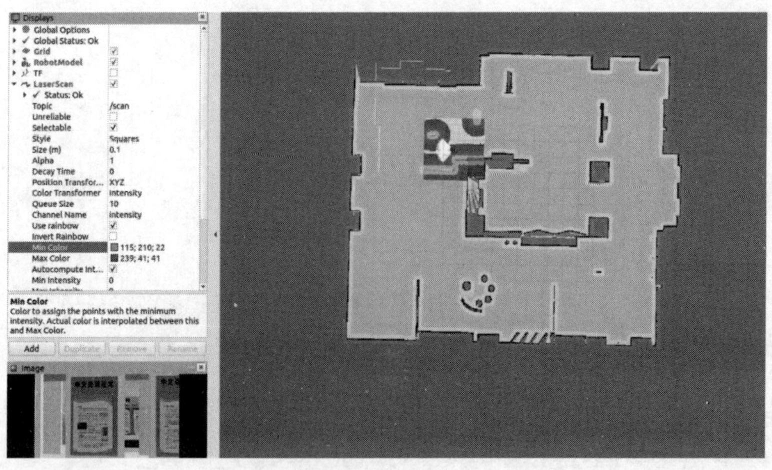

图 9.30　仅用里程计定位演示效果图

```
$ roslaunch navigation_sim_demo odometry_localization_demo.launch
```

odom 坐标系的原点是机器人启动时刻的位置，如果每次机器人所处的位置都不一样，会造成 odom 的数据有累积误差，而且传感器打滑和空转等噪声因素会增大误差。考虑到误差累积过大，所以使用 AMCL 算法来修正 odom 坐标系 map 中的位置。

9.8 本章小结

通过本章的学习，你应该掌握了使用 ROS 进行 SLAM 建图和自主导航的方法，并且掌握了使用仿真环境和真实的机器人来实现 SLAM 建图和导航的功能。

SLAM 建图：ROS 提供了多种 SLAM 功能包，包括二维 SLAM 的 Gmapping、Hector 功能包等，以及它们的 topic 参数设置和实例展示。通过使用这些功能包实现了仿真机器人和真实机器人的 SLAM 功能。

自主导航：ROS 提供了移动机器人的导航框架，包括实现机器人定位的 AMCL 功能包和实现路径规划的 move_base 功能包，可以帮助我们快速实现移动机器人的导航功能，而且 ROS 提供的这些开源工具包极大地减少了开发的工作量。

习题九

1. 机器人要实现 SLAM 和自主导航需要用到哪些传感器元件？
2. ROS 中创建的地图和我们所知的地图有什么区别和联系？
3. 基于 Gmapping 的 SLAM 算法是基于哪几个传感器实现的？
4. Hector 功能包是通过什么数学原理或者算法实现的？
5. Cartographer 总体框架是如何搭建的？
6. ROS 中保存地图的命令是什么？
7. AMCL 的全称是什么？它的通信架构是怎样的？

第10章 ROS机器人开发实例

在实际的机器人应用中，往往涉及多种领域，不仅需要灵活应用书中的内容，还需要综合更多机器人、嵌入式系统、计算机等领域的知识。ROS 社区中丰富的功能包和机器人案例为我们的学习和研究提供了绝好的平台，本章将介绍以下三种支持 ROS 的真实机器人系统。其中，XBot-U 和 Unitree A1 都是中国机器人公司研发的代表产品，展现了中国 ROS 机器人研发的最新进展和世界领先水平。

TurtleBot：ROS 社区中最流行的高性价比机器人平台，前后共发布三代，本章将在 Gazebo 仿真环境中使用 TurtleBot3 实现 SLAM 建图和导航功能。

XBot-U：XBot 系列机器人是重德智能科技出品的一款包含机器人硬件平台、软件平台和操作系统支持三方面在内的机器人平台解决方案。

Unitree A1：一款全新超高性价比教育酷玩四足机器人，具有精简的机械结构和较高的运动性能。

10.1 TurtleBot

TurtleBot 机器人是 Willow Garage 公司开发的一款小型、低成本、完全可编程、基于 ROS 的移动机器人，目前共发布了三代产品，如图 10.1 所示。TurtleBot 的目的是给入门级的机器人爱好者或从事移动机器人编程的开发者提供一个基础平台，让他们直接使用 TurtleBot 自带的软硬件，专注于应用程序的开发，避免了设计草图、购买器材、加工材料、设计电路、编写驱动、组装等一系列工作。借助该机器人平台，可以省掉很多前期工作，只要根据平台提供的软硬件接口，就

Original TurtleBot
(Discontinued)
TurtleBot 2 Family
TurtleBot 2
TurtleBot 2i
TurtleBot 2e
TurtleBot 3 Family
Burger
Waffle
Waffle Pi

图 10.1 TurtleBot 机器人

能实现所需的功能。除了 TurtleBot kit，用户还可以从 ROS WIKI 上下载 TurtleBot SDK。作为入门级移动机器人平台，TurtleBot 拥有许多与该公司大型机器人平台（如 PR2）相同的功能。

可以说 TurtleBot 是 ROS 中最为重要的机器人之一，它伴随 ROS 一同成长。作为 ROS 开发前沿的机器人，几乎每个版本的 ROS 测试都会以 TurtleBot 为主，ROS2 也率先在 TurtleBot 上进行了大量测试。因此，TurtleBot 是 ROS 支持度最好的机器人之一，可以在 ROS 社区中获得大量关于 TurtleBot 的相关资源，很多功能包也能直接复用到我们自己的移动机器人平台上，是使用 ROS 开发移动机器人的重要资源。

TurtleBot 第一代发布于 2010 年，两年后发布了第二代产品。前两代 TurtleBot 使用 iRobot 的机器人作为底盘，在底盘上可以装载激光雷达、Kinect 等传感器，使用 PC 搭载基于 ROS 的控制系统。在 2016 年的 ROSCon 上，韩国机器人公司 Robotis 和开源机器人基金会（OSRF）发布了 TurtleBot3，彻底颠覆了原有 TurtleBot 的外形设计，成本进一步降低，模块化更强，而且可以根据开发者的需求自由改装。TurtleBot3 并不是为取代 TurtleBot2 而生，而是提出了一种更加灵活的移动机器人平台。下面主要介绍 TurtleBot3。

10.1.1 TurtleBot 的配置与使用

使用 TurtleBot3 之前需要完成一些设置工作，下面以 TurtleBot3 burger 为例进行说明。

（1）PC 软件设置

PC 软件设置包括系统安装设置和 TurtleBot3 功能包的安装设置，TurtleBot3 测试的系统版本是 Ubuntu 16.04.1，ROS 版本是 Kinetic Kame。TurtleBot3 功能包的安装设置有以下两种方式。

① 源码下载安装　首先安装 TurtleBot3 依赖包：

```
$ sudo apt-get install ros-kinetic-joy ros-kinetic-teleop-twist-joy
ros-kinetic-teleop-twist-keyboard ros-kinetic-laser-proc
ros-kinetic-rgbd-launch ros-kinetic-depthimage-to-laserscan
ros-kinetic-rosserial-arduino ros-kinetic-rosserial-python
ros-kinetic-rosserial-server ros-kinetic-rosserial-client
ros-kinetic-rosserial-msgs ros-kinetic-amcl ros-kinetic-map-server
ros-kinetic-move-base ros-kinetic-urdf ros-kinetic-xacro
ros-kinetic-compressed-image-transport ros-kinetic-rqt-image-view
ros-kinetic-gmapping ros-kinetic-navigation
ros-kinetic-interactive-markers
```

安装 TurtleBot3 源码并编译：

```
$ cd ~/catkin_ws/src/
$ git clone https://github.com/ROBOTIS-GIT/turtlebot3_msgs.git
$ git clone https://github.com/ROBOTIS-GIT/turtlebot3.git
$ cd ~/catkin_ws && catkin_make
```

并进行环境设置：

```
$ echo "source ~/catkin_ws/devel/setup.bash" >> ~/.bashrc
```

② 二进制包安装　直接安装 TurtleBot3 二进制功能包：

```
$ sudo apt-get install ros-kinetic-turtlebot3-*
```

（2）SBC 软件设置

TurtleBot3 burger 的 SBC（单板计算机）是 Raspberry Pi 3，出厂时默认安装 Ubuntu MATE 和

TurtleBot3，不需要进行额外设置。

（3）网络配置

ROS 需要 IP 地址在 TurtleBot3 和远程 PC 之间进行通信，分别在 TurtleBot3 和 PC 上，如图 10.2 所示，修改.bashrc 文件完成网络配置。

图 10.2　TurtleBot3 网络配置

（4）开始使用

远程 PC 运行 roscore，TurtleBot3 SBC 启动 launch 文件：

```
$ roslaunch turtlebot3_bringup turtlebot3_robot.launch
```

远程 PC 运行 Rviz，效果如图 10.3 所示：

```
$ export TURTLEBOT3_MODEL=burger
$ roslaunch turtlebot3_bringup turtlebot3_model.launch
```

图 10.3　TurtleBot3 在 Rviz 中显示

10.1.2 Gazebo 中的 TurtleBot3

安装完成后，使用如下命令启动 TurtleBot3 的仿真环境：

```
$ export TURTLEBOT3_MODEL=burger
$ roslaunch turtlebot3_gazebo turtlebot3_world.launch
```

TurtleBot3 目前有两种模型：burger 和 Waffle。启动之前必须通过环境变量的方式设置所需要的模型，这里选择 burger。

启动成功后，可以看到如图 10.4 所示的 Gazebo 仿真环境和 TurtleBot3 机器人。

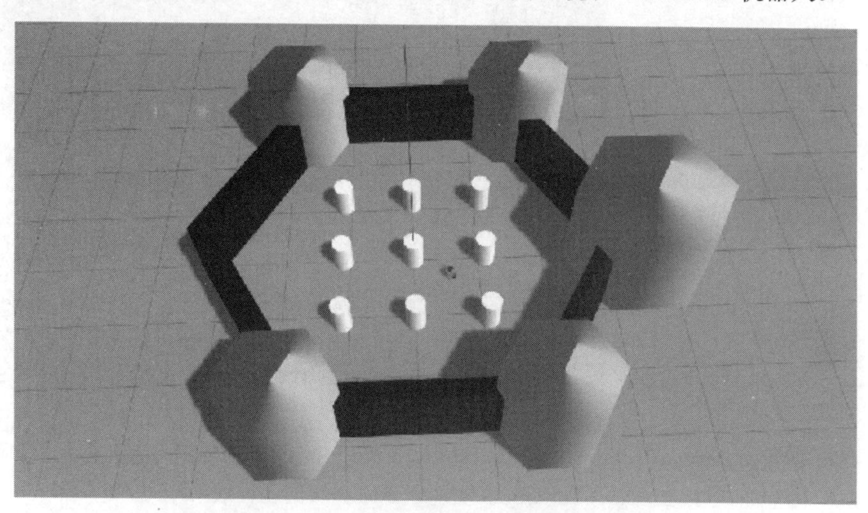

图 10.4 Gazebo 仿真环境中的 TurtleBot3

查看当前系统中的话题列表，因为 TurtleBot3 burger 模型较为简单，搭载的传感器也并不多，所以这里发布和订阅的话题也比较少（见图 10.5）。

```
→ ~ rostopic list
/clock
/cmd_vel
/gazebo/link_states
/gazebo/model_states
/gazebo/parameter_descriptions
/gazebo/parameter_updates
/gazebo/set_link_state
/gazebo/set_model_state
/imu
/joint_states
/odom
/rosout
/rosout_agg
/scan
/tf
```

图 10.5 查看 ROS 中的话题列表

10.1.3 使用 TurtleBot 实现导航功能

基于上一节的仿真环境和现有的传感器数据，可以使用如下命令实现 TurtleBot3 的 SLAM 功能，指定建图算法为 Gmapping：

```
$ roslaunch turtlebot3_slam turtlebot3_slam.launch slam_methods:=gmapping
$ rosrun turtlebot3_teleop turtlebot3_teleop_key
```

打开 Rviz，并且订阅传感器和地图数据，通过键盘控制 TurtleBot3 运动，就可以看到如图 10.6 所示的 SLAM 效果了。

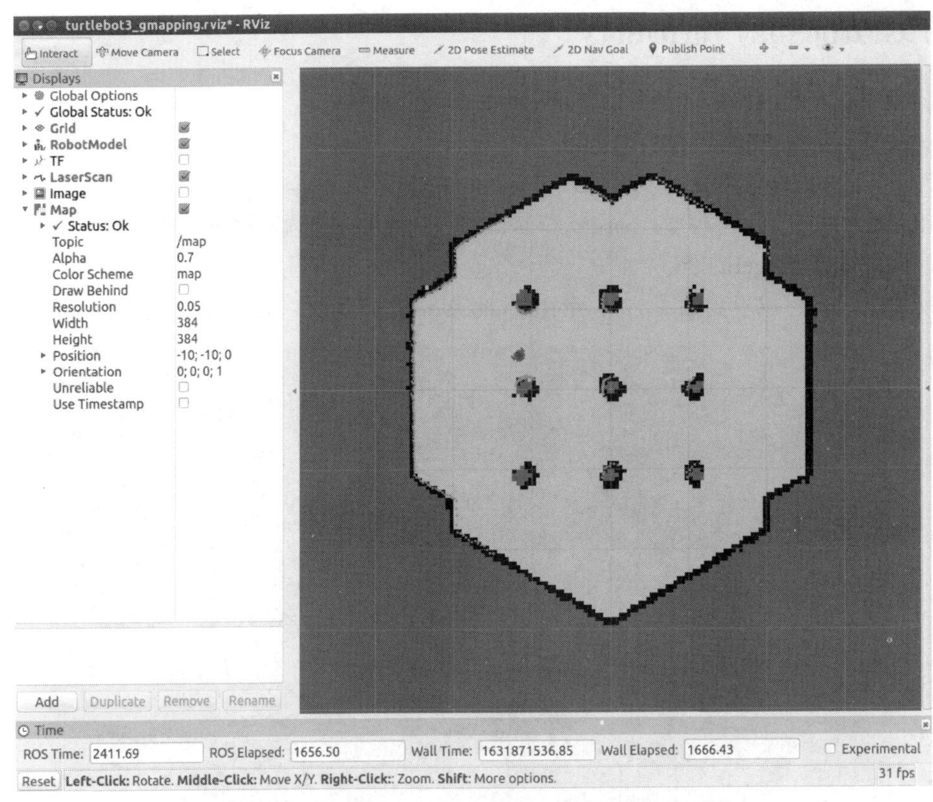

图 10.6　TurtleBot3 实现 SLAM 仿真的运行效果

建完地图之后，我们运行下面的命令来保存地图到当前路径下：

```
$ rosrun map_server map_saver -f ~/map
```

接下来在构建完成的地图上实现 TurtleBot3 自主导航功能：

```
$ roslaunch turtlebot3_navigation turtlebot3_navigation.launch map_file:=$HOME/map.yaml
```

后面的“map_file:=”是你的地图路径。在 Rviz 中选择导航的目标点后，Gazebo 中的 TurtleBot3 机器人开始向目标移动，在 Rviz 中可以看到如图 10.7 所示的传感器信息和机器人状态显示信息。

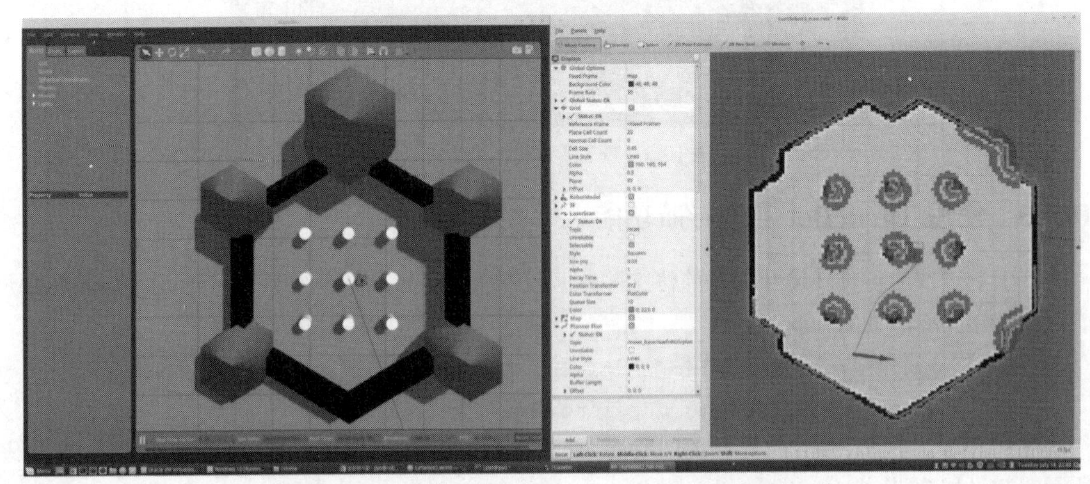

图 10.7　TurtleBot3 实现自主导航仿真的运行效果

10.2 XBot-U

10.2.1 XBot-U 特点

XBot 机器人经历了 XBot1 与 XBot-U 两代机器人的开发与改进，如图 10.8 所示。目前已完全支持室内环境中的所有机器人 ROS 相关传感器接入和机器人应用。该平台自带运动控制系统、二维激光雷达点云测距、超声测距、红外测距、升降平台控制器、高清人脸识别摄像头、RGB-D 深度高清摄像头以及机器人视觉伺服云台。

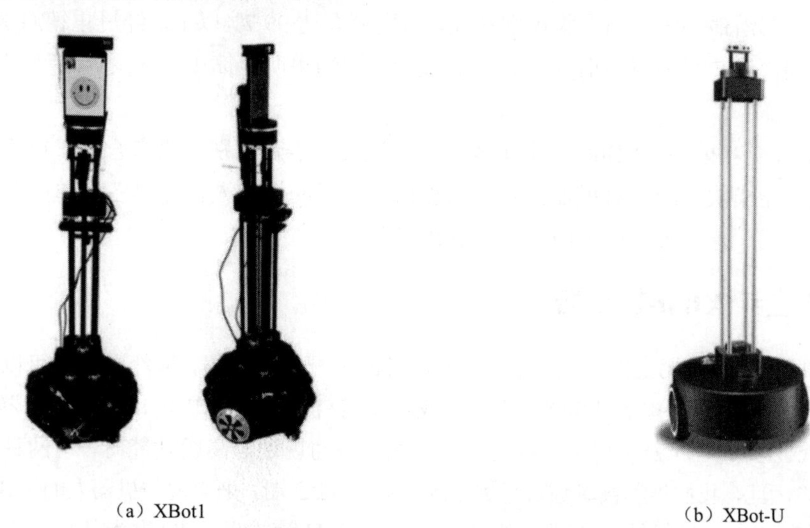

（a）XBot1　　（b）XBot-U

图 10.8 XBot1 与 XBot-U

另外在功能上，XBot 机器人搭载了由腾讯优图和中科院软件所联合推出的人脸识别盒子，用户按照 SDK 规定的接口调用方式访问人脸识别盒子，轻松获取当前的人脸识别结果；在语音识别和语音交互上，XBot 也毫不逊色。依靠科大讯飞的强大语音处理能力，机器人上搭载我们为 XBot 机器人特别定制的语音交互功能，它能够与人脸识别、机器人 SLAM 联动起来实现多种复杂的功能。

XBot-U 机器人有以下特点：

① 稳定、可靠的运动控制　XBot-U 机器人运动电机采用先进的 PID 鲁棒性控制算法，提供十分稳定、可靠的机器人运动控制，配以高减速比的高精度电机，机器人运动速度可控制到 0.01m/s 的精度，最小速度达 0.01m/s，最大速度超 2m/s。具有加速时间短、制动效果明显等多方面的优秀特性。

② 完备的驱动软件支持　我们为 XBot-U 机器人提供了完备的驱动软件，采用国际通用的驱动软件框架和通信协议，能够提供 50Hz 以上频率的数据心跳包传输和快速精准地实现数据编码、解码功能，使机器人的运动状态控制精度到达 20ms 以上，从而使机器人能够更加迅速地完成相应用户算法的控制。

③ 自主建图定位与导航（可选）　XBot-U 机器人具备室内环境下的自主建图定位与导航功能，该功能让机器人在室内实现完全自主的同步建图和定位，从而使机器人能够根据用户需求，在任意位置之间自由穿梭行走，同时在导航过程中精准避障，全自主规划行走路径。

④ 超长续航与自主充电　XBot-U 机器人配备高达 60Ah 的超大容量电池，续航时间最高可达 15h。同时支持用户预约返回充电和自主返回充电模式，机器人智能管理自身的电量，在电量不足时自动返回充电桩充电。

⑤ 高性能计算能力　XBot-U 机器人配备高性能的 CPU 计算能力和超强的 GPU 计算能力（根据需要定制），支持 CUDA 加速，运行超大场景的 OpenPose 算法速度达 3fps 以上，为应用计算提供强大的支持。

⑥ ROS 系统全支持　XBot-U 机器人软件框架专为 ROS 系统定制，可运行 ROS 系统下的所有软件和算法，运动控制和规划算法完全支持 ROS 系统协议，为更多的学习和开发者提供通用的算法验证和应用落地的平台。

⑦ 搭载高精度人脸识别盒子　腾讯优图技术支撑的人脸识别盒子集成在机器人底盘内部，使机器人拥有国际前沿最为先进的人脸识别功能，识别率高达 99.7%以上。经过重德对 XBot-U 机器人的移植和定制，用户只需要注册人脸、获取人脸识别结果两个简单的步骤，即可轻松实现人脸识别。

⑧ 搭载语音交互模块　XBot-U 上集成了科大讯飞的语音识别、语音合成、语音交互等多种强大的语音类智能模块，经过对机器人系统的移植，出厂的机器人已经具备简单的对话功能，而且还能根据用户的配置，实现指定场景下的语音交互。

10.2.2　初步上手 XBot-U 机器人

XBot-U 机器人分解图如图 10.9 所示，主机本身没有配备显示器，虽然我们也可以通过 UXbot 助手 APP 对机器人进行简单控制和状态查看，或者使用自带的 HDMI 接口外接显示器，但是当我们想进一步对 XBot 进行了解、研究，或者进行建图、运动规划等高级功能时，这两种方法都有各自的不便之处，因此，我们推荐读者通过配置个人计算机（PC 端）来实现与机器人的无线通信。配置后的个人计算机与 XBot-U 机器人构成主从机关系（XBot-U 为主机，PC 端为从机），同时从机可

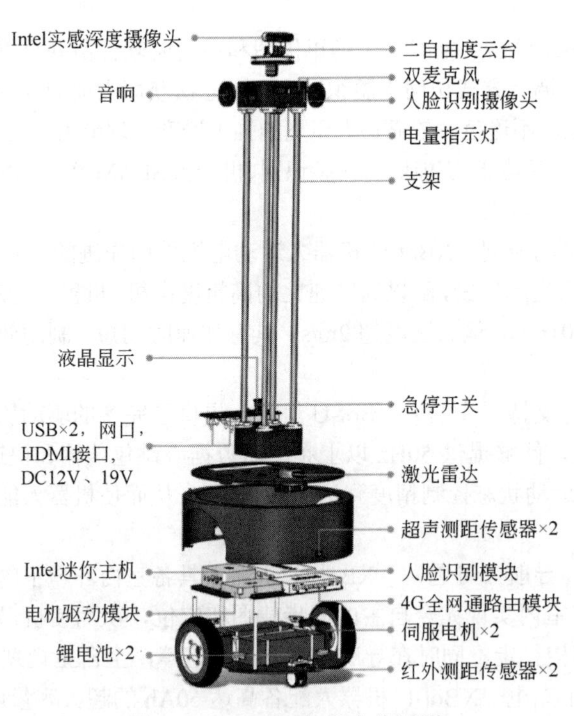

图 10.9　XBot-U 机器人分解图

以 SSH 远程登录到 XBot 上，这样，就可以使用你的个人计算机实现对机器人的控制。对个人计算机环境的配置主要包括：安装 Ubuntu 操作系统、安装 ROS 环境、配置 ROS 环境、从机连接到 XBot 主机、部署 XBot 功能包。

（1）从机连接到 XBot 主机

个人计算机通常可以通过“SSH 连接”和“ROS 主从机配置”两种方式控制 XBot 机器人，这两种方法各有用途。“SSH 连接”是 Linux 系统的功能，其安装和使用就不一一详述。“ROS 主从机配置”即为 ROS 计算机分布式主从通信，是需要安装 ROS 环境之后才能配置。两者在命令的层级上就不一样，SSH 是 Linux 的底层通信，ROS 主从机通信是 ROS 主机和从机通过订阅话题和服务实现的，其使用的前提是主机的 ROS 必须启动。关于两者使用的区别，用户可以自己去尝试和查询资料。关于其他的ROS网络的配置教程，请参考ROS官方WIKI社区：http://wiki.ros.org/ROS/NetworkSetup。

（2）在从机上部署 XBot 功能包

为了能够在从机上控制机器人，我们需要在个人计算机上部署与 XBot 机器人相同的工作空间。在 PC 上打开终端，新建工作空间 caktin_ws 并对它初始化。

```
$ mkdir -p catkin_ws/src
$ cd catkin_ws
$ catkin_make
```

初始化完成后，下载解压或者复制 XBot 功能包到 catkin_ws/src 下。

```
$ cd ~/catkin_ws/src
$ git clone https://github.com/DroidAITech/xbot.git
```

接着，我们要安装所有与功能包相关的依赖。

```
$ cd ~/catkin_ws
$ rosdep install --from-paths src --ignore-src --rosdistro=kinetic -y
```

最后编译工作空间。

```
$ cd ~/catkin_ws
$ catkin_make
```

（3）让机器人动起来

XBot-U 机器人自带有开机启动程序，与 xbot_bringup/launch/xbot-u.launch 文件中所启动的内容一致，即开机时机器人会自动启动底盘节点、激光雷达节点、人脸识别摄像头节点和 RealSense 深度摄像头节点。如果后续还需要启动其他节点，也可以使用不同命令启动相应的节点。

① 启动常用功能　在 XBot 机器人的工作空间（～/catkin_ws/src/）中，我们已经部署了机器人的相关驱动包合集 XBot（包括 bringup、description、driver、msgs、节点、safety-controller、tools 和相关文档说明）、人脸识别包（xbot_face）、运动规划包（xbot_navi）以及语音交互包（xbot_talker）。在终端输入下方的命令，可以通过我们编写好的一键启动脚本来启动 XBot 机器人。

```
$ roslaunch xbot_bringup xbot-u.launch
```

该脚本里包含了 XBot 的常用功能。输入该命令后，机器人会启动各个模块和 ROS 节点，包括机器人、激光雷达、RGB-D 传感器、人脸识别摄像头视频流等。注意：该脚本是默认启动后自动执行的，即开机时所有功能都已经为你启动好。你也可以使用下面的命令将其全部关闭，该命令需要你输入密码以确认权限。

```
$ sudo service xbot stop
```

另外，如果你只想启动XBot机器人的部分功能，也可以手动输入下面命令来启动XBot。

```
$ roslaunch xbot_bringup xbot.launch
```

该脚本所驱动起来的传感器包括机器人电机控制器、电机码盘、超声波传感器、红外传感器、电压与电流检测器等。xbot.launch 脚本所启动的功能相比 xbot-u.launch 脚本要少些，主要集中在机器人的运动控制方面。

② 驱动摄像头　XBot-U 机器人配带有 Intel RealSense 摄像头，使用下面命令可单独启动 RealSense 摄像头。

```
$ roslaunch xbot_bringup realsense.launch
```

③ 驱动激光雷达　使用下面命令可以单独启动 rplidar 激光雷达。

```
$ roslaunch xbot_bringup rplidar.launch
```

10.2.3 智能交互

机器人上配备有人脸识别和语音交互两项智能交互功能，并提供了 Android 应用"UXbot 助手"APP 来与 XBot 进行交互。

（1）人脸识别

人脸识别功能主要分为注册人脸、管理人脸和识别人脸三个部分。注册人脸分为人脸图片注册和实时拍照注册两种方式。完成注册人脸之后，在人脸识别盒子中就有了注册人脸的用户列表，查看该列表的方法为在连入机器人网络的任意一台机器上通过浏览器访问网址 http://192.168.8.141:8000/management/userids，就能够显示当前已经注册成功的所有用户名。注册完人脸之后，如果摄像头画面中出现注册过的人脸，机器人就能够识别出相应的信息。

（2）语音交互

机器人中已经配置好了语音交互模块，使用该模块只需在机器人或者从机上调用相应的 service，并修改相应的请求参数，即可打开内置的语音交互模块。可以让机器人播放语音文件，让机器人播放你输入的文字，与机器人进行对话以及通过语音控制机器人。

（3）使用 UXbot 助手控制你的机器人

UXbot助手是面向用户的操作终端，方便用户实时掌控XBot状态以及对XBot进行交互操作。用户可以从 UXbot 助手上了解当前 XBot 机器人的电量、摄像头俯仰角度、摄像头平台的旋转角度，用户也可以通过 UXbot 助手来调节 XBot 的摄像头俯仰角度、摄像头平台旋转角度。用户可以通过界面上的摇杆控件，来控制 XBot 机器人进行移动，还可以实时查看 XBot 上的摄像头拍摄到的图像。

10.2.4 自主导航

我们在最初的 XBot 的软硬件设计上，都早已充分考虑到了 XBot 对于目前绝大部分建图算法和开源程序的支持特性。

在硬件上，XBot 具备标准的双轮差分系统，前后各配置一个可减振的万向轮，适应大多数室内的运行环境；激光雷达方面，XBot 可以与市面上大部分的激光雷达兼容运行，支持所有使用二维激光雷达建图的程序。

在软件上，XBot 以成为一款最适合中国 ROS 学者和研究人员使用的机器人软硬件平台为目标，从最原始的驱动软件编写逻辑和优化方法，到其 Node Package 的设置，都按照 ROS 控制标准和系统标准而完成，以方便我们在该平台上测试或调试任何 ROS 算法程序。

10.2.5 XBot 仿真与教学

我们为 ROS 初学者和 XBot 机器人的使用者提供了一套仿真环境，可以实现在模拟器上对机器人的操作。注意：仿真环境与之前配置的从机环境不相同。

首先下载、安装依赖和编译 ROS-Academy-for-Beginners，以下是 Ubuntu16.04 下的安装方法：

```
$ cd ~/catkin_ws/src
$ git clone https://github.com/DroidAITech/ROS-Academy-for-Beginners.git
$ cd ~/catkin_ws
$ rosdep install --from-paths src --ignore-src --rosdistro=kinetic -y  #安装依赖
$ catkin_make  #编译
```

在运行模拟器前，请确认你的 Gazebo 在 7.0 版本以上，通过以下命令查看：

```
$ gazebo -v
```

如果版本低于 7.0，请通过以下命令升级 Gazebo：

```
$ sudo sh -c 'echo "deb http: //packages.osrfoundation.org/gazebo/ubuntu-stable 'lsb_release -cs' main" > /etc/apt/sources.list.d/gazebo-stable.list'
$ wget http: //packages.osrfoundation.org/gazebo.key -O - | sudo apt-key add -
$ sudo apt-get update
$ sudo apt install gazebo7
```

另外建议在本地 Ubuntu 下运行仿真程序。虚拟机对 Gazebo 的兼容性存在问题，可能会有错误或卡顿。

（1）启动 XBot 模拟器

输入以下命令启动 XBot 模拟器：

```
$ roslaunch robot_sim_demo robot_spawn.launch
```

随后 Gazebo 会启动，如果是第一次启动，可能需要等待几分钟，等待 Gazebo 从服务器上下载模型。Gazebo 正常启动后，你就能看到 XBot 机器人模型和软件博物馆的场景了，如图 10.10 所示。

图 10.10 Gazebo 上软件博物馆模型

启动键盘控制程序，你就可以控制机器人前后左右移动了。

```
$ rosrun robot_sim_demo robot_keyboard_teleop.py
```

（2）SLAM 仿真

在 XBot 的 SLAM 仿真中提供了 Gmapping、Karto、Hector 等常见 SLAM 算法的 demo，本节以启动和可视化 Gmapping 为例，介绍运行方法。

首先确保已经启动 XBot 模拟器，然后输入：

```
$ roslaunch slam_sim_demo gmapping_demo.launch
```

启动 Gmapping 后，启动 Rviz 查看建图效果：

```
$ roslaunch slam_sim_demo view_slam.launch
```

你可以再启动键盘控制程序，移动机器人，就能够看到地图逐渐建立的过程。

```
$ rosrun robot_sim_demo robot_keyboard_teleop.py
```

运行效果如图 10.11 所示。

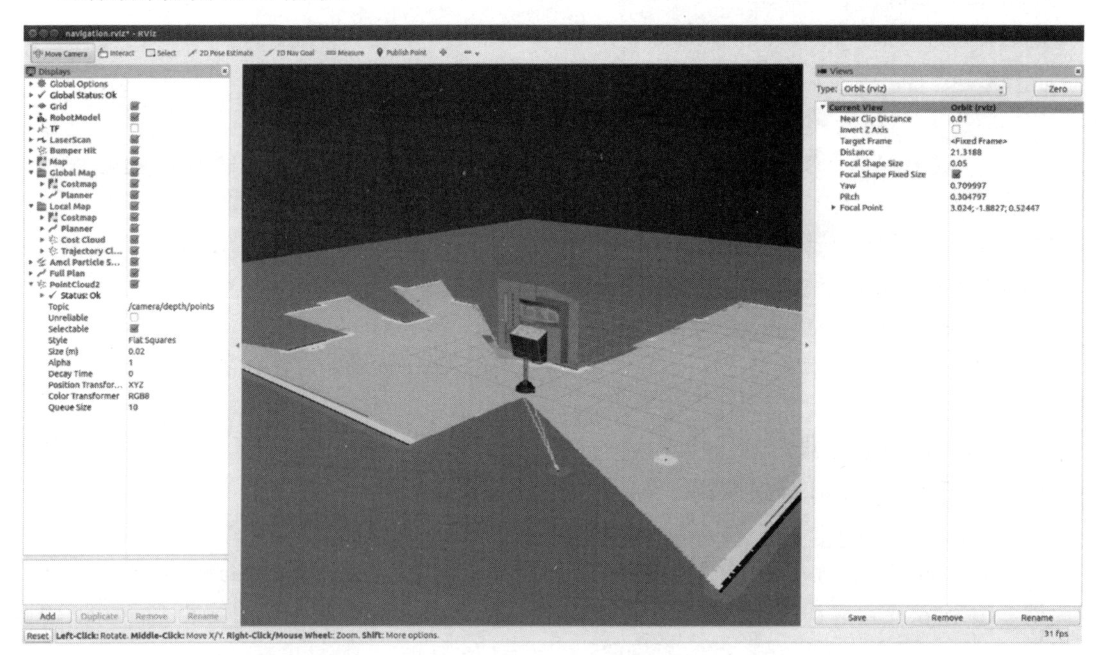

图 10.11　Rviz 建图界面

在 slam_sim_demo 中还有其他 SLAM 算法，启动方法和 Gmapping 相同。

（3）已知地图与导航仿真

许多情况下，我们已经建立好了场景地图，只需要机器人执行定位和导航的任务，我们提供了 AMCL（定位）、map_server（已知地图）和导航相结合的仿真环境。

首先启动 XBot 模拟器，然后输入以下命令启动 AMCL 与导航仿真：

```
$ roslaunch navigation_sim_demo amcl_demo.launch
```

启动 Rviz，查看定位效果：

```
$ roslaunch navigation_sim_demo view_navigation.launch
```

如图 10.12 所示，绿色箭头表示粒子，点击 Rviz 上方工具栏中的 2D Nav Goal，然后在地图上确认目标点位置和方向，机器人就会执行导航任务。

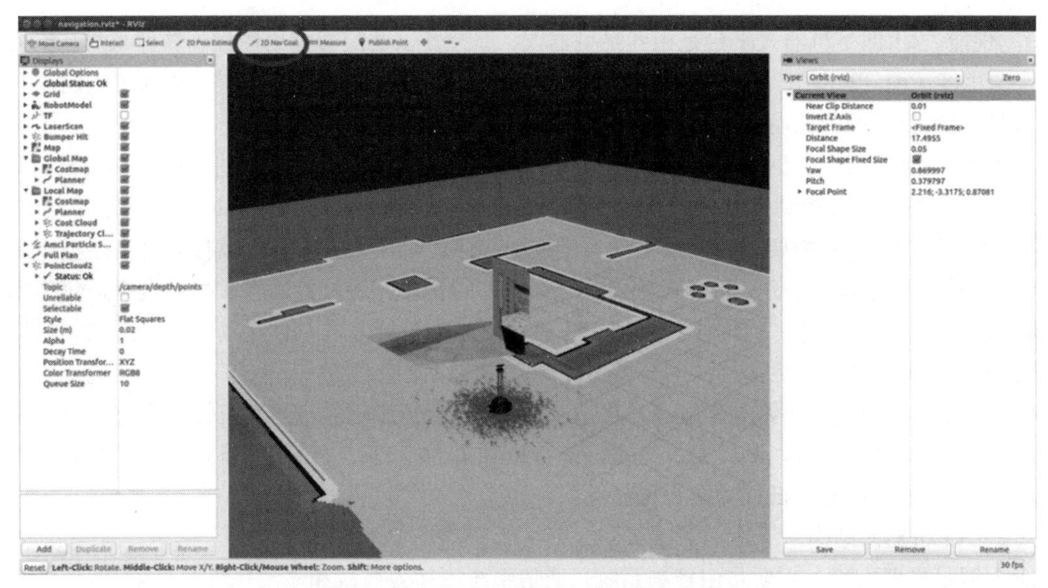

图 10.12　输入目标点控制机器人移动

10.3　Unitree A1

Unitree A1（以下简称 A1）是宇树科技于 2020 年在美国拉斯维加斯 CES2020 发布的一款全新超高性价比教育酷玩四足机器人。如图 10.13 所示，2013 年至 2016 年期间，宇树科技的创始人开创性地使用低成本外转子无刷电机来构造高性能四足机器人，大大推进了高性能四足机器人的产业化。2017 年 10 月，宇树科技发布了 Laikago 四足机器人，是全球首个正式对外公开并零售的高运动性能四足机器人。2019 年发布的 Aliengo 四足机器人，定位于行业功能性四足机器人，采用了全新设计的动力系统，一体化机身设计，更轻量。2020 年，宇树科技发布的第四代四足机器人 A1 一经推出即受到业内人士的一致好评，进一步推进了四足机器人走进大众生活的进程。A1 的特点是小巧灵活、爆发力强，最大持续室外奔跑速度可达 3.3m/s，是国内近似规格奔跑速度最快、最稳定的中小型四足机器人。

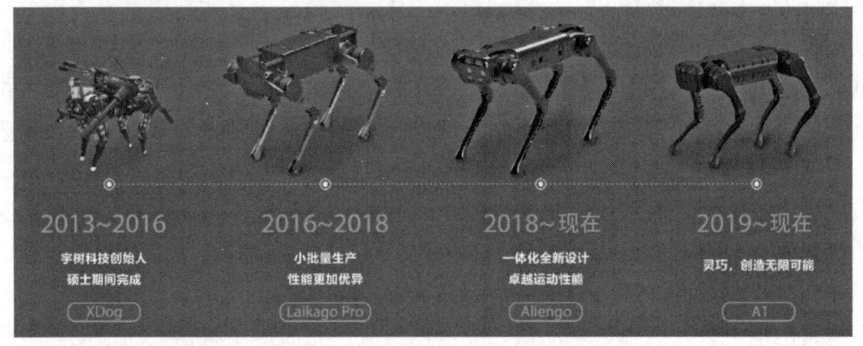

图 10.13　Unitree A1 的发展历程

10.3.1　Unitree A1 的功能与结构

（1）A1 机器人功能

A1 四足机器人作为宇树公司的第四代产品，拥有更可靠的硬件技术、优异的算法和无与伦比的运动性能。A1 四足机器人平台是由四足机器人、遥控器以及配套使用的控制软件组成。整机有 12 个自由度（由 12 台高性能关节电机组成），使用力控技术对每个关节进行力和位置的复合控制，以实现对整机的力控而获得卓越的运动性能。

A1 不论是体重还是尺寸均显著低于同类型的机器人，单人即可对整机进行搬运和调试，携带方便。A1 开发的软件控制接口分为高层接口和底层接口，高层接口直接给机器人发送行走速度、转弯、蹲下等指令，不需要编写底层的动力学控制程序。机器人的主控制器接收到高层指令后，会控制机器人做整体的运动，此模式适合做一些简单的开发。底层接口直接控制电机，包括每个电机的位置、速度和力矩，此时主控制器将不再负责控制机器人的整体运动，而是把控制权交给用户，此模式适合做一些更深层次的开发。目前控制接口支持 C/C++、ROS。A1 具有优良的运动性能，能轻松实现步行、小跑等常规运动形态，也能实现爬坡和上楼梯等特殊运动形态以及越障、避障、倒地后原地爬起等。其机身具有良好的抵抗冲击的能力，在跑步、跳跃、与外物碰撞或者摔倒时，机身能够很好地抵抗冲击力负荷。

（2）A1 机器人结构

A1 四足机器人平台主要是由控制系统、通信系统、动力系统和电池包组成。A1 四足机器人及相关配件如图 10.14 所示。

图 10.14　A1 四足机器人及相关配件

控制系统分为底层控制系统和上层控制系统。底层控制系统直接和机器人各关节单元的电机通信，可以接收上层控制系统传递的运动控制指令，转化成各关节电机的力矩和位置指令，实现对各关节电机的控制。上层控制系统通过智能感知模块和运动控制算法生成对机器人位姿和运动控制的指令，通过通信系统将控制指令下发到底层控制系统，再由底层控制系统转化成各关节电机执行指令，使机器人完成相应动作。

通信系统可以将上层控制系统对机器人的运动指令下发到底层控制系统，同时将底层控制系统采集到的机器人各传感器的信息反馈到上层控制系统。通信系统还负责完成将遥控器控制指令下发到底层控制系统以及 APP 和上层控制系统之间的信息传输。

动力系统是由电机、减速器、驱动器、编码器构成，完成四足机器人的运动。电池包负责对机器人提供电能。

10.3.2　Unitree A1 关节电机的配置

A1 机器人上安装有 12 台关节电机，这些关节电机就是机器人实现复杂运动的基础。用户只需要给关节电机发送相关的命令，电机就能完成从接收命令到关节力矩输出的全部工作。A1 四足机器人为用户提供了 3 个接口，如图 10.15 所示，其中中间的接口为 24V 直流电源接口，两侧的为 RS-485 接口，且这两个 RS-485 接口完全等价。关节电机就是通过 RS-485 接口与上位机（通常为用户的计算机）进行通信的。

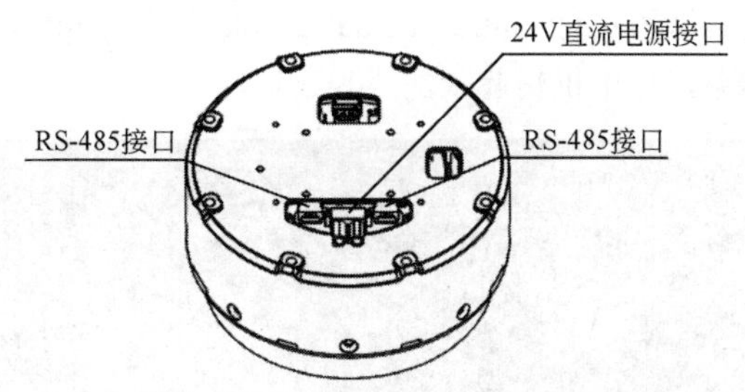

图 10.15　A1 四足机器人的接口

由于所有的电机底层控制算法都已经整合在电机内部，因此上位机只需要完成上层控制和 RS-485 串口的数据收发。为了方便用户对关节电机的操作，宇树科技提供了 USB 转 RS-485 的转接口和 RS-485 串口收发的 SDK 软件包（即 unitree_actuator_sdk），该 SDK 包提供了 C、C++、Python 以及 ROS 的代码实例，用户只需要仿照实例就能完成对电机的控制。下面我们演示如何控制电机。

（1）查看串口名

将 USB 转 RS-485 转接口连接在上位机上时，上位机会为这个串口分配一个串口名。在 Linux 系统中，这个串口名一般是以“ttyUSB”开头。打开终端，运行如下命令即可得到上位机当前连接的串口名：

```
$ cd /dev
$ ls |grep ttyUSB
```

如图 10.16 所示，当前上位机连接的串口名为“ttyUSB0”。考虑到串口所在的文件夹路径，其完整的串口名为“/dev/ttyUSB0”。

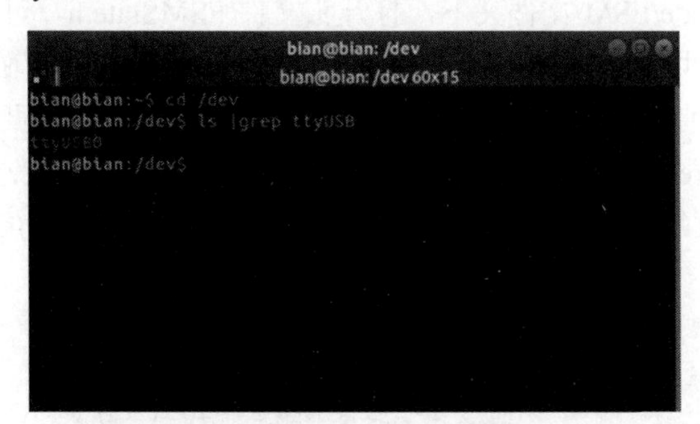

图 10.16　在 Linux 系统中查看串口名

（2）修改电机 ID

每一个电机都需要分配一个 ID，同时上位机发送的每一条控制命令也包含一个 ID。电机只会执行 ID 与自己一致的控制命令。因此，当多个关节电机串联在同一条 RS-485 线路中时，为了分别控制其中的每一个电机，必须给每一个电机分配一个唯一的 ID。

unitree_actuator_sdk 中的 ChangeID_Tools 文件夹下提供了修改电机 ID 的程序，在管理员权限下运行 Linux 文件夹下的可执行文件 ChangeID：

```
$ sudo ./ChangeID
```

如图 10.17 所示，开始执行 ChangeID 程序后，就可以输入当前的串口名，输入后按下回车，所有电机都会进入修改 ID 模式。转动电机的输出轴一次，则电机的 ID 被设置为 0，以此类推，且 ID 只能为 0、1 和 2。在转动完所有电机的输出轴后，在终端窗口输入“a”并且按下回车，即完成电机 ID 的修改。完成后，即可运行 unitree_actuator_sdk 中的 script 文件夹下的 check.py 文件，检验一下电机 ID 修改的结果，让电机转起来。

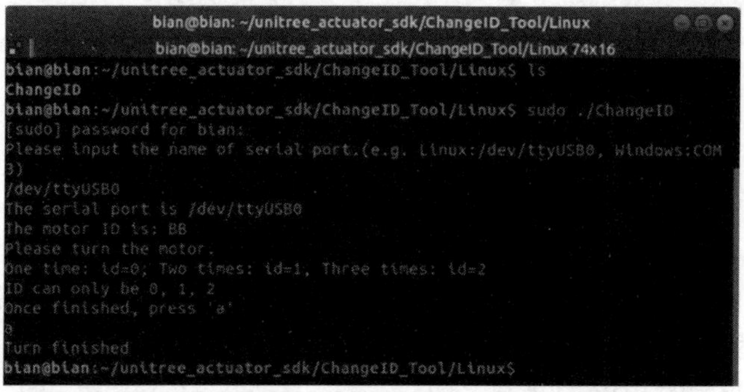

```
bian@bian: ~/unitree_actuator_sdk/ChangeID_Tool/Linux
bian@bian: ~/unitree_actuator_sdk/ChangeID_Tool/Linux 74x16
bian@bian:~/unitree_actuator_sdk/ChangeID_Tool/Linux$ ls
ChangeID
bian@bian:~/unitree_actuator_sdk/ChangeID_Tool/Linux$ sudo ./ChangeID
[sudo] password for bian:
Please input the name of serial port.(e.g. Linux:/dev/ttyUSB0, Windows:COM
3)
/dev/ttyUSB0
The serial port is /dev/ttyUSB0
The motor ID is: BB
Please turn the motor.
One time: id=0; Two times: id=1, Three times: id=2
ID can only be 0, 1, 2
Once finished, press 'a'
a
Turn finished
bian@bian:~/unitree_actuator_sdk/ChangeID_Tool/Linux$
```

图 10.17　在 Linux 系统中执行修改 ID 程序

10.3.3　让 Unitree A1 机器人站起来

下面我们来完成一个简单又实用的实例：编写一个控制器，利用 Gazebo 仿真平台让我们的 A1 四足机器人站起来。控制器就是一个有限状态机，这个有限状态机由四种状态组成，分别是阻尼模式（Passive）、固定站立（FixedStand）、自由站立（FreeStand）和对角步态（Troting）。实现此功能之前，请读者下载 unitree_ros 软件包并编译（下载地址：https://github.com/unitreerobotics/unitree_ros），该软件包是由许多软件包集合而成的，这其中就有下文需要使用到的 unitree_guide 软件包。

（1）机器人的关节控制

在 unitree_guide/include/FSM 文件夹下，打开头文件 FSMState.h，可以看到 FSMState 类下有四个关键的函数：enter（切换进入当前状态时被调用执行）、run（保持在当前状态时，会被循环调用执行）、exit（退出当前状态时被调用执行）和 checkChange（检查是否需要切换至其他状态）。而实现代码在文件夹 unitree_guide/src/FSM 中。由于有限状态机的四种状态都继承自基类 FSMState，因此通过对上述四个函数的不同程序控制，可以实现各个状态的不同功能。每个状态都继承了基类的如下变量：

```
CtrlComponents *_ctrlComp;  // 包含大多数控制所需的类与状态变量
LowlevelCmd *_lowCmd;       // 发送给各个电机的命令
LowlevelState *_lowState;   // 从各个电机接收的状态
```

其中，CtrlComponents 是一个结构体，包含了大量与控制相关的类和状态变量，例如数据收发接口、输入与输出命令、估计器、平衡控制器、控制频率、控制器运行的平台等。读者可以在头文件 CtrlComponents.h 中查看具体内容。CtrlComponents 中的类和变量都是在 main.cpp 文件的主函数 main 中初始化的，因此对控制器进行整体修改时，只需要在主函数 main 下进行一次操作就可以完成。LowlevelCmd 是控制器发送给机身 12 个电机的命令，LowlevelState 则包含机身 12 个电机返回的状态以及 IMU 的状态。在 LowlevelCmd 和 LowlevelState 中，电机的命令和状态都是保存在数组中的，因此我们需要了解数组的序号 ID 与机器人每个关节之间的对应关系。

（2）机器人的阻尼模式

阻尼模式是一种特殊的速度模式。当我们令角速度ω=0 时，电机会保持转轴速度为 0，并且在被外力旋转时，产生一个阻抗力矩。这个力矩的方向与旋转方向相反，大小与旋转速度成正比。当停止外力旋转后，电机会静止在当前位置。尽管我们的目标是实现机器人的固定站立，但出于安全考虑，我们会令机器人在开机时默认进入阻尼模式，即机器人缓慢趴下。

在文件 src/FSM/State_Passive.cpp 中，我们看到在函数 enter 中，12 个电机都被设置为阻尼模式：

```
if(_ctrlComp->ctrlPlatform == CtrlPlatform::GAZEBO){
  for(int i=0; i<12; i++){
     _lowCmd->motorCmd[i].mode = 10;  // 指定电机运行模式，10 为闭环伺服控制
     _lowCmd->motorCmd[i].q = 0;  // 指定角度位置
     _lowCmd->motorCmd[i].dq  = 0;  // 指定角速度
     _lowCmd->motorCmd[i].Kp = 0;  // 位置刚度
     _lowCmd->motorCmd[i].Kd = 8;  // 速度刚度（阻尼）
     _lowCmd->motorCmd[i].tau = 0;  // 前馈力矩
  }
}

else if(_ctrlComp->ctrlPlatform == CtrlPlatform::A1){
  …
}
```

（3）机器人的固定站立模式

在固定站立模式下，每一个电机都处于位置模式，即电机的输出轴将会稳定在一个固定的位置。因此，机器人的各个关节会逐渐转动到一个给定值并锁死，这时机器人能保持固定站立。

让我们打开文件/src/FSM/State_FixedStand.cpp，看一下函数 enter、run 和 exit 是如何共同实现固定站立的。首先来看 enter 函数的关键代码：

```
void State_FixedStand::enter(){
  if(_ctrlComp->ctrlPlatform ==
    CtrlPlatform::GAZEBO){ for(int i=0; i<4; i++){
      //  控制机身关节
      _lowCmd->motorCmd[i*3+0].mode = 10;
      _lowCmd->motorCmd[i*3+0].Kp = 70;
      _lowCmd->motorCmd[i*3+0].dq  = 0;
      _lowCmd->motorCmd[i*3+0].Kd = 3;
      _lowCmd->motorCmd[i*3+0].tau = 0;
      //  控制大腿关节
      _lowCmd->motorCmd[i*3+1].mode = 10;
      _lowCmd->motorCmd[i*3+1].Kp = 180;
      _lowCmd->motorCmd[i*3+1].dq  = 0;
      _lowCmd->motorCmd[i*3+1].Kd = 8;
      _lowCmd->motorCmd[i*3+1].tau = 0;
```

```
        //  控制小腿关节
        _lowCmd->motorCmd[i*3+2].mode = 10;
        _lowCmd->motorCmd[i*3+2].Kp = 300;
        _lowCmd->motorCmd[i*3+2].dq = 0;
        _lowCmd->motorCmd[i*3+2].Kd = 15;
        _lowCmd->motorCmd[i*3+2].tau  =  0;
      }
    }
    …
    for(int i=0; i<12; i++){
      _lowCmd->motorCmd[i].q = _lowState->motorState[i].q;
      _startPos[i] = _lowState->motorState[i].q;
    }
    …
}
```

在 enter 函数中，要给机身关节、大腿关节和小腿关节发送不同的位置刚度 K_p 和速度刚度 K_d。由于在站立时小腿关节的力臂最大，所以负载也最大，就需要提高小腿关节的位置刚度 K_p，同时为了稳定性，也要相应地提高它的速度刚度 K_d。

为了让机器人的每一个关节都能连续稳定地旋转到固定站立模式，需要在 run 函数中进行线性插值：

```
void State_FixedStand::run(){
    _percent += (float)1/_duration;
    _percent = _percent > 1 ? 1 : _percent;
    for(int j=0; j<12; j++){
      _lowCmd->motorCmd[j].q = (1-_percent)*_startPos[j]+_percent*_ targetPos[j];
    }
}
```

由于有限状态机是以固定时间间隔循环运行的，所以我们的线性插值也是离散的。因此我们的设计目标也就是：在给定的循环次数内，通过线性插值，将所有关节从初始角度连续旋转到目标角度，并且在到达给定的循环次数之后，将关节锁定在目标角度。具体的实现方式就是让变量_percent 从 0 开始一步步增长到 1，然后根据_percent 的值插值得到当前时刻关节的目标角度。

最后，在 exit 函数中将退出固定站立状态时的变量_percent 还原为 0。这样，当我们再次切换到固定站立模式的时候，run 函数中的线性插值才能够正常地运行。

```
void State_FixedStand::exit(){
  _percent = 0;
}
```

（4）在 Gazebo 中让机器人站起来

由于我们是使用 C++语言进行的编程，所以读者需要做的就只是进入 catkin_ws 文件夹，然后在终端输入 `catkin_make` 并运行。编译成功后，新打开一个终端，运行以下命令来开始 Gazebo 仿真：

```
$ roslaunch unitree_guide gazeboSim.launch
```

之后即可看到在仿真环境下的四足机器人 A1，如图 10.18 所示。

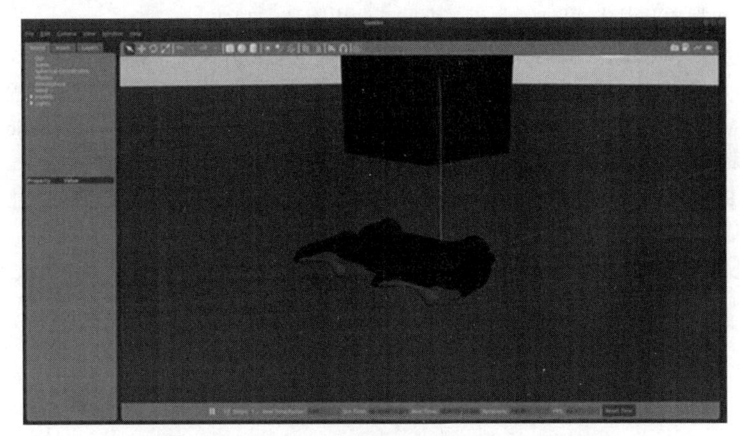

图 10.18　Gazebo 仿真环境中的 Unitree A1

开始运行 Gazebo 仿真后，再重新打开一个终端，执行以下命令打开控制器：

```
$ rosrun unitree_guide junior_ctrl
```

控制器的初始状态是阻尼模式，此时机器人只是趴在地面上。在当前键盘控制的模式下，按下数字键“2”即可切入到固定站立模式，如图 10.19 所示。这时，再按下数字键“1”就可以返回阻尼模式，机器人又会缓缓趴下。

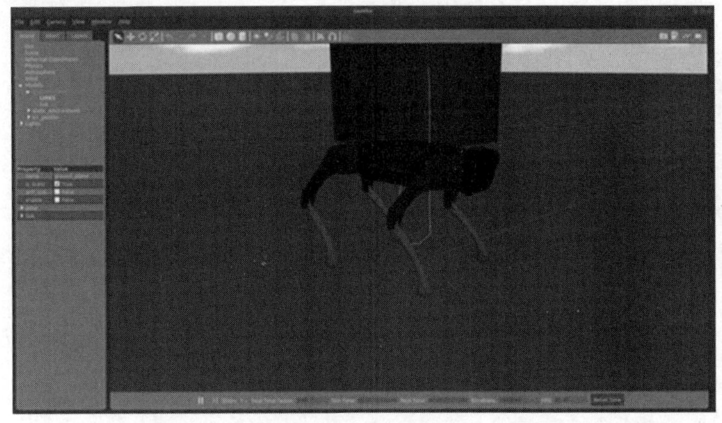

图 10.19　A1 在 Gazebo 仿真环境下固定站立

10.4　本章小结

本章介绍了多种支持 ROS 的机器人系统实例，包括最流行的机器人平台 TurtleBot、科研教学机器人平台 XBot-U 和教育酷玩四足机器人 Unitree A1。

通过对这些机器人开发实例的学习，相信你已经感受到了 ROS 的强大之处，了解了如何简单地使用这些支持 ROS 的机器人平台，学会了如何构建一个自己的机器人系统，实现丰富的机器人应用功能。也相信你已经掌握了 ROS 机器人开发技术及应用的精髓了，ROS 正在不断发展，机器人平台也在不断更新，希望你的 ROS 机器人开发与应用之路也越来越精彩！

参考文献

[1] 胡春旭. ROS 机器人开发实践[M]. 北京：机械工业出版社，2018.

[2] 约瑟夫，卡卡切. 精通 ROS 机器人编程[M]. 北京：机械工业出版社，2019.

[3] 高翔，张涛，刘毅，等. 视觉 SLAM 十四讲：从理论到实践[M].北京：电子工业出版社，2019.

[4] CHITTA S，MARDER-EPPSTEIN E，MEEUSSEN W， et al. ros_control： A generic and simple control framework for ROS[J].The Journal of Open Source Software，2017，2（20）：456.

[5] 费尔南德斯. ROS 机器人程序设计：第 2 版[M]. 刘锦涛，译. 北京：机械工业出版社，2016.

[6] 无为斋主. 机器人 ROS 开发实践[M]. 北京：机械工业出版社，2019.

[7] 纽曼. ROS 机器人编程：原理与应用[M]. 李笔锋，祝朝政，刘锦涛，译. 北京：机械工业出版社，2019.